U0224625

区域农业耗水管理研究与应用

张宝忠　雷波　杜丽娟　彭致功 等　著

中国水利水电出版社
www.waterpub.com.cn
·北京·

内 容 提 要

本书以新疆维吾尔自治区吐鲁番市农业耗水管理为研究对象，研究了该区域主要作物需水规律与耗水特征，提出了满足耗水目标的灌溉制度；以区域允许消耗的农业耗水目标和耕地保护目标为基本控制红线，提出了种植结构优化调整方案；依据满足耗水目标的灌溉制度和种植结构优化调整方案，确定了不同用水单元的灌溉需水过程，提出了供水调配优化方案；制定了以村为基本单元的农业耗水优化年度实施方案，实现了农业耗水监测和预警。

本书可供从事水资源管理、农业节水等方面的专业技术人员参考，也可供高校相关专业的师生阅读。

图书在版编目（CIP）数据

区域农业耗水管理研究与应用 / 张宝忠等著. -- 北京：中国水利水电出版社，2021.6
ISBN 978-7-5170-9679-5

Ⅰ. ①区… Ⅱ. ①张… Ⅲ. ①农田灌溉－节约用水 Ⅳ. ①S275

中国版本图书馆CIP数据核字(2021)第128957号

书　　名	**区域农业耗水管理研究与应用** QUYU NONGYE HAOSHUI GUANLI YANJIU YU YINGYONG
作　　者	张宝忠　雷波　杜丽娟　彭致功　等 著
出版发行	中国水利水电出版社 （北京市海淀区玉渊潭南路 1 号 D 座　100038） 网址：www. waterpub. com. cn E - mail：sales@waterpub. com. cn 电话：（010）68367658（营销中心）
经　　售	北京科水图书销售中心（零售） 电话：（010）88383994、63202643、68545874 全国各地新华书店和相关出版物销售网点
排　　版	中国水利水电出版社微机排版中心
印　　刷	北京印匠彩色印刷有限公司
规　　格	184mm×260mm　16 开本　12.75 印张　311 千字
版　　次	2021 年 6 月第 1 版　2021 年 6 月第 1 次印刷
印　　数	001—700 册
定　　价	**108.00** 元

前言

新疆维吾尔自治区（以下简称新疆）吐鲁番市地处欧亚大陆腹地，属于极端干旱的温带内陆荒漠气候，热量丰富、极端干燥、高温多风、降雨稀少、蒸发强烈，是我国极旱荒漠区之一，全区可利用的水资源总量仅为9.45亿m^3，是资源型缺水最为严重的地区之一。受地理位置和气候条件制约，长期以来吐鲁番市工业发展速度相对缓慢，而农业发展较快。该区属于典型的干旱绿洲灌溉农业区，以特色农业为主，主要种植葡萄、瓜类、果树和棉花等经济作物，农业生产完全依赖于灌溉，农业灌溉用水量占全区总用水量的93%。水资源量的匮乏造就了水资源开采利用形式的多样性和复杂性，形成了以渠道、机电井双灌体系为主，坎儿井、自流井并存的灌溉方式。由于灌溉管理粗放，灌溉水的利用效率比较低，加之农民盲目扩大灌溉面积，全区地下水严重超采。面对新疆吐鲁番市水资源极度紧缺的现状，控制农业用水、发展节水高效农业成为该区域经济社会发展和生态环境改善的迫切要求。为加大对农业节水的投入，吐鲁番市政府与世界银行达成协议，并经新疆维吾尔自治区批准，实施"新疆吐鲁番地区世界银行贷款节水灌溉项目"。

本书内容是"世界银行贷款新疆坎儿井保护及节水灌溉工程"流域水资源综合管理子项目的18个专题应用研究中，由中国水利水电科学研究院承担的课题2～课题4的研究成果。研究中引入了ET（蒸散耗水）管理的理念。这一理念推行由"供水管理"向"供水+耗水双管理"转变，为我国资源型缺水地区的水资源管理提供了新的方法和手段。研究目标是在吐鲁番地区基于ET定额的农业节水规划和高效节水灌溉定额控制方案的基础上，制定基于ET的农业配水方案，从供水源头控制农业用水和耗水；通过地表水和地下水联合调配，减少地下水开采，增加地下水回补；减少在输配水过程中水的无效流失和消耗，提高农业供水的产出效益；为实现不同水文年的农业目标ET和水资源的可持续利用提供技术支撑。

本书共有8章内容，第1章阐述研究目标和总体思路，综述从节水管理到耗水管理的研究现状以及简述课题主要研究成果；第2章概述吐鲁番地区水资源利用与农业发展现状，提出农业节水发展的制约因素和发展趋势；第3章分析气候变化对吐鲁番地区来水和耗水的影响；第4章研究耗水定额控制下的典型作物灌溉制度优化；第5章研究基于耗水红线的农业发展规模分析方法；第6章分析耗水控制下的吐鲁番地区农业发展时空布局优化；第7章研发吐鲁番地区基于耗水控制的农业用水时空优化配置模型和方法；第8章提出相关政策建议。

本书撰写过程中得到中国农业科学院刘洋副研究员，新疆水利科学研究院白云岗教授，华北水利水电大学李彦彬、李道西、曲吉鸿、王晓东等老师的帮助和支持，在此一并表示感谢！

限于作者的水平，书中难免存在疏漏和不当之处，恳请专家学者批评指正。

作者

2021年1月

目录

第1章

绪　　论

1.1　研究背景与意义

1.1.1　从节水管理到耗水管理

水资源属于基础性资源，是人类社会生存和繁衍之本，是人类社会可持续发展的基础条件之一，关系着国家经济增长、社会发展和生态环境改善。实现水资源的可持续利用是确保国民经济可持续发展的根本保障。随着人口的不断增长和社会经济的飞速发展，水资源短缺和水环境恶化已经成为全球性问题。

《全国第二次水资源调查评价》显示，根据1956—2000年资料系列，全国水资源总量为28405亿m^3，列世界第6位，其中地表水资源量为27328亿m^3，约占水资源总量的96%，但单位国土面积水资源量仅为世界平均的83%，人均水资源量也仅为世界水平的1/4。预计到2030年，在降水不减少的条件下，我国人均水资源量将逼近目前国际公认的严重缺水警戒线1700m^3。

水资源不足，时空分布不均匀，与经济发展布局不匹配，是我国水资源禀赋的基本特征。我国西北、华北和东北部分地区长期以来水资源供需矛盾十分尖锐，既有资源型缺水原因，也有工程型缺水原因。即便是在水资源相对丰富的西南、中南和华南等地区，也时常出现工程型缺水和季节性缺水问题。当前及未来相当长一段时期内，我国水资源开发和利用存在的一系列问题，尤其是水资源短缺问题将成为国民经济可持续发展的重要制约因素。一方面，我国人均占有水资源量少，并且随着我国经济持续快速的增长，对水量的需求也将持续增加；另一方面，为了片面追求经济发展速度和规模，高耗水、高污染的发展模式屡见不鲜，致使我国水资源污染严重、浪费严重的问题不断出现。因此，以水资源短缺和浪费并存、水污染日益严重为特征的水资源利用问题已经成为影响我国国民经济可持续发展的基本制约性因素之一，尤其是在干旱半干旱地区，水资源供需矛盾尤为突出，已经成为这些地区社会经济发展和生态环境演变的关键因素。

我国是一个人口大国、农业大国，特殊的自然地理条件与资源禀赋状况，决定了增强农业综合生产能力、保障国家粮食安全和重要农产品有效供给必须高度依赖灌溉。根据《中国水利统计年鉴》，2015年我国灌溉面积达到10.81亿亩，位列全球第二，其中耕地灌溉面积9.88亿亩，占总灌溉面积的90%以上，耕地灌溉率为48.8%，远高于美国的

16%、澳大利亚的5%，我国农业发展对水资源的依赖程度高。灌溉农业对于保障粮食安全具有特殊的作用，中国以人均耕地面积占世界人均的1/4，养活了占世界1/5的人口，灌溉农业发挥了重要的作用。灌溉作为水利事业举足轻重的发展领域、农业生产不可或缺的基础条件、农产品生产无法替代的支撑保障、生态文明不可分割的保障系统，具有很强的公益性、基础性和战略性。尽管我国粮食生产对灌溉存在很大程度的依赖性，但随着国民经济的发展，我国水资源非农业利用的增长速度明显加快，农业用水，尤其是灌溉用水受挤压严重，粮食安全将面临着巨大的人口压力和水资源严重短缺的双重挑战，粮食生产形势十分严峻。我国近30年的用水结构显示，灌溉用水占总用水量比重下降明显，灌溉用水的比重由1980年的83%以上下降到当前的不足60%。灌溉用水与非农用水之间的争水现象越来越严重，这种变化趋势随着我国的工业化和城镇化进程加快而继续。因供水不足、被生活和工业用水挤占等原因，灌溉用水形势日益严峻，现状多年平均情形下灌溉总缺水量已超300亿m^3。据预测，到2030年我国农业缺水将达到500亿～700亿m^3。

中国灌溉农业在面临水资源短缺压力的同时，还存在着灌溉用水效率低下的问题。尽管国家采取了灌区节水改造等措施，大力发展节水灌溉面积，但与世界发达国家水平相比，还有较大的差距，也存在一系列问题，主要体现在：在长期土地分散式经营模式下形成的分散用水模式，使现状节水灌溉规模小，高效节水灌溉面积占比低，节水灌溉制度推行难，水资源利用效率偏低。2015年我国高效节水灌溉面积2.69亿亩，占有效灌溉面积的27.2%；节水率较高的喷微灌仅占有效灌溉面积的13.7%，远不及发达国家2000年水平。农业灌溉用水有效利用系数为0.536（北方为0.58，南方为0.51），仅为发达国家的75%。灌区监测体系尚未建立，用水计量缺位，农田水利信息化建设处于试点、探索阶段。农业水价偏低，水费实收率不足，超过40%的灌区管理单位运行经费得不到保障。根据《全国现代灌溉发展规划（2012—2020年）》，为了进一步发挥灌溉对农业生产支撑作用，保障我国粮食安全战略的实现，预计到2030年，我国的灌溉面积将达到11.4亿亩左右，农田灌溉水有效利用系数提高到0.60以上。要解决灌溉农业面临的水资源短期和灌溉用水效率低下的双重压力，大力建设现代高效用水技术体系，全面提高用水效率是必经之路。

传统意义上的高效用水管理通常是指通过采取渠道防渗、微喷灌河管道灌溉等技术措施以及管理措施，提高灌溉水有效利用系数（灌溉效率），从而实现单位面积灌溉更少的水量或者单位水量灌溉更大的面积。但实际上，从引水口引取的灌溉水量主要有3个去向：作物蒸腾和土面蒸发以及浅层蒸发的蒸散量（Evapotranspiration，ET），地表和地下水回流量以及流入海洋、沼泽、咸水体或其他区域而部分利用的无法利用的水量。针对灌溉水的最终去向，有学者提出了可回收水量和不可回收水量的概念。可回收量通常又进入灌区输配水系统重复利用，因此许多学者认为只有减少不可回收量才是真正的节水量。而不可回收量中，90%以上属于蒸散消耗，因此如何从减少耗水的角度来实现高效用水越来越引起重视，尤其是对于水资源短缺地区，越来越多的研究和生产实践表明，控制灌溉农业发展规模，减少农业耗水比单纯地发展高效节水农业对于缓解地区水资源压力更有效。蒸发蒸腾是农业用水全过程（取水、用水、耗水（蒸散）、退水）的关键环节，也占据农业用水损耗量的大部分，是农业节水的重点目标，是农业用水管理重点关注的领域。传统的农业节水技术，一般强调通过工程措施提高灌溉输水效率，从而实现工程取水量，但从耗水角度来看，由于农作物播种面积或结构没有发生变化，区域的耗水量可能并没有发生大的变化，而节约的水量反而有可能会用于扩大作物播种面积，导致增加耗水量。开展区域农业耗水管理，强调以供耗平衡为基础，以控制或减少耗水量为目标，明确区域的可耗水水量，综合统筹工程、农艺和管理等多种措施，在适度确保农户经济效益和区域生态耗水的基础上，减少无效耗水或损失，实现高效用水和经济发展的双重目标。因此耗水管理的实质就是“以供定需”的水资源管理，从资源量来进行需求管理，目标是控制不同地区的耗水量，提高用水效率，使之与当地不同阶段的可利用水资源量相平衡。因此，合理确定不同地区、不同阶段的目标耗水，是耗水管理的核心。所谓“目标 ET”是与不同发展阶段区域水平衡和经济可持续发展需求相适应的 ET。确定目标 ET 必须综合考虑现状 ET 分布、区域水平衡和水资源配置等几方面因素。

1.1.2 ET 监测方法

腾发量由植被截流蒸发量、植被蒸腾量、土壤蒸发量和水面蒸发量构成。Rosenberg 等指出地球表面的降水近 70%通过腾发作用返回到大气中，在干旱区甚至高达 80%；腾发使液态水变成气态水，消耗的主要净辐射能约占净辐射的 51%～58%，另外一部分净辐射可用于空气热交换、加热土壤或储存为光合能，以此来影响土壤热通量、返回大气的显热通量和因蒸发进入到大气的潜热通量之间分配关系。可见，腾发量既是陆地水量平衡的重要组成部分，又是能量平衡的重要组成部分[1-5]。腾发量的准确测定与估算在气候演变研究、水资源规划与管理、节水农业研究、作物产量模拟预测、环境问题研究等方面都具有极为重要的现实意义。为此，有关腾发量的研究多年来一直是国内外农业、地理、气象、水文、土壤及生物等科学界共同关心的焦点问题之一。

自从 1802 年 Dalton 基于饱和水汽压差提出计算水面蒸发的公式以来，研究人员从不同角度对腾发量进行了广泛的研究，随着观测手段的改进和对地-气辐射传输及大气边界层湍流场的深化认识，除采用梯度法、土壤水量平衡法、蒸渗仪法、波文比法、涡度相关法、闪烁通量仪法等主要方法直接测定作物腾发量外，业内还涌现出多种腾发量估算方法，如区域水量平衡法、彭曼综合法、互补相关法、微气象学法及遥感法等。区域腾发量的估算方法研究呈现以下趋势和特点：①估算腾发量的时间尺度由大的时间尺度（如年、月）向较小时间尺度（小于 1min）及时间序列拓展。②估算腾发量的空间尺度从田间向区域、全球拓展。③不同估算方法其适用性存在一定差异，其中水量平衡法虽不受微气象学法中许多条件限制，但难以估算短期腾发量；互补相关法仅需较易观测的常规气象资料且计算简单，但不适用于下垫面陡变区域腾发量的估算；微气象学法具有一定物理基础，但对异质性较大的下垫面不适用；遥感法克服了传统点源地表观测的局限性，可获得不同区域尺度腾发量，并在一定程度上解决了小尺度腾发量的空间分布问题，但由于自身局限性其估算精度有待进一步提高。

未来 ET 监测研究仍需以完善现有估算区域腾发量模型及方法为主，为加强估算模型中参数的确定及模型率定工作，应把不同区域尺度腾发量估算方法有机结合起来，综合研究多尺度下腾发量估算的协调性及有机整合，以及不同尺度间的相互转换途径和方法，以期取得突破性进展。在实际工作中，应对研究对象及试验条件全面考虑，根据各种估算方法的特点及局限性进行优选。同时要不断提高监测仪器的测定精度以降低观测误差，确保所获数据的质量，这也是检验和改进腾发量估算法的基础。与估算区域腾发量的传统方法相比，遥感监测具有时空连续性及跨度大，并且随着遥感技术的革新，利用遥感估算区域腾发量具有无可替代的优越性，该法将是区域腾发量估算研究主要发展方向。为了保证遥感模型反演区域蒸散量的准确性，提供高质量和高分辨率的水循环和生态过程遥感产品，国内相关学者也摸索出一套基于地面观测的遥感蒸散量的验证方法。

1.1.3 耗水管理发展动态

尽管对遥感监测ET方法和机理分析的研究较多，而在利用遥感ET数据开展区域水资源管理方面的研究仍处于探索阶段。在国内，彭致功等开展了典型农作物灌溉耗水及节水潜力分析等方面的探索性研究工作，初步获得了典型农作物灌溉耗水量及节水潜力，研究成果对区域农业水资源管理具有重要指导意义[6]；刘朝顺等在对遥感数据进行校验的基础上，分析了不同土地利用类型下月季间水分盈亏状况，该研究成果对区域水资源管理具有重要借鉴意义[7]。朱吉生利用遥感ET数据对北京市房山区水平衡进行了分析，该研究成果对区域水资源规划及节水规划具有重要的参考价值[8]；Li H 等利用蒸渗仪监测ET数据对遥感反演ET模型进行率定，利用经率定后的模型计算了华北平原83个县区的冬小麦ET值及相应的水分生产率，冬小麦的ET及水分生产率均值分别为424mm和1.22kg/m^3，并进一步佐证了冬小麦耗水与产量的二次抛物线关系[9]；吴炳方等提出了基于遥感蒸散的流域耗水平衡方法，利用该法分析了流域蓄变量变化和流域蒸散结构，揭示了海河流域存在的水资源问题[10]；Jiang LP 提出了缺水地区的流域综合管理新方法——缺水地区耗水量的管理，要求用水户必须严格按照配水额来限制自己的用水量，该方法首次在塔里木盆地成功应用，随后在海河流域及新疆吐鲁番盆地也推广了该方法，科学确定不同用户配水额对于区域水资源持续管理至关重要[11]；Yang Y 等利用SEBAL模型估算内蒙古河套灌区ET，并分析绿洲、戈壁滩及山区ET的变化规律，同时指出农业ET及产量并未随灌溉取水量减少而降低[12]。

在国外，相关研究人员尝试利用遥感监测ET数据对灌区灌溉用水管理进行评价，Khan S 等利用遥感监测ET数据作为评价指标，评价了改进灌溉用水管理对减少区域潜水蒸发的作用，结果表明改进灌溉水管理能使潜水蒸发下降14.2%～45.3%，减少的无效蒸发量可向其他用水部门转移，由此对缓解区域水资源紧缺压力起到重要作用[13]；Teixeira A H C 等利用遥感监测ET数据分析了天然植被及农业灌溉用地的平均耗水量分别为1.4mm/d、3.6mm/d，同时计算了葡萄及芒果的水分生产率分别为1.7～4.0kg/m^{3}和2.2～5.0kg/m^3，并对耗水量及水分生产率进行了频率分析[14]；Ahmad M D 等提出了基于遥感ET数据的灌溉用水管理指标，如区域供水均衡度、供水可靠度、可持续性及作物水分生产率等，并对各灌域的灌溉用水管理效果进行评价[15]；Karatas B S 等提出了总耗水率、供水满足度、耗散系数、作物水分亏缺量、相对蒸散量5个基于遥感ET数据的区域灌溉用水效果评价指标，结合灌区实际计算了各指标在2004年灌溉季节内的变化范围，总耗水率为0.59～2.26、供水满足度为0.47～1.66、耗散系数为0.43～1.31、作物水分亏缺量为181～270mm/月、相对蒸散量为0.61～0.74，分析表明研究区灌溉用水供需缺口较大，这也是该研究区地下水位下降的主因[16]；Santos C等利用遥感反演的日ET数据对土壤水平衡模型中日ET估算进行了修正，以此为基础针对不同灌域进行灌溉制度优化，采用优化后的灌溉制度进行田间灌溉管理使得棉花灌溉水量下降24%，并以灌溉用水量及遥感监测ET值为评价指标对各灌域棉花灌溉管理的效果进行评价[17]；Johnson T D等根据遥感城镇的植被覆盖度及蒸发量，估算其特定区域的灌溉定额，为城镇水资源管理提供有益的参考[18]；Neale C M U等利用遥感ET数据估算了区域土壤水分含量，为区域灌溉决策管理提供依据[19]。

综上所述，近年来国内外研究学者已尝试利用遥感ET数据开展区域农业灌溉用水管理研究工作，但由于受区域农业用水及同期遥感ET数据获取时段的限制，目前研究多注重于现状年短期内区域灌溉用水及耗水的评价；现状年短期内因受实际降水随机性影响，开展在该降水条件下区域灌溉用水及耗水评价虽对区域农业水管理具有重要指导意义和借鉴价值，但若考虑把该研究成果用于指导区域农业水资源定额管理、用水规划以及利用遥感ET评估节水潜力和评价综合用水效率等方面，仍需长期且持续地试验并对以往获得成果进行校验及深度总结，由此才能对未来农业水管理提供更好的决策支持。此外，建立主要农作物耗水定额管理红线，遏制灌区用水浪费，首先也必须确定灌区主要农作物的耗水定额。采用区域水文模型开展不同水文年型下的农业用水管理模拟，能很好地避免降水随机性影响；但因区域下垫面复杂，模型率定的实测数据缺乏；若仅采用河道流量率定该模型，会因河道出口代表性及水文过程模拟的不确定性等因素影响模型率定效果。由于遥感ET数据能够考虑ET时空异质性等特性，Immerzeel W W等、蔡锡填等、彭致功等及潘登等已成功应用遥感ET数据对水文模型进行率定[20-22]。鉴于此，在分析遥感ET的基础上，推求灌区主要农作物的耗水定额，构建基于遥感ET的灌区节水效果与灌溉管理评价指标体系，并从“供耗平衡”的角度确定区域可利用的目标ET，并开展基于目标ET的农业节水规划方法研究，从而形成一系列基于遥感ET的灌区用水管理关键技术，有助于改变用水管理者管水及用水户用水理念，实现真正的灌区资源性节水，从而根本解决灌区地下水超采问题，进而更好的为建设灌区节水型社会服务。

1.1.4 耗水管理研究提出背景

新疆吐鲁番市地处欧亚大陆腹地，由于地势低洼，增温快、散热慢，冷湿空气不易进入的特殊地理地貌条件，形成了极端干旱的温带内陆荒漠气候，其主要特点是：热量丰富、极端干燥、高温多风、降雨稀少、蒸发强烈、无霜期长、风大风多。年平均降水量只有6.3～25.3mm，而年蒸发量却高达2751～3744mm。是我国极旱荒漠区之一。

吐鲁番市地表水资源来自盆地西、北部山区，补给源为冰雪融水和山区降水。可利用地表水径流共计14条，多年平均地表水径流量为9.03亿m^3。地下水多年平均天然补给量仅0.41亿m^3，地表水转化补给地下水量为6.2亿m^3。全区可利用的水资源多年平均总量仅为9.03亿m^3，是资源型缺水最为严重的地区之一。

受地理位置和气候条件制约，长期以来吐鲁番市工业发展速度相对缓慢，而农业发展较快。项目区属于典型的干旱绿洲灌溉农业区，以特色农业为主，主要种植葡萄、瓜类、果树和棉花等经济作物，农业生产完全依赖于灌溉，农业灌溉用水量占全区总用水量的93%。水资源量的匮乏造就了水资源开采利用形式的多样性和复杂性，形成了渠道、机电井双灌体系为主，坎儿井、自流井并存的灌溉方式。由于管理粗放，灌溉水的利用效率比较低，加之农民盲目扩大灌溉面积，造成地下水严重超采。

面对新疆吐鲁番市水资源极度紧缺的现状和工业发展的巨大潜力，控制农业用水、发展节水高效农业成为该地区经济社会发展和生态环境改善的迫切要求。为加大对农业节水的投入，吐鲁番市政府与世界银行达成协议，并经新疆维吾尔自治区批准，实施“新疆吐鲁番市世界银行贷款节水灌溉项目”，主要内容包括：修建山区水库、修建防渗渠道、建设农田节水灌溉工程及坎儿井保护。

通过修建节水灌溉工程是否能够达到资源性节水？吐鲁番市农业节水潜力有多大？农业能够节出多少水供工业或其他行业？如何科学确定合理的节水灌溉标准与发展模式？如何控制合适的农业开发规模？这些问题能否解决是节水灌溉项目成败的关键，也是吐鲁番市农业发展和区域规划迫切需要回答的核心问题。

多年来吐鲁番市发展农业节水灌溉已有一定规模，但以往的节水灌溉工程项目均以减少灌溉取用水量为目标和评价指标，较少关注实际耗水量的变化。这主要由于灌溉取用水量容易监测和调控，而实际耗水量难以监测。由此造成对以往节水灌溉工程项目的节水潜力和效果不能正确评价，将工程性节水与资源性节水混淆，过高估计节水效果。节水工程修建后灌溉用水量减少了，但地下水位连年下降的局面并无明显改善，人们不禁质疑“水节到哪里去了”。为缓解我国新疆吐鲁番地区水资源极度紧缺和工业发展需水之间的矛盾，控制农业用水、发展节水高效农业已成为该地区经济社会发展和生态环境改善的迫切要求。遥感监测ET技术的应用，为区域性的农业耗水管理提供了有效监测手段，尤其是在水平衡分析、用水定额管理、地下水管理、节水效果分析等方面，遥感监测ET技术可发挥重要作用。遥感监测以像元为基础，能够将作物蒸散量在空间上的差别监测出来，能提供不同土地使用类型和不同作物类型的ET信息。在“世界银行贷款新疆坎儿井保护及节水灌溉工程”流域水资源综合管理子项目（以下简称“新疆世行项目”）中引入了ET管理的理念，以遥感ET的监测和预警控制为手段，降低或减少农田耗水为目标，开展了一系列研究和应用实践，为我国资源型缺水地区的水资源管理提供了新的方法和手段。

1.2 研究目标与技术路线

1.2.1 研究目标

在吐鲁番地区基于ET定额的农业节水规划和高效节水灌溉定额控制方案基础上，制定基于ET的农业配水方案，从供水源头控制农业用水和耗水；通过地表水和地下水的联合调配，减少地下水开采，增加地下水回补；减少在输配水过程中的无效流失和消耗，提高农业供水的产出效益；为实现不同水文年的农业目标ET和水资源可持续利用提供技术支撑。具体研究目标如下：

（1）将分配给不同地区的耕地目标ET分配到不同作物，根据农业目标ET，制定多种合理的农业综合节水方案。

(2) 计算不同方案的节水潜力，评价节水效果，计算不同节水强度方案的投入产出效益，推荐合理方案。

(3) 确定重点区域或典型农民用水者协会（Water User Association，简称 WUA）年度农业目标 ET，以此为基础，提出重点区域农业耗水控制与监测方法。

(4) 结合基于 ET 的农业节水规划与分析系统，开发重点区域农业耗水控制与监测系统工具。

(5) 根据历史资料分析气候变化对吐鲁番盆地来水和耗水的影响，确定不同频率年型下的地表来水过程和区域耗水过程。

(6) 依据满足目标 ET 的灌溉制度方案和种植结构调整方案，确定不同用水单元的净灌溉需水量和毛灌溉需水量变化过程。

(7) 依据实际地表来水过程和水库蓄水状况调配灌溉供水方案和井渠运行方式，减少对地下水的开采，增加地下水回补量。

(8) 开发灌区或子流域水源配水模型，实现对地表水和地下水的动态管理。

1.2.2 技术路线

1. 县级农业耗水优化实施方案

(1) 根据基于 ET 的农业节水规划所制定的阶段性县级农业目标 ET 和具体规划方案，结合不同作物不同区域水分生产效率的差异和各乡镇社会经济发展现状，制定乡镇级别的阶段性农业目标 ET。

(2) 依据乡镇级别的阶段性农业目标 ET，制定乡镇农业耗水优化实施方案，明确不同乡镇每年如何进行农业结构调整、退耕还水、调整灌溉模式等具体措施，以获得每年的农业耗水优化实施方案。

(3) 在乡镇农业耗水优化实施方案的基础上，汇总为以县为基础的县级农业耗水优化实施方案。

2. 典型 WUA 农业耗水优化方案

在地籍调查数据的基础上，结合遥感数据和实地调查，研究确定典型 WUA 的农业目标 ET，并根据不同典型区域各种特点和作物种植情况，分年度制定农业耗水优化实施方案，明确典型区域内退地顺序、作物种植结构调整方向和灌溉发展模式。

3. 农业耗水控制与监测方法

农业耗水优化实施方案提出了每年的农业耗水目标，如何确保各地实际耗水在目标耗水范围之内，需要提出相应的监测和预警方法。利用监测区域的遥感数据和实地调查数据，提出年内和年度耗水监测方法，监测农作物实际耗水情况，并将监测数据与该地区农业目标 ET 进行对比分析，如果超出控制目标，则提出预警和改进措施。

4. 农业耗水控制与监测系统工具开发

基于 ET 的农业节水规划与分析系统，针对典型 WUA 的农业耗水监测和预警情况，开发农业耗水控制与监测系统工具，利用工具实现对典型 WUA 的耗水监测和预警。

5. 满足目标ET的灌溉需水过程分析

以用水者协会为基本单元，根据不同用水单元内的作物种植结构和灌溉面积，以及不同作物满足目标ET的灌溉制度组合方案，确定不同频率年的净灌溉需水量和毛灌溉需水量变化过程。

6. 以保护地下水为目标的供水调配

根据不同频率年各用水单元的净灌溉需水量和毛灌溉需水量变化过程，确定灌区配水计划和多种水源调配方案，并在分析实际地表来水过程、水库蓄水状况、配水能力、地下水动态以及气候条件的基础上，逐月调整配水方案和井、渠运行方式，合理控制地表水与地下水用量比例，最大限度地保护和涵养地下水。

7. 开发灌区配水模型

开发吐鲁番地区农业配水模型，该模型以各用水单元的ET定额、遥感实测的ET数据、种植结构数据、作物需水量和灌溉需水量数据为基础，实现地表水和地下水联合调控和动态管理，这一模型将嵌套在县级灌溉规划和灌溉制度系统中。

1.3 主要研究成果

1.3.1 高效节水灌溉定额控制方法

吐鲁番地区水资源开发利用程度已达本区占有水资源的130%，年超采地下水约4亿m^3，全区70%的绿洲都处于超采区，不仅增加农业生产成本，更导致区域生态日益恶化，如艾丁湖干涸及区域沙漠化日趋严重等。破解吐鲁番地区水资源短缺实际与农业发展及其区域生态保护之间关系的突破口，在于确定主要农作物灌溉定额与耗水定额，并根据区域水资源实际，确定适宜的发展规模。

本书选择吐鲁番地区大田葡萄与温室蔬菜为研究对象，开展了成龄葡萄与温室蔬菜的需水规律、耗水特征研究，提出了成龄葡萄与温室蔬菜的灌溉制度，计算了温室蔬菜的节水潜力，填补了当地主要农作物需耗水机制不明确等科技空白；解决了当前灌溉水利用系数计算中采用首尾测定法存在的点面转换代表性等关键性科研难题，创新性地提出采用Google Earth和GIS等技术工具及其遥感反演耗水相结合方法，计算了纯井灌区现状条件下由取水量到耗水量的转换系数，并推荐了吐鲁番地区纯井灌区与温室蔬菜的转换系数合理取值。研究不仅获得主要农作物亩均灌溉用水量，而且获得亩均耗水量及其转换系数，为资源型缺水区域进行耗水管理提供基础数据支撑。

采用本书推荐的灌溉制度，在保证主要农作物稳产条件下，与当地现状管理水平相比，温室蔬菜与成龄葡萄亩均灌溉用水量分别降低418m^3、886m^3；且温室蔬菜与成龄葡萄亩均耗水量也相应地分别减少120m^3、170m^3。按1个温室大棚面积0.75亩计算，在吐鲁番地区4万个温室大棚中选择2万个温室大棚采用推荐的灌溉制度，能分别减少灌溉水量与耗水量627万m^3和180万m^3；在40万亩大田成龄葡萄中选择10万亩采用推荐的灌溉制度，能分别减少灌溉水量与耗水量8860万m^3和1700万m^3。在产量方面，与传统沟灌相比，采用推荐的灌溉制度，1亩葡萄增收600kg，推广10万亩葡萄可增产6000

万 kg，按鲜葡萄 5 元/kg 计算，采用推荐的灌溉制度推广 10 万亩葡萄可增收 3 亿元。可见，采用推荐的灌溉制度，不仅能减少灌溉取水量，同时能降低区域耗水量，并增加葡萄产量；推广应用大田葡萄与温室蔬菜的用水定额成果，有利于促进当地生态良性发展与社会经济健康发展。

1.3.2 基于 ET 的农业节水规划技术

按照世界银行节水灌溉项目真实节水理念，以区域允许消耗的农业目标 ET 和耕地保护目标为基本控制红线，对吐鲁番地区传统农业节水规划进行补充和完善，取得的主要创新性成果如下：

（1）提出了基于农业目标 ET 的农业节水规划技术方法。依据划定的 ET 控制红线，制定各县（市）的基于 ET 的农业节水规划，通过灌溉面积调整、节水灌溉面积布局和种植结构优化等措施，满足不同阶段的农业目标 ET，减少地下水开采，提高农业用水效率和效益，实现水资源的合理配置和高效利用，在保障农民增收和农业可持续发展的条件下，减少农业用水和耗水总量，实现资源性节水，转移为地区经济发展和生态环境改善可利用的水资源量。

（2）通过退耕还水和调整种植结构等多种方式，规划到 2030 年吐鲁番地区农作物播种面积控制在 100 万亩，种植业耗水控制在 4.97 亿 m^3 以内。通过实施节水灌溉措施提高耗水转换系数，可实现到 2030 年吐鲁番农业用水的取水量控制在 7.69 亿 m^3 以内。遵循吐鲁番传统规划对吐鲁番市农业发展目标的设定，吐鲁番市未来农作物主要以为葡萄、大棚蔬菜、棉花或瓜套棉为主。在规划的 100 万亩作物中，大棚蔬菜 14.9 万亩，葡萄 32.6 万亩，棉花或瓜套棉 51.8 万亩。在灌溉方式设计上，高效节水灌溉以滴灌为主，常规灌溉方式以沟灌或畦灌为主。基于对地块灌溉水源条件方式以及经济效益等因素的综合考虑，规划吐鲁番市高效节水灌溉的适宜规模为 48.9 万亩。

（3）在遵循灌溉方式选择、退地还水和结构调整等原则的基础上，规划将实施方案细化到各乡镇不同阶段年的种植结构调整和退地情况。根据实施方案结果，计算出阶段年各行政单元（村、乡镇、县、区市）耗水红线（阶段年农业目标 ET）。结合不同地区、不同灌溉方式条件下的耗水转换系数，计算出相应行政单位的取用水红线数据。该结果可以作为吐鲁番市各区县及乡镇划分用水红线的重要参考。

1.3.3 基于 ET 的农业配水方案

对气候变化对来水和耗水的影响分析、灌溉需水分析、供水调配和模型开发等进行了研究，主要创新成果如下：

（1）根据历史资料分析了气候变化对吐鲁番盆地来水和耗水的影响，确定了不同频率年型下的地表来水过程和耗水过程。结果表明，平均气温、平均最低气温、平均最高气温、极端最低气温都呈现特显著上升，日照时数、平均风速、最大风速和潜在蒸发能力都呈现特显著降低；二塘沟多年径流量无明显变化趋势，煤窑沟多年径流量呈一定的增长趋势，阿拉沟多年径流量呈极显著上升趋势。

（2）依据满足目标 ET 的灌溉制度方案和种植结构调整方案，确定了不同用水单元的灌溉需水过程。以用水者协会为基本单元，针对不同气候条件的需水频率，根据不同用水单元内的作物种植结构和灌溉面积，以及不同作物满足目标 ET 的灌溉制度组合方案，调整优化了多种作物组合条件下的灌水率图，获得不同频率年的净灌溉需水过程。通过渠系、田间水利用系数，计算得到毛灌溉需水量。

（3）依据实际地表来水过程和水库蓄水能力，考虑供水方案和井渠运行方式，提出了供水调配优化方案，建立了以地下水开采量最小为目标的优化配置模型，同时基于耗水红线约束、水库蓄水能力和水量动态变化、作物需水优化调整、渠道输配水能力控制、优先保证基本农田用水量等多个约束条件，采用线性规划对优化配水模型进行了求解。

（4）开发了基于 ET 的农业配水模型。采用该配水模型，可获得不同规划水平年、不同保证率条件下的水资源优化配置方案，通过优化方案可显著地提高研究区水资源利用效率和效益，真正实现减少农业用水和耗水总量，实现资源性节水，并为当地水务部门对未来水资源的分配决策提供较为科学的依据，为有效地遏制吐鲁番市地下水位连年下降趋势提供决策依据。该模型具有参数设置灵活、方案直观可靠等优点，对其他缺水地区实现真实节水的水资源优化调配目标具有极高的参考价值。

1.3.4 基于农业目标 ET 的农业耗水优化实施方案与耗水预警

以吐鲁番农业节水规划方案为基础，研究制定吐鲁番地区农业耗水优化年度实施方案，并提出以村为基本单元的耗水控制与监测方法，为吐鲁番地区农业节水补充规划目标的实现和农业耗水监测和预警提供技术保障和支撑。

（1）提出基于村级单元的农业耗水优化实施方案。为了实现吐鲁番市农业节水规划目标，以规划方案阶段目标为基础，结合主要作物水分生产效率空间变化特征和经济耗水定额，制定以村为基本单元的农业耗水优化实施方案，将以县级为基本单元、以阶段年为控制目标的吐鲁番农业节水规划方案细化到村，提出以村为基本单元的年度实施优化方案。

（2）提出农业耗水控制与监测方法。以村为基本单元的农业耗水优化实施方案得出了村级单元每年农业耗水目标红线和种植业结构调整参考方案。利用监测区域的遥感数据和实地调查数据，提出年内和年度耗水监测方法，监测农作物实际耗水情况，并将监测数据与该地区农业目标 ET 进行对比分析，如果超出控制目标，则提出预警和改进措施。

研究所提出的农业耗水控制与监测方法具有较强的推广应用价值，可以为各级政府部门在农业节水规划方案执行和实施效果监测方面提供指导和参考。

第2章

吐鲁番地区水资源利用与农业发展概况

2.1 自然及社会经济概况

2.1.1 地理位置

研究区位于新疆维吾尔自治区吐鲁番盆地。吐鲁番盆地位于新疆东部，天山南麓，北为博格达山，南为库鲁克山，地处41°12′～43°40′N、87°16′～91°55′E之间，主要由高昌区、鄯善县、托克逊县组成。吐鲁番盆地东接哈密盆地，南抵觉罗塔克山荒漠地带与巴州接壤，西与乌鲁木齐市毗连，北隔东天山，与昌吉回族自治州吉木萨尔、奇台、木垒等县相邻。吐鲁番盆地在中华民族悠久的历史文化长河中久享盛名，自古以来就是东西方经济文化交流的必经要塞，闻名于世的丝绸古道贯穿盆地，著名的火焰山就在其中。如今随着312国道、314国道、兰新铁路、亚欧通信光缆等一批交通通信基础设施的兴建，该地区成为"东联西出"的重要通道，也是"一带一路"的重要节点，其对新疆乃至全国都将会起到越来越重要的作用。

2.1.2 地形地貌

吐鲁番地区地处天山东部封闭性的山间盆地内，按照新疆区域地貌划分，全区由天山南坡山地、吐鲁番盆地、库米什盆地、觉罗塔格残余基底苔原及库鲁克塔格北部复向斜低山区构成。

吐鲁番地区地形地貌酷似菱形，四面环山，中间低洼。北有天山（主峰博格达峰海拔5445m），西为喀拉乌成山（高3500～4000m），西南有觉罗塔格山，南为库鲁克塔格山，东是库木塔格山。整体地势西北高、东南低，盆地四周除高低参差不齐的山地外，内部大部分为古洪积扇漆皮砾石戈壁。火焰山横贯盆地中央，全长80余km，将盆地分为南、北两部分，山北为倾斜冲积扇，山南为冲积平原。艾丁湖海拔为－154m，是我国最低的盆地，也是世界有名的低洼地区之一。绿洲分布在盆地之中，是农作物集中区，也是畜牧业的生产地。

依据地貌形态特征，吐鲁番地区土地可分为高山区、低山丘陵区、戈壁砾石区和冲积平原区四大地貌类型。

（1）高山区。高山区指海拔1000m以上的山区，主要包括盆地北部的天山山脉，南部的觉罗塔格山。其中天山山脉在海拔1600m以上终年覆盖积雪和冰川，是吐鲁番地区的主要集水区，南部觉罗塔格山则为光秃裸露的荒山。高山区面积约为9850km^2，占全地区土地总面积的14.13%。其中吐鲁番市区面积约为3275km^2，占高山区总面积的33.25%；鄯善县区面积约为3023km^2，占高山区总面积的30.69%；托克逊县区面积约为3552km^2，占高山区总面积的36.06%。

(2) 低山丘陵区。低山丘陵区分布在高山区的山前地带，山地丘陵起伏延绵，但均为裸露的山岩或沙漠。低山丘陵区面积约为5829km^2，占全地区土地总面积的8.36%。其中吐鲁番市区面积约为838km^2，占低山丘陵区总面积的14.38%；鄯善县区面积约为4020km^2，占低山丘陵区总面积的68.96%；托克逊县区面积约为971km^2，占低山丘陵区总面积的16.66%。

(3) 戈壁砾石区。戈壁砾石区分布在西北部和南部的山前地带，高程为200.00～1000.00m，地面坡度较大。戈壁砾石带的面积较大，约为45354km^2，占全地区土地总面积的65.06%。其中吐鲁番市区面积约为6911km^2，占戈壁砾石区总面积的15.24%；鄯善县区面积约为28022km^2，占戈壁砾石区总面积的61.78%；托克逊县区面积约为10421km^2，占戈壁砾石区总面积的22.98%。

(4) 冲积平原区。冲积平原属灌溉绿洲区，是吐鲁番地区的农业生产区，高程为－100～200m。冲积平原的中下部地势平坦，坡度较缓，土层较厚，而冲积扇的扇缘地带排水不畅，潜水主要通过蒸腾消耗，已造成部分土地次生盐碱化。冲积平原面积约为8680km^2，占全地区土地总面积的12.45%。其中吐鲁番市区面积约为4714km^2，占冲积平原区总面积的54.31%；鄯善县区面积约为3250km^2，占冲积平原区总面积的37.44%；托克逊县区面积约为716km^2，占冲积平原区总面积的8.25%。

2.1.3 水文水系

吐鲁番盆地有14条主要河流，按行政区域划分为托克逊县水系（6条）、高昌区水利（5条）、鄯善县水系（3条）。水系均发源于西、北部中高山区，补给源为冰雪融水和山区降水。其中发源于北部山区的河流有9条，发源于西部的有5条。全区河流共计14条，多年平均总径流量为9.03亿m^3。径流方向由山区到平原，最后进入盆地中心，具向心水系特征。

2.1.3.1 托克逊县水系

自东向西共6条，包括乌斯通沟、祖鲁木图沟、艾维尔沟（鱼尔沟）、柯尔碱沟、阿拉沟、白杨河；其中，乌斯通沟（右支）、祖鲁木图沟（右支）、艾维尔沟（左支）均为阿拉沟支流，柯尔碱沟（右支）为白杨河支流。

1. 白杨河流域

(1) 白杨河。发源于乌鲁木齐市境内的博格达山北坡，流域上游主要为三条大的支流，分别为黑沟、阿克苏沟、高崖子沟，共有冰川124条，冰川总面积为77.27km^2，冰川总储量为4.3261km^3，峡口水文站以上集水面积为2423km^2。

(2) 柯尔碱沟。发源于东天山末日洛克山北坡，流域最高点为4230m，汇入白杨河河口以上河长为88.5km，集水面积为646km^2，流域呈狭长带形。

2. 阿拉沟河流域

(1) 阿拉沟。发源于天山中段南坡，流域源头附近共有冰川 86 条，冰川总面积为 38.56km^2，冰川总储量为 1.4745km^3（均含支流）。阿拉沟出山口以上（含艾维尔沟）集水面积为 2503km^2，上游主要由夏尔格沟、乌拉斯台沟汇合而成；出山口处有艾维尔沟汇入；在山前倾斜平原地带先后分别有祖鲁木图沟、乌斯通沟汇入；在托克逊县以西 10km 处，阿拉沟河与白杨河汇合始称托克逊河，主要用于托克逊县工农业生产生活用水，余水沿老河道进入艾丁湖。

(2) 艾维尔沟。发源于东天山波尔莽岱达坂，流域最高点为 4353m，汇入阿拉沟河口以上河长为 68km，集水面积为 628km^2。

(3) 祖鲁木图沟。发源于东天山阿勒古尔乌拉山，与阿拉沟几近平行，源头沼泽发育，流域最高点为 3837m，渠首以上河长为 43km，集水面积为 257km^2。

(4) 乌斯通沟。发源于东天山果勒达坂，流域最高点 3885m，青年渠渠首以上河长为 71km，集水面积为 617km^2。

2.1.3.2 高昌区水系

自东向西共 5 条，包括大河沿河、塔尔郎河、煤窑沟河、黑沟河和恰勒坎河。

(1) 大河沿河。发源于库鲁铁列克达坂，源头高程 4038.00m，流域内最高点 4153.00m，源头区域有冰川 20 条，冰川面积为 3.59km^2，冰川储量为 0.0873km^3；出山口以上河长为 54km，集水面积为 724km^2。该河引水主要供农垦团场工农业生产及生活用水，另艾丁湖乡和红柳河园艺场引用一少部分，较大洪水时有一部分水量直接入艾丁湖。

(2) 塔尔郎河。发源于拜什萨拉达坂，河源高程 4112.00m，出山口以上河长为 50km，集水面积为 443km^2，上游由两条大的支流汇集而成，源头区域有现代冰川 15 条，冰川面积为 5.68km^2，冰川储量为 0.2469km^3；出山口后大部分水量通过引水渠为吐鲁番市所用。

(3) 煤窑沟河。河源高程 4305.00m，煤窑沟水文站以上河长为 45km，集水面积为 481km^2，源头有冰川 28 条，冰川面积为 10.69km^2，冰川储量为 0.3894km^3；上游为枝状水系，出山口后主要通过第一人民渠、第二人民渠分别引至葡萄沟和胜金乡一带，余水最终汇入艾丁湖。

(4) 黑沟河。河源高程 4298.00m，出山口以上河长为 25km，集水面积为 185km^2，源头区有冰川 4 条，冰川面积为 0.71km^2，冰川储量为 0.0223km^3；上游右岸水系较发育，出山口后流经宽广的山前倾斜平原，通过黑沟渠引水至胜金乡。

(5) 恰勒坎河。河源高程相对较低，仅 3681.00m，未有现代冰川发育。出山口以上河长为 14km，集水面积为 100km^2，上游由两条支流汇集而成；出山口后水量主要引至胜金乡一带。

2.1.3.3 鄯善县水系

自东向西共 3 条，包括二塘沟河、柯柯亚尔河、坎尔其河。

(1) 二塘沟河。发源于东天山冰川，干流上有多个小支流汇入，左岸水系相对发育，托万买来以上山区集水面积为 344km^2，出山口以上集水面积为 501km^2；二塘沟山区气候相对温凉，随流域高程的增高，降水相对丰沛；河流出山口后，流经宽广的山前倾斜地带，蒸发、下渗较为强烈；下游主要通过渠道引水方式进行输水，穿过火焰山通道后进入鲁克沁镇，余水最终汇入艾丁湖。

（2）柯柯亚尔河。基本与坎尔其河平行，出山口以上集水面积为707km^2；出山口处河流被柯柯亚尔水库拦截，正常情况下库水通过柯柯亚尔引水渠引至鄯善县城区一带，用于工农业生产和居民生活用水。

（3）坎尔其河。它是吐鲁番地区最东面的一条小河，河流出山口后由坎尔其引水渠分别引至鄯善火车站镇、七克台镇，尾闾消失在南湖戈壁滩一带。

艾丁湖为盆地内所有河流的最终归宿，由于吐鲁番地区对水资源的开发利用程度日益增大，河流以地表径流直接补给艾丁湖的方式已较为少见，只有较大河流在较大洪水时才有洪水直接入湖。在强烈的盆地效应作用下，入湖洪水大量蒸发，所形成的水面也难以持久，致使长期以来艾丁湖整个湖面大部为盐壳所覆盖，现在已经成为季节性湖泊。

2.1.4 气候特征

吐鲁番地区地处欧亚大陆腹地，由于地势低洼，增温快、散热慢，冷湿空气不易进入的特殊地理位置，形成了极端干旱的温带内陆荒漠气候，其主要特点是：热量丰富、极端干燥、高温多风、降雨稀少、蒸发强烈、无霜期长、风大风多。气候特点主要表现为：①光能，全年日照时数为2957.7～3122.8h，日照百分率为69%，总辐射量为140～150kcal/cm^2；②温度，全年平均气温为13.35℃，7月平均气温为31.78℃，1月平均气温为－9.8℃，35℃以上气温可持续165d，40℃以上高温可达106d。日温差和年温差均较大，无霜期长达192～271d，≥10℃年积温为4525.5～5733℃；③降水，吐鲁番地区降水极少，气候干燥，蒸发量大，多年平均降水量只有6.3～25.3mm，而多年平均蒸发量却高达2751～3744mm，相对湿度为30%，ET_0值为8mm/d；④大风，吐鲁番地区属多风地带，多年平均风速为1.5～4.8m/s，≥8级以上大风日数为18～108d，风向多偏北，春季的大风及夏季的干热风对农作物的危害均较大。

吐鲁番地区气候特征在地域上表现为：自西（托克逊县）向东（鄯善县）降水逐渐减少，大风次数及强度呈递减趋势，蒸发量、气温、日照、无霜期、年积温等也依次降低（鄯善县山南除外）。

在时空分布中，由于全地区地理位置和地形的不同，表现为光照、气温、降水等气候要素的差异，自上而下大致分为3个气候区：①西北部高山气候区。海拔3000m以上的高山区终年寒冷，多冰雪；海拔1000～3000m的山区，夏季凉爽，热量不足，无霜期短，多雨湿润，牧草丰茂；海拔2000～2500m的山区，冬季有逆温层，宜牧农，以牧业为主。②低矮干燥山地气候区。海拔200～1000m的低山区，主要由戈壁沙滩、土山和山间小盆地构成，热量丰富、光照充足、干旱缺水、风大风多，夏季有干热风、山洪危害，冬季寒冷，无稳定积雪。③中部绿洲气候区，即盆地平原区。由于火焰山将吐鲁番盆地分为山南和山北两盆地，因此平原气候区又可分为山南气候区和山北气候区。山南气候区光照充足，热量极为丰富，干燥少雨，无霜期长，气温日较差大，

6—8 月，日最高气温常在 40℃以上，是吐鲁番地区最炎热的气候区。山北盆地较山南盆地气候温和，但热量、光照仍较充分，无霜期较长，大风危害较轻，春季仍有干热风危害。

气候特征在四季上表现为：夏季稍长且高温酷热，相对湿度低，高温低湿；秋季降温迅速；冬季短暂而干冷；春季气温回升快。火焰山南部和北部热量资源有显著差异，山南气温高，日照和无霜期长，春季大风频繁，风沙危害严重；山北气温较低，无霜期较短，风沙危害小。吐鲁番地区主要气象要素统计见表 2.1－1。

表 2.1－1　　吐鲁番地区主要气象要素统计表

<table>
<tr><th rowspan="2">主要气象要素</th><th rowspan="2">高昌区</th><th colspan="2">鄯善县</th><th rowspan="2">托克逊县</th></tr>
<tr><th>山南</th><th>山北</th></tr>
<tr><td>多年平均降水量/mm</td><td>16.2</td><td>17.6</td><td>25.3</td><td>6.33</td></tr>
<tr><td>多年平均蒸发量/mm</td><td>2845</td><td></td><td>2751</td><td>3744</td></tr>
<tr><td>多年平均气温/℃</td><td>14.1</td><td colspan="2">11.3</td><td>13.8</td></tr>
<tr><td>7 月平均气温/℃</td><td>32.6</td><td colspan="2">30</td><td>32.3</td></tr>
<tr><td>1 月平均气温/℃</td><td>－8.8</td><td colspan="2">－9.5</td><td>－9.3</td></tr>
<tr><td>年日照实数/h</td><td>2957.7</td><td colspan="2">3122.8</td><td>3124</td></tr>
<tr><td>无霜期/d</td><td>271</td><td>224</td><td>192</td><td>219</td></tr>
<tr><td>最大冻土深度/cm</td><td>84</td><td colspan="2">90</td><td>90</td></tr>
<tr><td>最大风速/(m/s)</td><td>25</td><td colspan="2">29</td><td>40</td></tr>
<tr><td>平均风速（m/s)</td><td>1.1</td><td colspan="2">1</td><td>2.4</td></tr>
<tr><td>风向</td><td>西北</td><td colspan="2">西北</td><td>西北</td></tr>
</table>

注　山南、山北是以火焰山为界的山南盆地和山北盆地。

2.1.5　土壤分布

全地区农业土壤类型分为 4 个土类和 1 个亚类。4 个土类及其面积为：灌耕土 41.72 万亩，占耕地总面积的 61.52%；灌游土 8.01 万亩，占耕地总面积的 11.81%；潮土 15.04 万亩，占耕地总面积的 22.18%；风沙土 2.51 万亩，占耕地总面积的 3.70%。亚类为灌溉棕漠土 0.54 万亩，占耕地总面积的 0.80%。非农业土壤类型由高到低呈现垂直分布的特点，北部海拔 4000m 以上为高山草甸土，海拔 3200～4000m 为亚高山草甸土，海拔 2100～3200m 为栗钙土，海拔 1750～2100m 为山地棕钙土，海拔 1750m 以下为山地棕漠土，绿洲边缘则分布着风沙土、盐土和草甸土。

全地区土壤质地以壤土为主，约占耕地面积的 80%，壤土的气热状况较协调，耕性适宜，土壤理化性质均较好，适合农业生产，但部分壤土含盐碱量较大，可耕性较差。黏土类型约占耕地面积的 10%，黏土的耕性较差，物理性质不好，但保水保肥能力强，土壤肥力较好，通过人为掺沙进行土壤改良，效果显著。较差的沙土类约占耕地面积的 10%，土壤肥力低，保水保肥能力差，土壤理化性质及肥力均较差，这类土通过采取增加有机质等措施改良后，质地有所好转，适宜种植葡萄等作物。

吐鲁番地区土壤肥力处于中下水平，土壤有机质含量适中，钾元素比较丰富，但磷素、氮素含量偏低，是影响土壤肥力的主要因素。土壤受风力侵蚀和水力侵蚀较为严重。

2.1.6 自然植被与作物种植

独特的水热条件和不同的地形地貌影响各种植被的生长与分布。吐鲁番植被分布主要受气候、土壤、水文、地形及人类活动等因素的影响，气候是植物生态环境中最基本的因素，使植被的水平地带性和垂直地带性变化更趋复杂。吐鲁番主要植被分布在绿洲上，各种农作物、牧草、林带分布在农区、垦区。天山山区除夏牧场外，其他大部分地区及南部戈壁荒漠草场由于缺水、植被覆盖率低，呈光秃群山及砾石戈壁。天山南坡树木寥寥无几，灌木草本也甚为稀少。火焰山、觉罗塔格山滴水难找，几乎寸草不生。在洪积扇的顶部，地形高坡度大，水分不易留存，也没有植被。在洪积扇的中上部地势变缓，在局部地方开始有植物生长，如骆驼刺、柽柳、獐茅、野西瓜等灌木草本相继出现；洪积扇扇缘地带，地下水位升高，花花柴、芦苇、碱蓬、盐蒿等成片聚生，地下水露头的地方甚至有水生植物的生长；在洪积冲积平原上，由于得到地表水和地下水的补给而杂草丛生。

吐鲁番地区以农业为主，农牧结合，主要作物有小麦、高粱、葡萄、甜瓜，主要分布在火焰山南北的平原区。吐鲁番地区是全国长绒棉生产基地之一，也是全国葡萄主产区，种植有120多个葡萄品种。

2.1.7 社会经济概况

2012年吐鲁番总人口为62.5万人，其中农业人口为38.7万人，占总人口的61.9%；非农业人口为23.8万人，占总人口的38.1%。农作物播种面积为81.0万亩，其中粮食作物播种面积为9.5万亩，以玉米为主；棉花播种面积为33.8万亩；蔬菜播种面积为9.6万亩；葡萄种植面积为45.5万亩；瓜类播种面积为13.0万亩；孜然播种面积为6.9万亩。全区有效灌溉面积为77.7万亩。地区生产总值为243.9亿元，其中第一、第二、第三产业分别为33.8亿元、156.0亿元、54.1亿元。全年全地区城镇居民人均可支配收入17587元，农牧民人均纯收入7236元。吐鲁番地区综合经济实力不断增强，社会各项事业全面进步，人民生活水平普遍提高。

2.2 水资源及开发利用状况

2.2.1 水资源量

2.2.1.1 地表水资源量

吐鲁番地区现状地表径流总量为9.42亿m^3。其中，高昌区现状地表径流总量为3.2507亿m^3，鄯善县现状地表径流总量为2.4305亿m^3，托克逊县现状地表径流总量为3.73亿m^3。详见表2.2-1。

表 2.2-1　　吐鲁番市现状地表水资源量统计表

三级流域名称	四级流域区名称	五级流域名称	产水面积/km²	控制断面地表水资源量/亿 m³	地表总径流量/亿 m³
吐鲁番市	高昌区	大河沿河	871.7	0.8185	1.166
		塔尔郎河	734.7	0.7341	0.7341
		煤窑沟河	861.3	0.8589	0.8589
		黑沟河	366.1	0.3282	0.3282
		恰勒坎河	364.5	0.1635	0.1635
		小计	3198.3	2.9032	3.2507
	鄯善县	二塘沟河	759.2	0.799	0.9316
		柯柯亚尔河	884.4	1.154	1.174
		坎尔其河	914.7	0.2525	0.3028
		坎尔其以东小河	237.9		0.0221
		小计	2796.2	2.2055	2.4305
	托克逊县	白杨河	3789	1.17	1.18
		阿拉沟流域	4301	2.42	2.42
		库木塔克荒漠	9077	0.14	0.14
		小计	17167	3.73	3.74
合　计			23161.5	8.8387	9.4212

2.2.1.2　地下水资源量

吐鲁番市地下水主要补给来源有山前侧向补给、河道渗漏补给、渠系入渗补给、田间灌溉入渗补给、水库入渗补给和井灌回归补给（降雨入渗补给因多年平均降雨量稀少，对地下水补给可忽略不计）。结合水文地质参数和吐鲁番市水文地质特征，得出总补给量为 69682 万 m³，扣除地下水回归补给量 11965 万 m³，吐鲁番地区多年平均地下水资源量 55964 万 m³。现状条件下吐鲁番市地下水可开采量为 6.23 亿 m³，详见表 2.2-2。

表 2.2-2　　吐鲁番市地下水资源量和可开采量　　单位：万 m³

行政分区	地下水资源量	地下水补给量	可开采系数	地下水可开采量
高昌区	18202	21938	0.94	20570
鄯善县	16965	22065	0.96	21208
托克逊县	20797	25679	0.80	20543
合计	55964	69682		62321

2.2.1.3　水资源总量

吐鲁番市现状地表水资源量 9.42 亿 m³，地下水资源量 5.60 亿 m³，其中重复量 3.68 亿 m³，水资源总量 11.34 亿 m³，详见表 2.2-3。

表 2.2-3 吐鲁番市现状水资源总量表 单位：亿 m^3

行政分区	地表水资源量	地下水资源量	水资源总量	其中重复量
高昌区	3.25	1.82	3.95	1.12
鄯善县	2.43	1.70	3.03	1.10
托克逊县	3.74	2.08	4.36	1.46
合计	9.42	5.60	11.34	3.68

2.2.2 水源工程

2.2.2.1 地表水源工程

截至 2011 年年底，吐鲁番地区有中小型水库 18 座，小塘坝 339 座，总库容为 11408.3 万 m^3，兴利库容为 9278.9 万 m^3。已建蓄水工程统计结果见表 2.2-4，共有引水渠首 20 座。其中高昌区有渠首 6 座，5 座渠首正常运行，1 座暂停使用；鄯善县有渠首 5 座；托克逊县有渠首 9 座。具体统计结果见表 2.2-4～表 2.2-6。

表 2.2-4 吐鲁番地区已建蓄水工程汇总表

行政分区	名称	座数	总库容/万 m^3	兴利库容/万 m^3	控制灌溉面积/万亩	运行现状
高昌区	水库	9	2692.4	2395	21	
	塘坝	141	132.9	132.9	4	病险
	小计	150	2825.3	2527.9	25	
鄯善县	水库	7	2339	1726	7.41	
	塘坝	120	380	380	0.43	病险
	小计	127	2719	2106	7.84	
托克逊县	水库	2	5489	4270	18.02	
	塘坝	78	375	375	0.27	病险
	小计	80	5864	4645	18.29	
合计	水库	18	10520.4	8391	46.43	
	塘坝	339	887.9	887.9	4.7	病险
	小计	357	11408.3	9278.9	51.13	

表 2.2-5 吐鲁番地区已建中型水库情况表

行政分区	水库名称	总库容/万 m^3	死库容/万 m^3	供水库容/万 m^3	控制灌溉面积/万亩	运行现状
高昌区	葡萄沟水库	1100	225	875	1.9	良好
鄯善县	柯柯亚尔水库	1052	700	1320	5.3	良好
	坎尔其水库	1180	920	920	1.63	良好
托克逊县	红山水库	5360	1090	4270	18.02	良好
合计	—	8692	2935	7385	26.85	良好

表 2.2-6　　　　吐鲁番地区已建成引水工程统计表

行政分区	渠首名称	引水流量/(m^3/s)	控制灌溉面积/万亩
高昌区	煤窑沟渠首	15	12.88
	塔尔郎渠首	10	7.5
	黑沟河渠首	5	7.28
	大河沿渠首	15	3.27
	大草湖渠首	2	4.95
	恰勒坎渠首	5	0
鄯善县	二塘沟一闸	25	9.19
	色尔克甫一闸	20	5.11
	色尔克甫二闸	20	5.11
	柯柯亚尔一闸	18	5.63
	坎尔其一闸	5	2.3
托克逊县	阿拉沟渠首	11	17
	祖鲁木图渠首	4	
	青年渠首	4	3
	小草湖渠首	8	
	巴依托海渠首	8	
	柯尔碱渠首	2	
	胜利渠首	8	10
	托台渠首	8	7
	宁夏宫渠首	3	7

2.2.2.2 地下水源工程

吐鲁番地下水水源工程主要由机电井、坎儿井、自流井等组成，地下水水源工程供给大部分生活、工业用水和部分农业用水，水质状况相对良好，满足相关各行业用水标准。

截至 2011 年年底，吐鲁番共有机电井 5833 眼，引提水量为 77287 万 m^3；有坎儿井共有 241 条，年出流量为 15160 万 m^3；自流井共有 227 眼，年出水量为 1451 万 m^3。具体统计结果见表 2.2-7。

表 2.2-7　　　　吐鲁番地下水水源工程统计表

行政分区	机电井		坎儿井		自流井		合计	
	井数	引提水量/万 m^3	井数	出水量/万 m^3	井数	出水量/万 m^3	井数	出水量/万 m^3
高昌区	1907	25394	135	5785	0	0	2042	31179
鄯善县	2797	34093	77	6958	0	0	2874	41051
托克逊县	1129	17800	29	2417	227	1451	1385	21668
吐鲁番	5833	77287	241	15160	227	1451	6301	93898

2.2.3 农业灌溉历史供水量分析

2.2.3.1 托克逊县历史供水量

托克逊县主要分为两个流域：阿拉沟河流域和白杨河流域。统计收集了两个流域2013—2015年的逐月供水量，见表2.2-8和表2.2-9。

表2.2-8 阿拉沟河流域2013—2015年灌溉供水量统计 单位：万m³

年份	3月	4月	5月	6月	7月	8月	9月	11月	灌溉供水量合计
2013	15.3	173.23	121.17	398.1	1339.37	1216.67	894.42	70.61	4228.87
2014	61.58	177.79	59.54	496.02	1220.67	1063.94	944.6	41.65	4065.79
2015	0	157.74	123.6	651.97	916.69	1093.33	365.86	129.8	3438.99
最小灌溉量	0	157.74	59.54	398.1	916.69	1063.94	365.86	41.65	3003.52

表2.2-9 白杨河流域2013—2015年灌溉供水量统计 单位：万m³

年份	3月	4月	5月	6月	7月	8月	9月	11月	灌溉供水量合计
2013	32.43	1189.41	200.93	1299.3	441.18	623.73	740.33	27.32	4554.63
2014	20.34	942.92	208.4	1158.47	1088.74	944.43	605.95	70.99	5040.24
2015	0	926.57	327.72	929.62	589.05	864.92	811.77	227.15	4676.8
最小灌溉量	0	926.57	200.93	929.62	441.18	623.73	605.95	27.32	3755.3

2.2.3.2 高昌区历史供水量

高昌区主要分为4个流域，自西向东依次为：大河沿河流域、塔尔郎河流域、煤窑沟河流域和黑沟河流域。统计收集了4个流域2010—2014年的逐月供水量。

1. 大河沿河流域

大河沿河流域负责7个自然村的农业灌溉，灌溉供水资料主要来源于大草湖水管站。该站主要统计了花园村、也木什村、西然木、琼库勒村、干店村等5个自然村的2010—2014年的逐月供水量，见表2.2-10～表2.2-14。

表2.2-10 大河沿河流域2010—2014年灌溉供水量统计（花园村） 单位：万m³

年份	3月	4月	5月	6月	7月	8月	9月	10月
2010	5.24	51.61	40.85	97.95	114.46	106.66	61.32	50.35
2011	0.12	53.78	47.16	85.38	94.71	92.25	48.54	31.01
2012	0	56.10	39.01	96.69	101.97	97.41	79.94	84.64
2013	0	43.69	44.87	93.62	102.41	97.18	75.01	30.44
2014	0	40.71	45.48	101.98	97.26	88.87	63.69	45.83
最小灌溉量	0	40.71	39.01	85.38	94.71	88.87	48.54	30.44

表 2.2-11　　大河沿河流域 2010—2014 年灌溉供水量统计（也木什村）　　单位：万 m^3

年份	3月	4月	5月	6月	7月	8月	9月	10月
2010	18.87	55.40	40.73	29.03	43.55	43.42	34.84	26.13
2011	18.87	37.74	37.74	43.55	45.00	45.00	29.03	10.16
2012	4.63	29.44	21.12	34.81	37.40	40.57	35.27	40.68
2013	39.45	44.01	24.62	42.47	39.50	35.36	27.93	7.00
2014	22.15	38.12	19.75	38.49	61.30	49.96	27.53	5.05
最小灌溉量	4.63	29.44	19.75	29.03	37.40	35.36	27.53	5.05

表 2.2-12　　大河沿河流域 2010—2014 年灌溉供水量统计（西然木）　　单位：万 m^3

年份	3月	4月	5月	6月	7月	8月	9月	10月
2010	31.88	58.90	53.99	70.66	73.63	73.48	58.90	42.83
2011	22.15	60.10	52.82	64.37	73.41	74.10	47.21	18.44
2012	0.81	39.36	30.13	70.30	71.50	68.40	63.82	39.75
2013	0	26.70	34.51	58.95	68.43	72.52	64.23	19.07
2014	0	32.60	13.74	54.78	60.12	55.23	45.37	12.68
最小灌溉量	0.81	26.70	13.74	54.78	60.12	55.23	45.37	12.68

表 2.2-13　　大河沿河流域 2010—2014 年灌溉供水量统计（琼库勒村）　　单位：万 m^3

年份	3月	4月	5月	6月	7月	8月	9月	10月
2010	12.22	40.21	23.72	55.65	62.38	64.79	49.78	18.26
2011	6.56	46.26	34.84	57.11	61.91	62.50	41.43	18.57
2012	2.57	38.56	23.98	62.86	64.79	60.63	56.58	51.75
2013	0.00	27.43	39.69	53.08	64.71	62.75	51.69	20.24
2014	0.33	19.96	18.25	53.46	56.00	52.14	36.38	11.48
最小灌溉量	0.33	19.96	18.25	53.08	56.00	52.14	36.38	11.48

表 2.2-14　　大河沿河流域 2010—2014 年灌溉供水量统计（干店村）　　单位：万 m^3

年份	3月	4月	5月	6月	7月	8月	9月	10月
2010	2.31	15.66	26.05	25.78	29.12	29.12	28.60	29.12
2011	9.01	21.04	29.12	25.48	29.12	28.46	18.79	16.75
2012	4.19	24.85	29.12	28.18	29.12	29.12	28.19	29.12
2013	5.99	26.33	25.20	26.10	34.55	29.12	27.28	26.41
2014	6.93	26.42	28.37	31.46	29.12	29.12	28.18	29.12
最小灌溉量	2.31	15.66	25.20	25.48	29.12	28.46	18.79	16.75

2. 塔尔郎河流域

塔尔郎河流域负责 27 个自然村的农业灌溉，灌溉供水资料主要来源于塔尔郎河流域管理站。该站主要统计了火箭村、上湖村、亚尔果勒村、老城东门村、南门村、戈壁村、亚尔贝希村、亚尔村、园艺场等9个自然村2010—2014年的逐月供水量，见表2.2-15～表2.2-23。

表2.2-15　塔尔郎河流域2010—2014年灌溉供水量统计（火箭村）　单位：万 m^3

年份	4月	5月	6月	7月	8月	9月	10月	11月
2010	0	0	4.42	2.06	0.93	0	0	0
2011	0	0	2.80	0.19	0	0	0	0
2012	0	0	3.04	0	0	0	0	0
2013	0	0	4.29	0.65	0	0	0	0
2014	0	1.27	0.86	0.86	0	1.21	0	0
最小灌溉量	0	0	0.86	0.19	0	0	0	0

表2.2-16　塔尔郎河流域2010—2014年灌溉供水量统计（上湖村）　单位：万 m^3

年份	4月	5月	6月	7月	8月	9月	10月	11月
2010	0	4.87	52.67	62.86	26.65	2.85	0	0
2011	0	0.42	36.04	36.76	25.76	10.11	0.93	1.41
2012	0	5.58	17.42	13.96	5.05	2.27	0.23	0.83
2013	0	9.98	33.13	20.14	5.16	1.31	4.01	0
2014	1.13	4.80	20.05	20.22	2.38	2.43	0.21	0
最小灌溉量	0	0.42	17.42	13.96	2.38	1.31	0.21	0

表2.2-17　塔尔郎河流域2010—2014年灌溉供水量统计（亚尔果勒村）　单位：万 m^3

年份	4月	5月	6月	7月	8月	9月	10月	11月
2010	0	0	29.51	24.09	5.16	0	0	0
2011	0	0	11.65	21.14	6.68	4.74	0	0
2012	0	0	11.01	8.80	1.13	6.16	0	0
2013	1.47	11.11	12.07	11.48	4.51	1.14	1.80	0
2014	0	2.93	26.13	26.13	2.50	1.97	2.29	0
最小灌溉量	0	0	11.01	8.80	1.13	1.14	0	0

表2.2-18　塔尔郎河流域2010—2014年灌溉供水量统计（老城东门村）　单位：万 m^3

年份	4月	5月	6月	7月	8月	9月	10月	11月
2010	8.33	34.77	80.60	69.30	57.55	39.51	18.83	3.09
2011	11.97	9.10	60.32	80.29	58.24	37.90	24.00	1.70
2012	9.65	34.84	75.69	63.99	61.36	40.38	17.55	2.68
2013	27.59	40.60	56.29	65.92	54.53	39.58	11.35	4.23
2014	5.19	38.72	51.95	51.95	32.53	30.94	9.84	0
最小灌溉量	5.19	9.10	51.95	51.95	32.53	30.94	9.84	0

表 2.2-19　塔尔郎河流域 2010—2014 年灌溉供水量统计（南门村）　单位：万 m^3

年份	4 月	5 月	6 月	7 月	8 月	9 月	10 月	11 月
2010	3.86	30.79	92.12	58.74	52.73	13.09	15.36	7.55
2011	0	12.85	58.70	80.97	34.44	24.68	10.02	11.60
2012	0.57	32.72	94.89	88.62	52.64	0.65	21.76	4.97
2013	17.34	33.28	65.59	82.65	43.03	15.76	25.16	9.22
2014	2.46	46.27	87.06	87.06	32.26	33.82	16.78	0
最小灌溉量	0.57	12.85	58.70	58.74	32.26	0.65	10.02	4.97

表 2.2-20　塔尔郎河流域 2010—2014 年灌溉供水量统计（戈壁村）　单位：万 m^3

年份	4 月	5 月	6 月	7 月	8 月	9 月	10 月	11 月
2010	17.03	90.84	333.18	222.67	103.47	43.21	7.83	3.94
2011	13.34	20.58	189.49	220.85	157.11	52.62	24.99	10.87
2012	23.58	101.60	276.10	212.44	104.68	58.94	46.11	17.09
2013	57.07	115.62	227.49	273.34	130.85	87.30	22.21	30.08
2014	13.53	131.54	274.44	280.89	104.60	57.50	18.62	0
最小灌溉量	13.34	20.58	189.49	212.44	103.47	43.21	7.83	3.94

表 2.2-21　塔尔郎河流域 2010—2014 年灌溉供水量统计（亚尔贝希村）　单位：万 m^3

年份	4 月	5 月	6 月	7 月	8 月	9 月	10 月	11 月
2010	0	17.63	106.39	70.23	53.82	8.34	18.54	0
2011	4.12	7.29	66.90	55.08	47.50	25.30	45.06	2.12
2012	0	24.11	77.85	83.94	1.71	27.21	29.89	0
2013	11.19	42.57	53.80	117.38	27.84	39.03	24.51	0
2014	2.71	48.69	72.33	72.33	26.33	18.97	20.35	0
最小灌溉量	2.71	7.29	53.80	55.08	1.71	8.34	18.54	0

表 2.2-22　塔尔郎河流域 2010—2014 年灌溉供水量统计（亚尔村）　单位：万 m^3

年份	4 月	5 月	6 月	7 月	8 月	9 月	10 月	11 月
2010	4.51	25.22	66.22	61.70	28.33	17.53	4.53	2.59
2011	6.32	14.87	51.29	63.61	42.93	10.19	8.60	1.39
2012	5.21	37.79	49.59	35.93	24.31	24.63	19.34	0
2013	9.05	33.08	42.45	44.06	22.81	20.97	13.73	0.63
2014	3.42	26.99	44.32	44.32	38.50	23.29	15.76	0
最小灌溉量	3.42	14.87	42.45	35.93	22.81	10.19	4.53	0

表 2.2-23　塔尔郎河流域 2010—2014 年灌溉供水量统计（园艺场）　单位：万 m^3

年份	3月	4月	5月	6月	7月	8月	9月	10月
2010	38.97	188.48	234.53	474.84	489.58	346.61	278.62	202.46
2011	171.63	216.50	390.54	457.03	351.33	220.32	165.26	53.31
2012	77.50	159.89	245.17	377.32	387.94	361.01	215.15	255.12
2013	77.50	186.77	279.56	387.90	460.13	381.56	268.75	189.25
2014	77.50	121.56	197.65	394.56	394.56	327.38	296.06	187.04
最小灌溉量	38.97	159.89	234.53	377.32	351.33	220.32	165.26	53.31

3. 煤窑沟河流域

煤窑沟河流域负责 19 个自然村的农业灌溉，灌溉供水资料主要来源于煤窑沟流域管理站站。该站主要统计了恰特卡勒乡、葡萄乡、七泉湖镇和原种场等 4 个乡镇 2010—2014 年的逐月供水量，见表 2.2-24～表 2.2-27。

表 2.2-24　煤窑沟流域 2010—2014 年灌溉供水量统计（恰特卡勒乡）　单位：万 m^3

年份	4月	5月	6月	7月	8月	9月	10月	11月
2010	129.42	41.35	566.72	317.08	236.04	389.13	36.65	0
2011	0	13.10	194.49	485.28	236.29	111.39	115.13	1.22
2012	23.88	121.36	348.41	528.53	257.23	158.34	140.37	0
2013	64.69	110.40	308.50	552.72	267.49	182.32	138.25	5.96
2014	0	61.60	412.25	763.61	257.67	164.35	210.82	0
最小灌溉量	0	13.10	194.49	317.08	236.04	111.39	36.65	0

表 2.2-25　煤窑沟流域 2010—2014 年灌溉供水量统计（葡萄乡）　单位：万 m^3

年份	3月	4月	5月	6月	7月	8月	9月	10月
2010	8.01	165.80	192.67	772.18	650.21	351.31	337.57	186.06
2011	4.89	15.74	215.27	435.78	575.90	323.47	185.46	205.39
2012	0.90	100.37	337.72	523.14	704.68	423.55	321.22	243.00
2013	12.98	154.66	314.67	550.88	654.67	452.03	251.59	241.63
2014	0	23.70	227.90	581.70	885.57	495.23	204.16	254.99
最小灌溉量	0.90	15.74	192.67	435.78	575.90	323.47	185.46	186.06

表 2.2-26　煤窑沟流域 2010—2014 年灌溉供水量统计（七泉湖镇）　单位：万 m^3

年份	4月	5月	6月	7月	8月	9月	10月	11月
2010	8.30	9.34	9.96	12.81	8.16	6.59	8.33	0
2011	5.88	9.05	11.38	12.50	8.73	9.79	11.45	7.35

续表

年份	4月	5月	6月	7月	8月	9月	10月	11月
2012	6.02	11.42	13.45	14.46	11.29	9.89	12.37	7.35
2013	0	11.50	14.41	17.37	12.06	19.59	14.39	0
2014	8.81	11.75	13.33	13.81	10.02	10.57	12.80	0
最小灌溉量	5.88	9.05	9.96	12.50	8.16	6.59	8.33	0

表 2.2-27　　煤窑沟流域 2010—2014 年灌溉供水量统计（原种场）　　单位：万 m^3

年份	4月	5月	6月	7月	8月	9月	10月	11月
2010	0	0	18.60	28.45	20.83	0	0	0
2011	0	0	0.55	20.15	4.75	0	0	0
2012	5.15	5.73	8.69	22.77	7.72	0	0	0
2013	3.48	2.33	8.45	23.02	16.88	0	0	0
2014	0	0	10.90	26.78	16.88	0	8.87	0
最小灌溉量	0	0	0.55	20.15	4.75	0	0	0

4. 黑沟河流域

黑沟河流域负责 4 个乡镇 24 个自然村的农业灌溉，灌溉供水资料主要来源于黑沟河流域管理站。该站主要统计了七泉湖牧场、胜金乡、二堡乡和三堡乡等 4 个乡镇的 2010—2014 年的逐月供水量见表 2.2-28～表 2.2-31。

表 2.2-28　　黑沟河流域 2010—2014 年灌溉供水量统计（七泉湖牧场）　　单位：万 m^3

年份	4月	5月	6月	7月	8月	9月	10月	11月
2010	0	23.85	24.77	33.96	20.24	9.83	9.27	0
2011	0	6.81	8.73	20.17	19.64	12.38	3.98	0
2012	0	30.71	27.73	21.61	37.62	0	0	0
2013	5.42	18.90	22.98	30.93	30.77	26.07	0	0
2014	0	8.51	0	26.22	38.42	15.09	0	0
最小灌溉量	0	6.81	8.73	20.17	19.64	0	0	0

表 2.2-29　　黑沟河流域 2010—2014 年灌溉供水量统计（胜金乡）　　单位：万 m^3

年份	4月	5月	6月	7月	8月	9月	10月	11月
2010	7.18	6.69	33.68	20.87	13.66	1.15	4.44	0
2011	0	0	0	0	2.72	0	0	0
2012	0.28	5.38	8.42	15.46	0	0	0	0
2013	0	0	3.49	10.84	0	0	6.29	0

续表

年份	4月	5月	6月	7月	8月	9月	10月	11月
2014	0	0	0	7.35	0	0	0	0
最小灌溉量	0	0	3.49	7.35	0	0	0	0

表 2.2-30　黑沟河流域 2010—2014 年灌溉供水量统计（二堡乡）　单位：万 m^3

年份	4月	5月	6月	7月	8月	9月	10月	11月
2010	121.85	84.99	159.92	177.95	127.44	74.18	57.58	0
2011	97.13	87.29	92.70	136.27	114.20	98.53	45.49	0
2012	86.02	94.82	139.23	166.32	85.89	150.65	45.64	0
2013	85.71	96.26	141.77	181.47	115.29	148.98	46.69	0
2014	80.74	113.52	143.87	186.01	100.02	126.44	74.64	0
最小灌溉量	80.74	84.99	92.70	136.27	85.89	74.18	45.49	0

表 2.2-31　黑沟河流域 2010—2014 年灌溉供水量统计（三堡乡）　单位：万 m^3

年份	4月	5月	6月	7月	8月	9月	10月	11月
2010	139.63	97.34	186.19	206.71	123.54	78.20	59.96	0
2011	95.80	85.12	94.23	168.20	59.71	73.93	40.69	0
2012	105.54	111.92	159.75	173.10	76.70	113.86	48.51	0
2013	103.19	120.94	173.86	204.32	84.37	87.99	83.14	0
2014	89.70	130.08	159.72	214.63	98.10	90.05	76.41	0
最小灌溉量	89.70	85.12	94.23	168.20	59.71	73.93	40.69	0

2.2.3.3 鄯善县历史供水量

鄯善县主要分为3个流域，自西向东依次为：二塘沟河流域、柯柯亚尔河流域和坎尔其河流域。此次研究中只统计了柯柯亚尔河流域和坎尔其河流域供水情况，2个流域2001—2003年的逐月供水量见表2.2-32和表2.2-33。

表 2.2-32　柯柯亚尔河流域 2001—2003 年灌溉供水量统计　单位：万 m^3

名称	年份	4月	5月	6月	7月	8月	9月	10月	11月
辟展乡	2001	142.32	186.54	236.48	207.75	97.11	41.30	64.48	0
	2002	40.67	134.60	202.12	263.84	65.05	83.42	12.29	0
	2003	26.67	46.34	91.58	74.41	73.95	35.86	19.25	0
	最小灌溉量	26.67	46.34	91.58	74.41	65.05	35.86	12.29	0
园艺场	2001	146.15	188.14	256.19	120.71	67.32	0	71.04	0
	2002	65.58	177.30	300.53	226.29	39.84	35.22	21.29	8.81
	2003	70.55	136.70	325.96	251.69	178.81	93.09	0	0.95
最小灌溉量		65.58	136.70	256.19	120.71	39.84	0	0	0

表 2.2-33　　坎尔其河流域 2001—2002 年灌溉供水量统计（七克台镇）　　单位：万 m^3

名称	年份	4月	5月	6月	7月	8月	9月	10月	11月
五大队 黄家坎	2001	6.01	41.33	32.21	2.15	3.67	0	0	0
	2002	0	2.06	62.80	69.69	36.56	4.34	0	20.63
	2003	23.82	39.48	72.78	67.17	84.52	31.82	23.11	15.96
二大队 八大队	2001	24.90	46.15	25.15	0.51	6.32	0	0	0
	2002	0	31.35	68.17	61.84	40.07	4.35	0	32.62
	2003	19.57	40.25	41.76	50.68	64.29	24.24	26.67	18.68
1、2、3 号渠	2001	38.80	86.60	73.30	3.69	17.74	0	0	0
	2002	0	49.27	120.85	87.32	81.49	22.75	0	0
	2003	27.26	52.48	82.88	64.10	96.06	35.50	26.64	20.15
4号渠	2001	13.12	45.85	48.12	5.99	7.92	0	0	0
	2002	0	24.50	68.72	55.87	41.32	4.56	0	0
	2003	13.32	32.26	53.96	44.38	49.90	12.80	23.81	21.74
最小灌溉量		2.06	25.15	0.51	3.67	4.34	23.11	15.96	6.01

2.3　农业发展及农业用水状况

吐鲁番地区农业灌溉历史悠久，农业节水灌溉起步较早，但由于各种原因发展缓慢。目前农业节水主要以修建滴灌和防渗渠道为主，虽然渠系建筑物配套良好，斗渠以上渠道防渗率较高，但田间灌溉水平较落后，大水漫灌、串灌、深灌等大定额灌溉现象比较普遍，畦灌、细流沟灌等常规地面灌技术以及滴灌等高效节水灌溉技术发展缓慢，水资源利用率偏低，农业灌溉定额高，水资源浪费严重。因此，必须加大滴灌等高新节水灌溉技术的发展，才能更加有效地节约农业灌溉用水，提高水资源利用率，以起到节水增效的作用。

在实施的滴灌、低压管道灌溉等高效节水灌溉工程中，由过去的“重建设、轻管理”的现象逐步转变为“重建设、抓管理”，水利管理工作逐步走向成熟，加强了水的可控能力和调节能力，高效节水灌溉工程建设及应用技术已趋于成熟，积累了一定的技术经验。在田间管理工作上，通过建立健全管理体制、加强管理人员的技术培训等措施，农业节水管理工作有了较大提高。

截至 2010 年，吐鲁番地区实施滴灌及低压管道灌溉面积达到 39.83 万亩，其中滴灌面积 31.99 万亩，低压管道灌溉面积 7.84 万亩。实施滴灌、低压管道灌溉等高效节水方法效果显著，在工程建设及技术应用等方面积累了一定的成功经验。

2.3.1　吐鲁番地区农业节水发展制约因素

1. 高效节水工程措施成本高，农民承受有困难

从近几年节水灌溉工程实施情况看，节水灌溉工程普遍具有节水、节电、增产、增效

等显著特点，但其工程造价对于农民自身来说仍偏高，农民自筹资金实施节水灌溉工程存在较大的困难，一般农户自身无力建设节水灌溉系统，资金短缺一直困扰着节水灌溉技术的推广应用。

现有斗渠、农渠以下的农田水利工程运行时间长，建设标准低，国家无专项配套资金建设，而农民群众投入资金有限，使得工程老化失修严重，灌溉设施不全，渠系水利用系数低，灌溉保证率较低。

灌区支渠管理体制不顺，投入不足，严重影响配水到户；斗渠、农渠系投入不足，管理水平差异较大，导致渠系维护费用不稳定，流量计量设施基本没有，流量控制设施较少，防渗率较低且破坏严重，已不能满足现灌区灌溉管理的需要。

2. 农业节水发展水平有待提高

吐鲁番地区气候干旱，生态环境脆弱，水资源珍贵。故对有限的不同形式的水资源，通过工程与非工程措施，对生活、生态和生产进行合理配置，必须要节约用水。目前，规划区的农灌方式和技术仍然相当落后，对水资源的浪费十分严重，采用与发展滴灌等先进的灌溉技术迫在眉睫，节水灌溉成了该区实现经济发展目标的有力保障。

3. 节水灌溉的管理水平有待提高

节水灌溉目前已成为较成熟灌溉形式，但农民对节水灌溉管理技术还没有完全掌握。农民自行开关控制阀，致使正常灌溉地块水量不够，压力不足，无法正常灌溉。

4. 水资源重复利用率低，用水效率低下

水资源是不可再生资源，经济社会发展应该走可持续发展和可持续共存的道路，即先尽量满足耗水少、重复利用率高的生活用水和工业用水需要，然后再满足耗水大又无法重复利用的农牧、绿化等用水需要。在吐鲁番市城区的生活用水和工业用水两个方面，城市生活用水应逐步推行发展供水，并保证用水需要；工业用水应狠抓重复利用，降低万元产值耗水量，提高工业用水重复利用率。下游农业区，应充分利用城市用过的再生水源，采用科学的方法，发展再生水灌溉。

5. 灌溉水价偏离成本，灌溉管理体制不顺

灌溉水价与成本严重背离，加之投入政策不完善，投入严重不足，造成灌区农田水利设施不能及时维修，灌溉工程老化失修。

6. 各有关部门的协调还需进一步加强

农业、水利、农机等涉农部门之间的协调存在一定差距，使得工程节水与农艺节水结合得不够紧密，在一定程度上限制了节水农业整体效益的发挥。

2.3.2 吐鲁番地区农业节水发展趋势

1. 农业田间灌溉工程配套建设

渠道防渗及管道输水仍是输配水过程中主要的节水措施，需进一步维护和更新已有建筑物，根据地区的实际情况选择合适的输配水节水措施，并结合高效的田间节水工程措施，提高农业灌溉的配套程度，改变落后的灌水方式，充分发挥已建骨干工程的效益，提高水的利用率，增加水分生产率，实现降低水耗、用好水、浇好地的目的，更快地发展节水农业。吐鲁番地区输配水系统从支渠分水，支渠后将全部用管道代替斗农渠，这样将大

大地提高渠系水利用系数，提高水的利用率。

2. 农业灌溉中采用信息化管理

为实现灌溉用水管理手段的现代化与自动化，满足灌溉系统管理灵活、准确和快捷的要求，灌溉水管理技术正朝着信息化、自动化、智能化的方向发展。将水库、河流、渠道的水位、流量及水泵运行情况等技术参数，通过数据采集、传输和计算机处理，实现科学配水，减少弃水。土壤墒情采用各种先进的土壤墒情监测仪器进行监测，以科学制定灌溉计划，实施适时适量的精细灌溉。

3. 工程措施和农业措施的综合利用

在工程节水技术的基础上发展农业节水综合技术，以达到节水、高产、优质、高效等目的，是当前世界各地研究的重点。各种农业节水技术可单独应用，但更多考虑多种因子如何最佳组合以形成最佳优势。过去在发展节水灌溉过程中往往只注意单项的工程技术，而没有很好地将农业增产措施予以配套，因此造成节水但不增效。应根据当地具体情况，进行组装配套，发挥整体的节水增产效益。目前吐鲁番地区对葡萄滴灌实施每行葡萄三根毛管的试验已经成功，在全区实施后，葡萄产量将增加20%，节水50%。

4. 采用先进节水管理措施

现阶段由于社会经济、农户文化素质等因素，承包、租赁、拍卖、股份合作、农民用水者协会等先进管理体制目前还难以推行，随着社会的发展，将逐步推行并实现“总量定额管理，以水定地，配水到户，公众参与，水量交易，水票运转”的运行机制，明晰流域初始水权分配，建立水资源统一管理制度、水量交易机制、水权有偿转让制度、水资源计划用水和节约用水制度。

第3章

气候变化对吐鲁番来水和耗水的影响分析

3.1 水文气象要素现状分析

3.1.1 新疆维吾尔自治区多年水文气象要素现状分析

1. 降水量

1951—2011年，新疆维吾尔自治区多年平均降水量为110mm，属于干旱区。从多年变化趋势来看（图3.1-1），全区年均降水量呈上升趋势。年降水量低于80mm的极端枯水年份有5年，分别出现在1962年、1967年、1975年、1997年和2008年。年降水量高于150mm的丰水年份有3年，分别出现在1987年、1993年和2010年。以1981年为界，可分为前30年和后30年，可以看到，极端枯水年中3年发生在前30年，发生概率为60%；2年发生在后30年，发生概率为40%。年降水量高于150mm的丰水年份均在后30年。

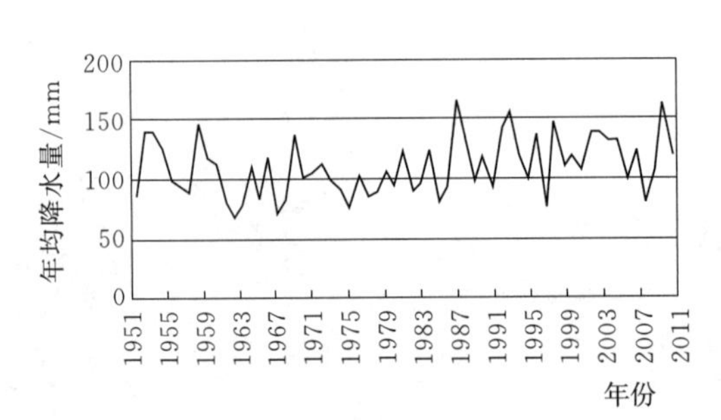

图3.1-1 新疆维吾尔自治区多年平均降水量变化图

2. 气温

1951—2011年，新疆维吾尔自治区多年平均气温为9.17℃。从多年变化趋势来看，全区年均气温呈上升趋势，最低年份1957年为7.49℃，最高年份1995年为10.71℃，上升了3.22℃。多年平均最高气温和极端最高气温略有上升，趋势不明显。多年平均最低气温从1967年开始呈明显上升趋势，从1967年的最低点1.31℃，到2007年的最高点4.48℃，上升了3.17℃。极端最低气温也呈上升趋势，最低点出现在1952年为－29.63℃，最高点出现在1982年为－19.01℃，次高点出现在1990年为－20.26℃，接着是2009年为－20.37℃，2009年比1952年上升了9.26℃。具体见图3.1-2～图3.1-6。

3. 相对湿度

1951—2011年，新疆维吾尔自治区多年平均相对湿度为51%。除1951—1953年年均相对湿度较高（60%上下）外，其余年份均在50%上下徘徊。因此，全区年均相对湿度较为稳定，多年变化趋势不明显（图 3.1－7）。

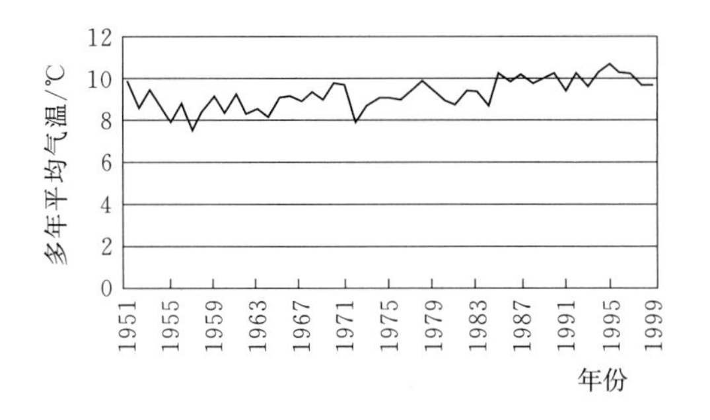

图 3.1－2　新疆维吾尔自治区多年平均气温变化图

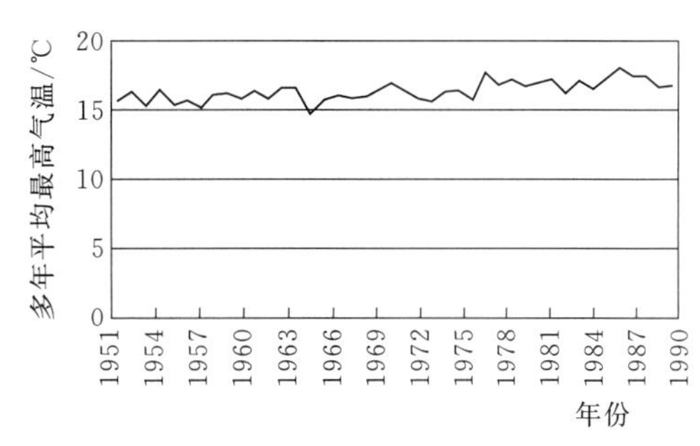

图 3.1－3　新疆维吾尔自治区多年平均最高气温变化图

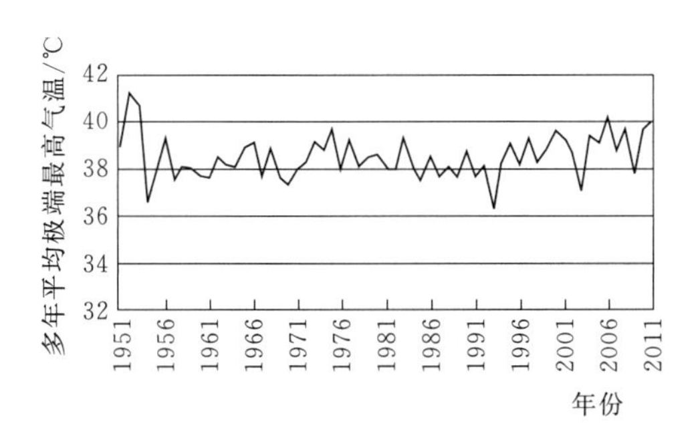

图 3.1－4　新疆维吾尔自治区多年平均极端最高气温变化图

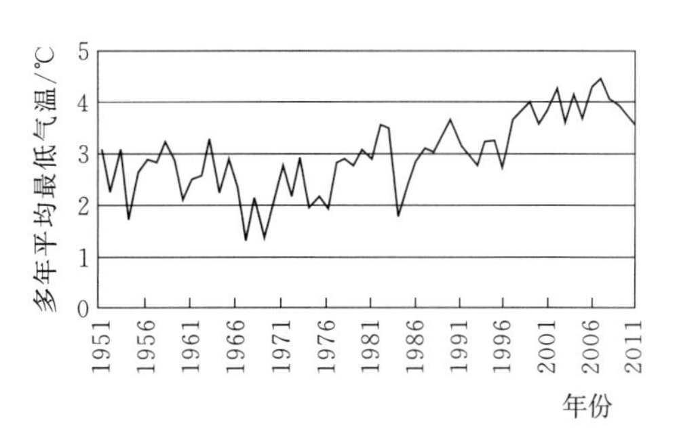

图 3.1－5　新疆维吾尔自治区多年平均最低气温变化图

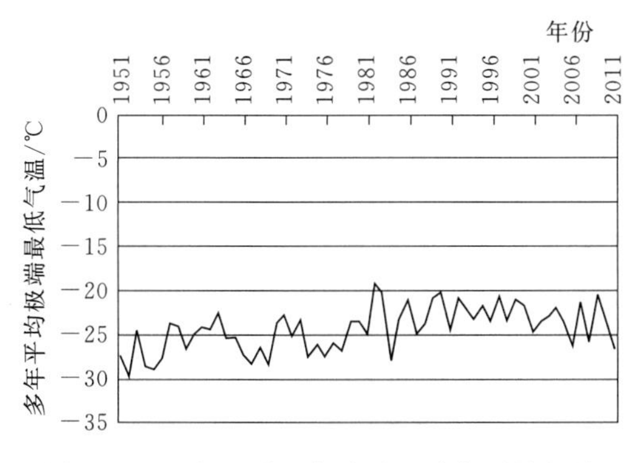

图 3.1－6　新疆维吾尔自治区多年平均极端最低气温变化图

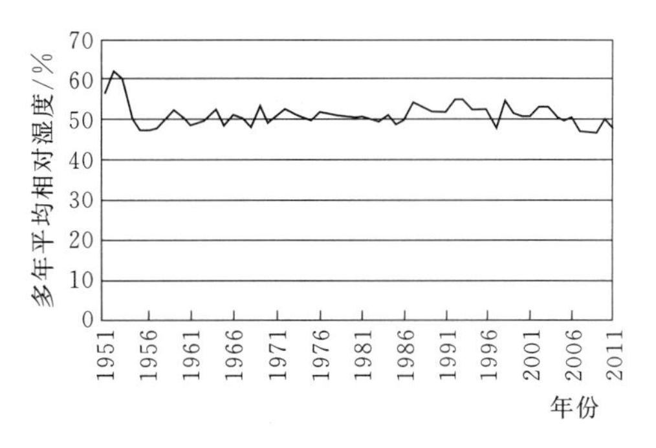

图 3.1－7　新疆维吾尔自治区多年平均相对湿度变化图

4. 日照时数

1951—2011 年，新疆维吾尔自治区多年平均日照时数为 2872h。从多年变化趋势来看（图 3.1－8），全区年均日照时数呈下降趋势，趋势较为明显。自 1956 年起，最高值出现在 1956 年为 3058h，最低值出现在 2010 年为 2748h，下降了 310h。

3.1.2 吐鲁番地区多年水文气象要素现状分析

1. 降水量

1953—2011年，吐鲁番地区的年平均降水量一般都低于30mm，属于极度干旱区，多年变化绝对幅度的趋势并不很明显，具体见图3.1-9。

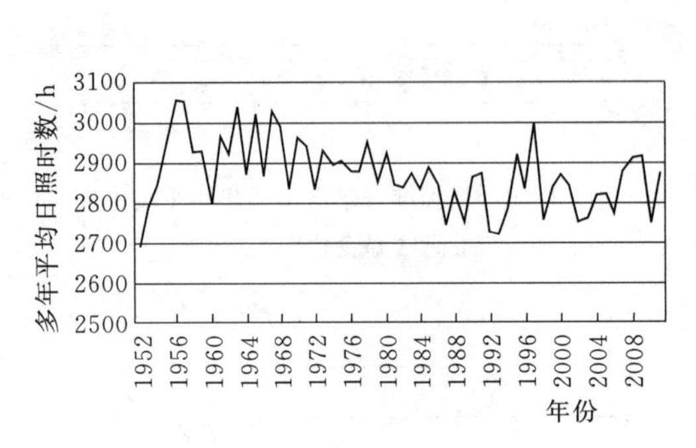

图3.1-8 新疆维吾尔自治区多年平均日照时数变化图

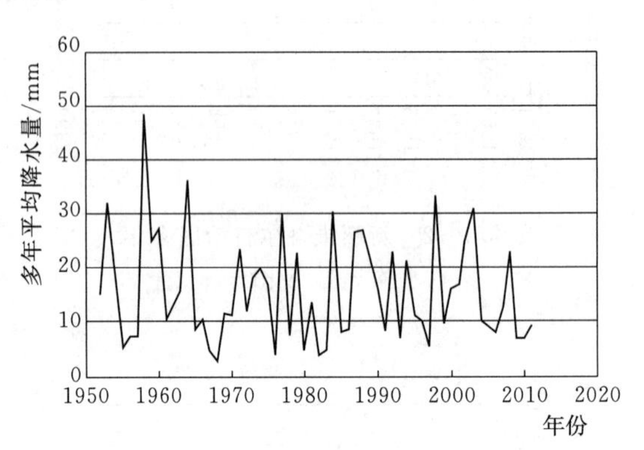

图3.1-9 吐鲁番地区多年平均降水量变化图

2. 气温

多年平均气温呈现上升趋势，从1985年的14℃到2010年的15.8℃。年平均最低气温和最高气温都呈现上升趋势，具体见图3.1-10。

3. 相对湿度

相对湿度与年均降水量的相关性较小，相对湿度从1999年开始明显下降，具体见图3.1-11。

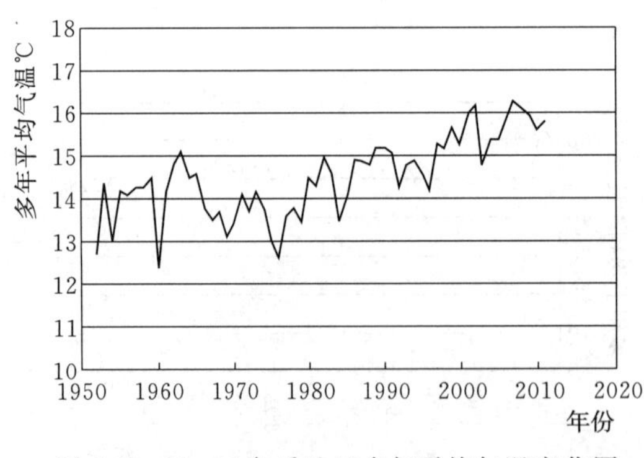

图3.1-10 吐鲁番地区多年平均气温变化图

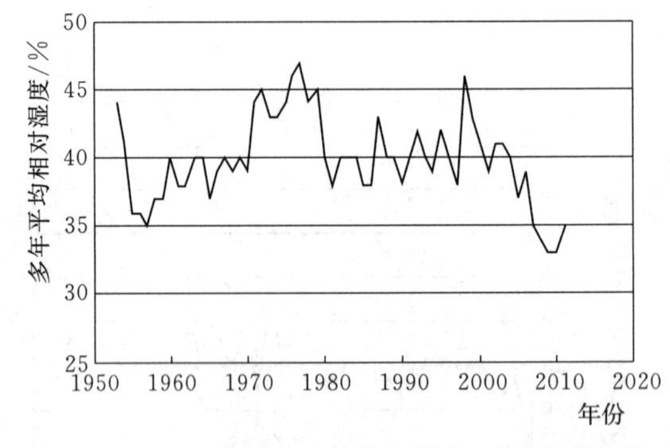

图3.1-11 吐鲁番地区多年平均相对湿度变化图

4. 日照时数

多年平均日照时数呈现下降趋势，特别是1990年后，基本都低于2900h，具体见图3.1-12。

5. 潜在蒸发

从1956—2013年来看，吐鲁番地区潜在蒸发总体呈下降趋势，最高值出现在1963年，其潜在蒸发为4.35mm/d，最低值出现在1999年，其潜在蒸发为2.39mm/d，下降了1.96mm/d，具体见图3.1-13。

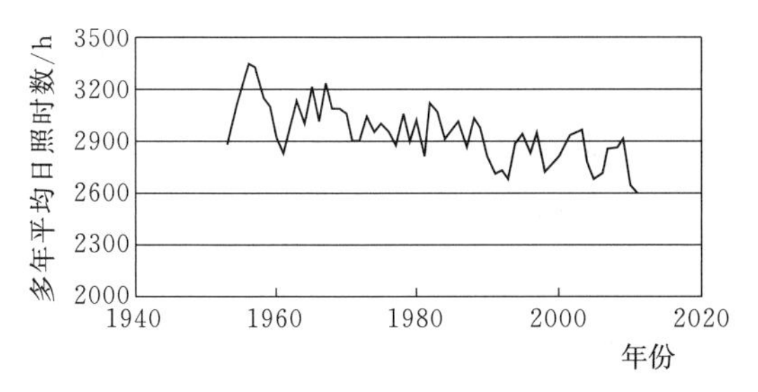

图 3.1-12 吐鲁番地区多年平均日照时数变化图

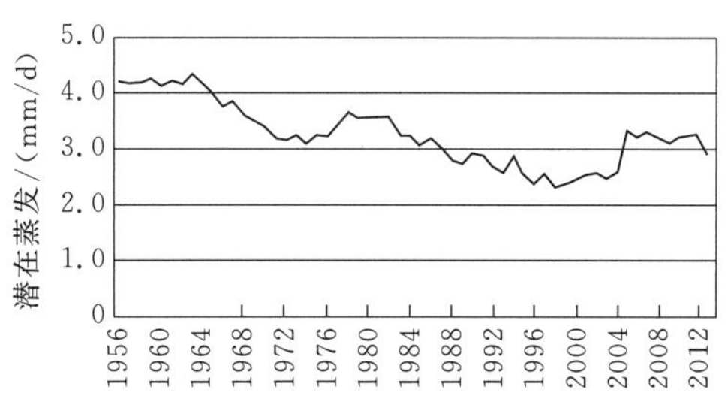

图 3.1-13 吐鲁番地区多年潜在蒸发变化图

3.2 吐鲁番气候变化趋势分析

3.2.1 气候变化趋势分析方法

3.2.1.1 Mann-Kendall 趋势检验法

世界气象组织推荐并已广泛应用的 Mann-Kendall 非参数统计方法，能有效区分某一自然过程是处于自然波动还是存在确定的变化趋势。对于非正态分布的水文气象数据，Mann-Kendall 秩次检验法具有更加突出的适用性，且也经常用于气候变化影响下的降水、干旱频次趋势检测。本书利用 1956—2012 年吐鲁番气象站资料和 1992—2012 年二塘沟水文观测资料，选取年降水量、平均气温、平均最高/最低气温、极端最高/最低气温、平均相对湿度、日照时数、平均风速、最大风速、潜在蒸发能力，运用 Mann-Kendall 秩次检验法分析以上水文气象要素的变化趋势，确定气温和降水变化对吐鲁番区域来水和耗水的影响。

Mann-Kendall 秩次检验法特点表现为：①无需对数据系列进行特定的分布检验，对于极端值也可参与趋势检验；②允许系列有缺失值；③主要分析相对数量级而不是数字本身，这使得微量值或低于检测范围的值也可以参与分析；④在时间序列分析中，无需指定是否是线性趋势。两变量间的互相关系数就是 Mann-Kendall 互相关系数，也称 Mann-Kendall 统计数 S。

肯德尔（Kendall）秩次检验法也叫 T 检验，可以定量地计算出时间序列的变化趋势，是水文气象序列研究中经常采用的方法。Kendall、Van 对这一方法做了详尽介绍，具体如下：

（1）对长度为 N 的时间序列 $\{X_i|i=1,2\cdots N\}$，统计假设 H_0：未经调整修正的数据系列 $\{X_i\}$ 是一个由 N 个元素组成的独立的具有相同分布的随机变量。

（2）备择假设 H_1：对所有的 i，当 $j\leqslant N$ 时和 $i\neq j$ 时 X_i 和 X_j 的分布不相同。

（3）计算时，对每一个 $X_i(i=1,2\cdots N-1)$，与其后的 $X_j(j=i+1,i+2\cdots N)$ 进行比较，记录 $X_j>X_i$ 出现的次数 n_i。

所有正偏差的总次数 p 可表示为

$$p=\sum n_i \tag{3.2-1}$$

Mann-Kendall 统计数 S 计算公式为

$$S=\frac{4p}{n(n-1)}-1 \tag{3.2-2}$$

对于统计假设 H_0，当 $N\to\infty$时，S 的分布为正态分布，S 的均值与方差为

$$E(S)=0 \tag{3.2-3}$$

$$Var(S)=[2(2N+5)]/[9N(N-1)] \tag{3.2-4}$$

当 $N>10$ 时，即可应用近似正态分布进行检验分析。标准化的统计检验数 M 计算公式为

$$M=S/[Var(S)]^{1/2} \tag{3.2-5}$$

Hisdal 等认为，当$|M|>M_{[1-(\sigma/2)]}$ 时，不能拒绝上升或下降趋势的假设（H_1），这里 $M_{[1-(\sigma/2)]}$是 $1-(\sigma/2)$标准正态分布的分位数。M 值为正表示上升趋势，M 值为负表示下降趋势。根据 T 检验临界值，当$|M|>1.96$ 时表示上升或下降趋势显著（$\sigma=0.05$），当$|M|>2.576$ 时，表示上升或下降趋势为极显著（$\sigma=0.01$）[23]。

求得 Mann-Kendall 检验数 M 后，可利用最小二乘回归法计算水文气象要素的年变化率或 10 年变化率。

3.2.1.2 变点检验方法

使用 Pettitt 提出的非参数变点检验方法来检验一个时间序列是否存在均值变点，即当序列均值发生变化时，可以检验出某一点，在该点前后序列的均值发生了显著变化。该检验方法使用 Mann-Whitney 统计量 $U_{t,N}$，可由下式确定：

$$U_{t,N}=U_{t-1,N}+\sum_{j=1}^{N}\mathrm{sgn}(x_t-x_j),\ t=2\cdots N \tag{3.2-6}$$

该统计量是一累积值，即先计算序列中 x_t 相对于序列其他值的相对关系，再对该值以前的这些相对关系取和。Pettitt 检验的零假设是不存在变点，检验统计量 $k(t)$ 及 K_n 由下式确定：

$$k(t)=\max_{1\leqslant t\leqslant N}|U_{t,N}| \tag{3.2-7}$$

$$K_n=\frac{(N^3+N^2)\ln(p/2)}{-6} \tag{3.2-8}$$

式中：N 为序列长度；p 为选定的显著性水平。

如果 $k(t)>K_n$，则拒绝原假设，即在序列 X_t 处存在变点，否则接受原假设[24]。

3.2.2 吐鲁番地区气候变化趋势分析

选取流域内吐鲁番站 1956—2012 年的气象数据进行分析，数据来源于气象共享网（http：//cdc.cma.gov.cn），共选取年降水量、平均气温、平均最高/最低气温、极端最高/最低气温、平均相对湿度、日照时数、平均风速、最大风速数据进行计算。潜在蒸发能力采用彭曼公式计算。表 3.2-1 是 Mann-Kendall 秩次检验的趋势和变点统计，其中平均气温、平均最低气温、平均最高气温、极端最低气温都呈现显著上升趋势，日照时数、平均风速、最大风速都呈现显著降低趋势，图 3.2-1～图 3.2-20 是吐鲁番地区多年气候变化趋势分析及变点检验图。

表 3.2-1　吐鲁番站 1956—2012 年气象数据序列的趋势分析及变点检验结果

数据序列	趋势分析		变点检验
	U 值	趋势及显著性	出现年份
年降水量	−0.12	无显著趋势	—
平均气温	5.66	极显著增加	1985
平均最低气温	6.98	极显著增加	1985
平均最高气温	3.24	极显著增加	1996
极端最低气温	4.85	极显著增加	1985
极端最高气温	1.05	非显著增加	—
平均相对湿度	−1.89	非显著降低	—
日照时数	−5.81	极显著降低	1985
平均风速	−7.32	极显著降低	1984
最大风速*	−5.99	极显著降低	1990

注　*数据序列为 1971—2012 年。

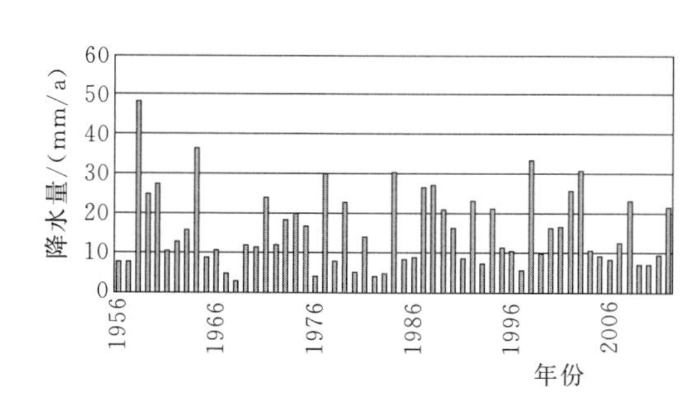

图 3.2-1　多年平均降水量柱状图

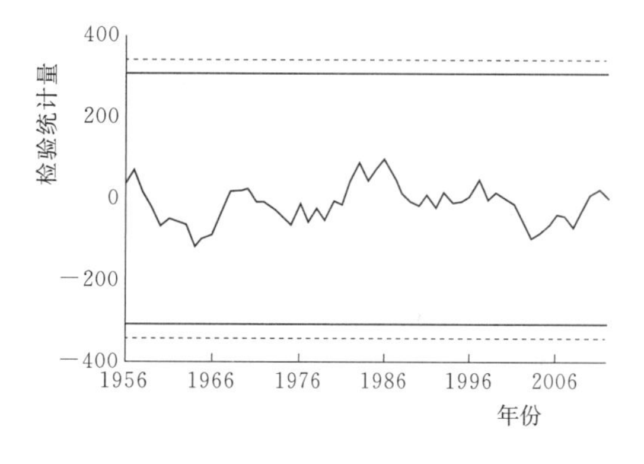

图 3.2-2　多年平均降水量变化趋势分析图

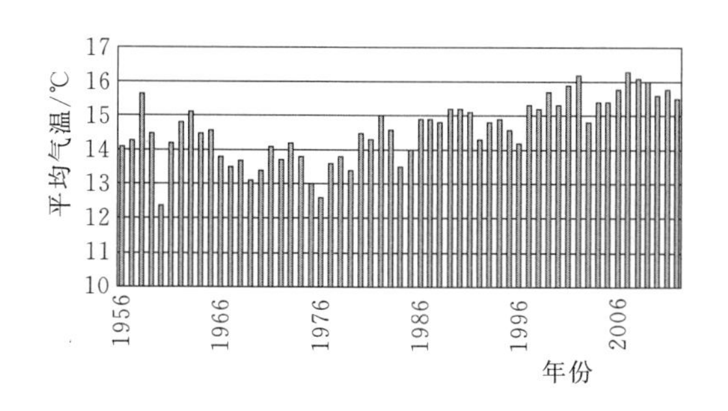

图 3.2-3　多年平均气温柱状图

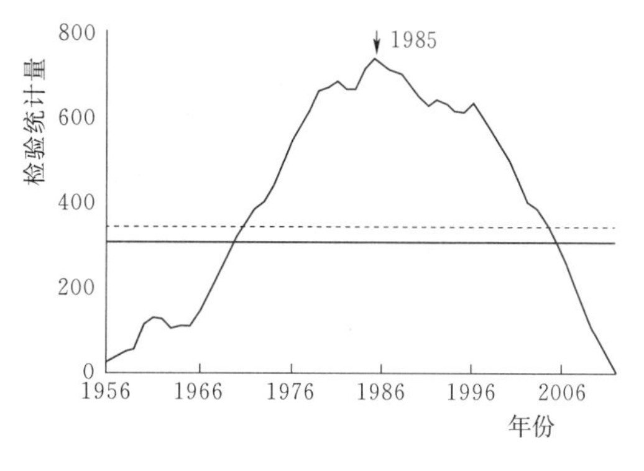

图 3.2-4　多年平均气温变化趋势分析图

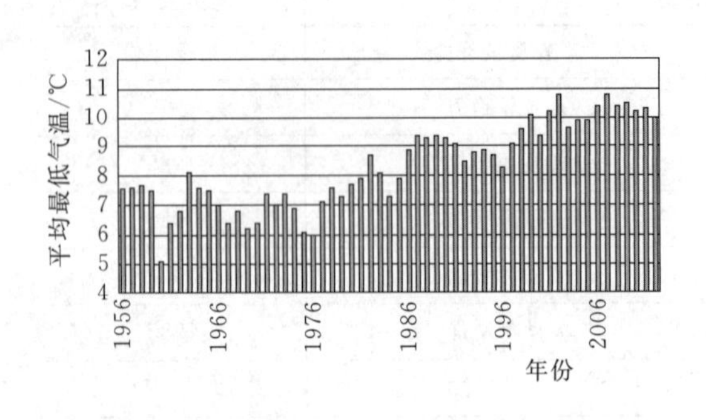

图 3.2-5 多年平均最低气温柱状图

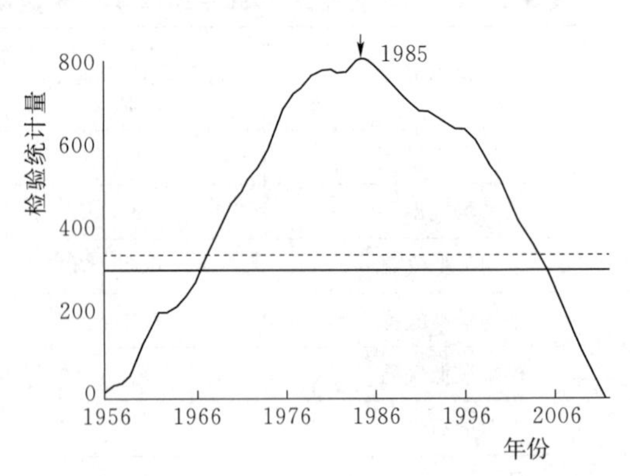

图 3.2-6 多年平均最低气温变化趋势分析图

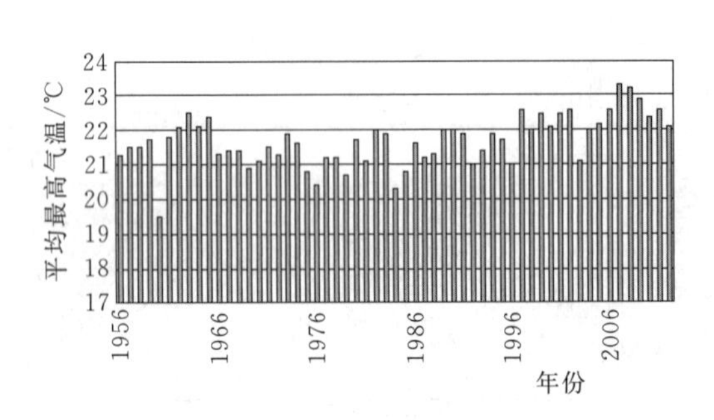

图 3.2-7 多年平均最高气温柱状图

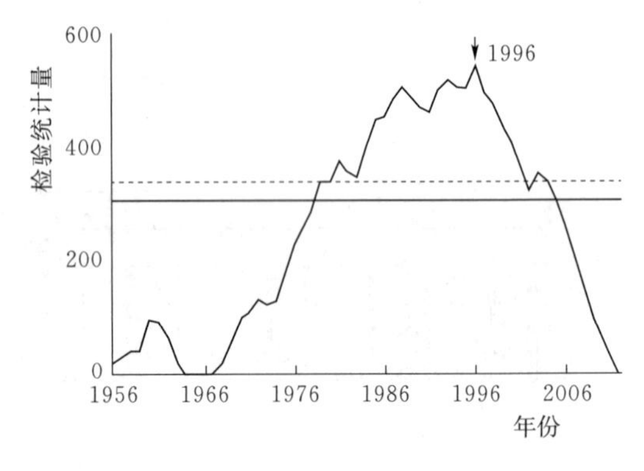

图 3.2-8 多年平均最高气温变化趋势分析图

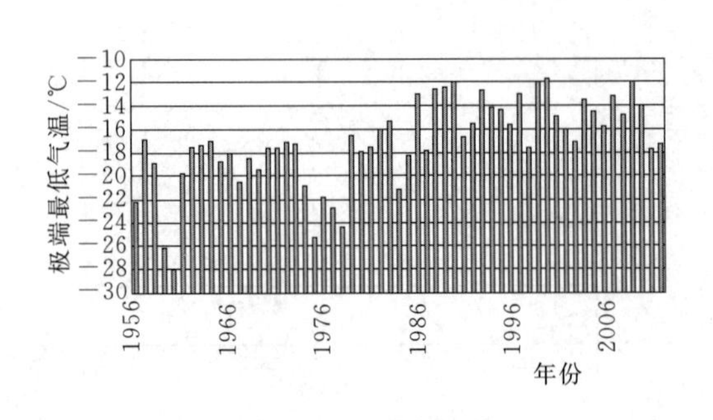

图 3.2-9 多年极端最低气温柱状图

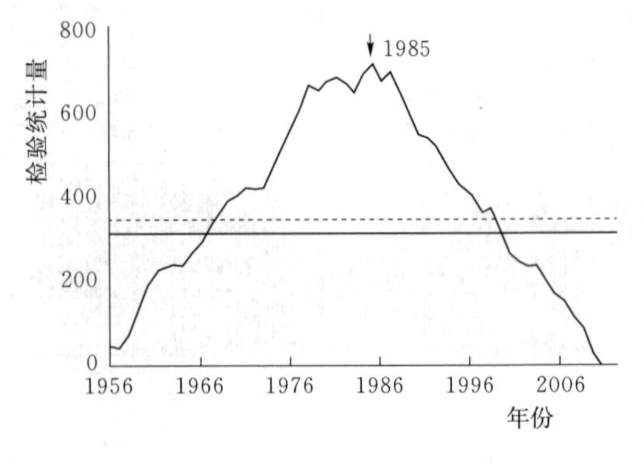

图 3.2-10 多年极端最低气温变化趋势分析图

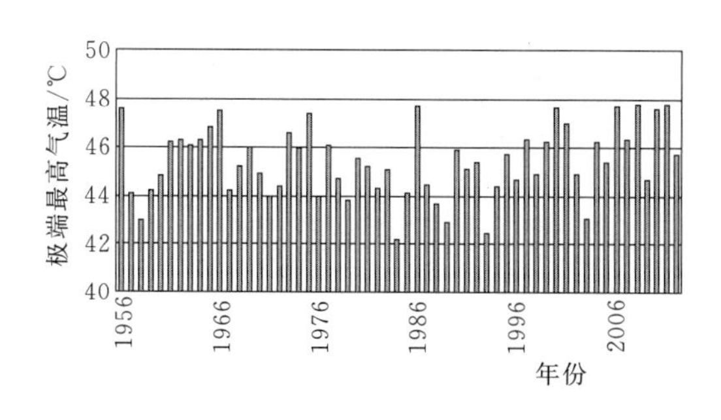

图 3.2-11　多年极端最高气温柱状图

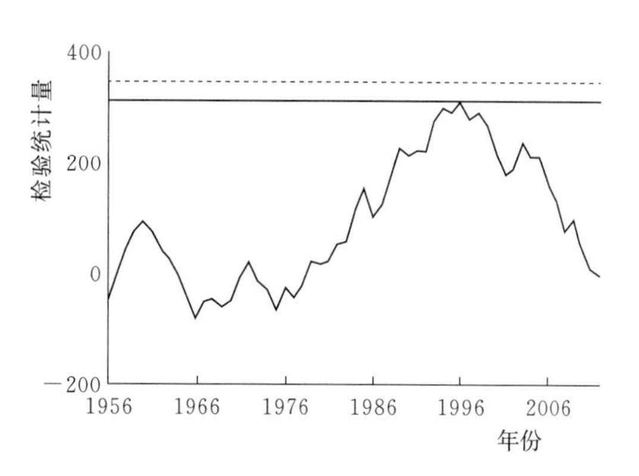

图 3.2-12　多年极端最高气温变化趋势分析图

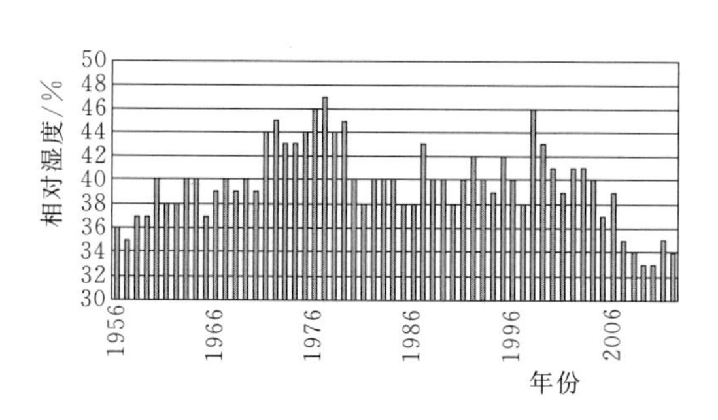

图 3.2-13　多年相对湿度柱状图

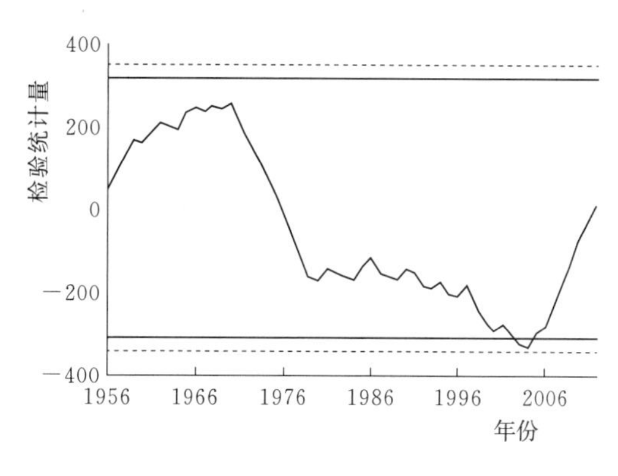

图 3.2-14　多年相对湿度变化趋势分析图

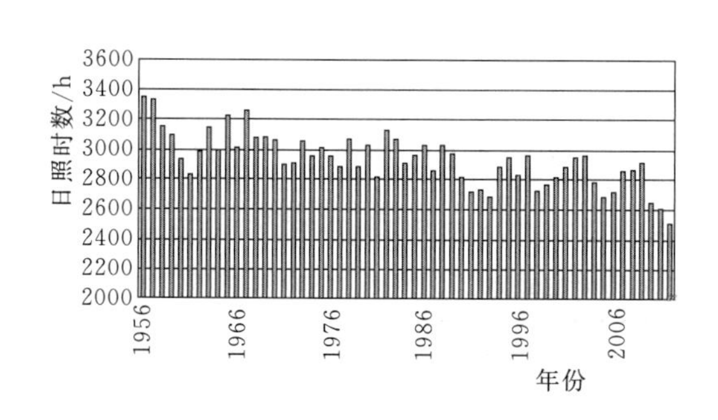

图 3.2-15　多年日照时数柱状图

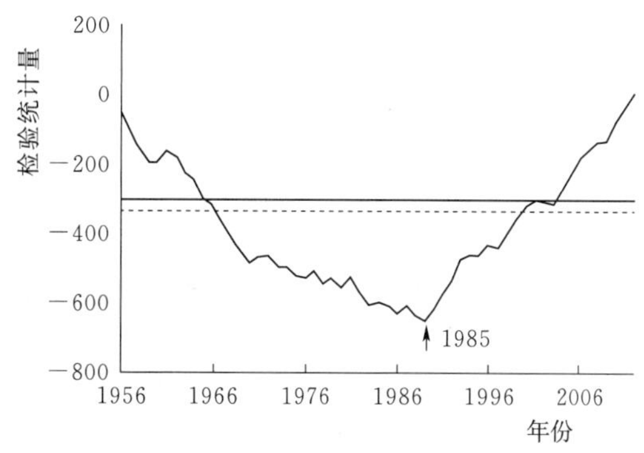

图 3.2-16　多年日照时数变化趋势分析图

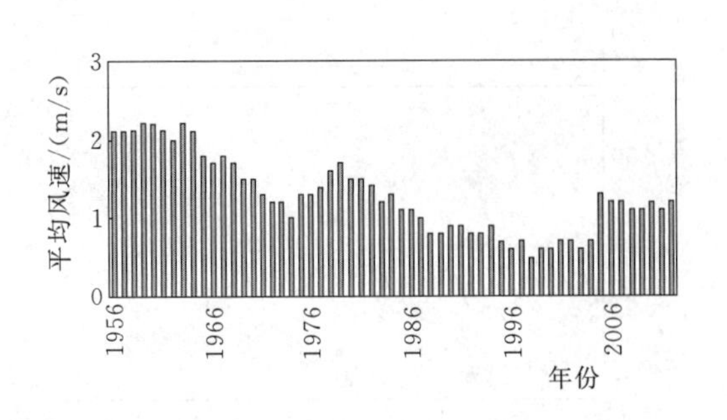

图 3.2-17　多年平均风速柱状图

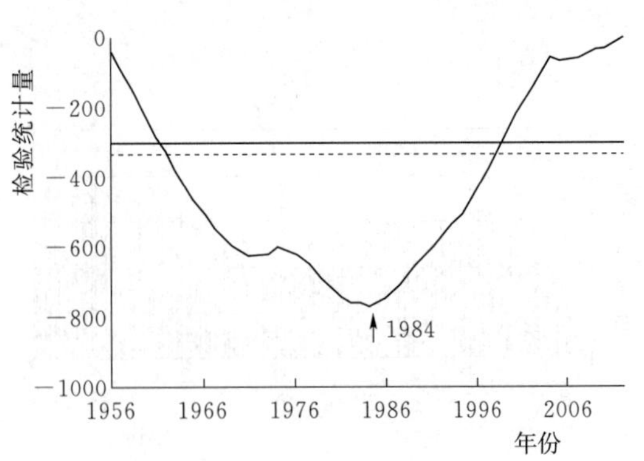

图 3.2-18　多年平均风速变化趋势分析图

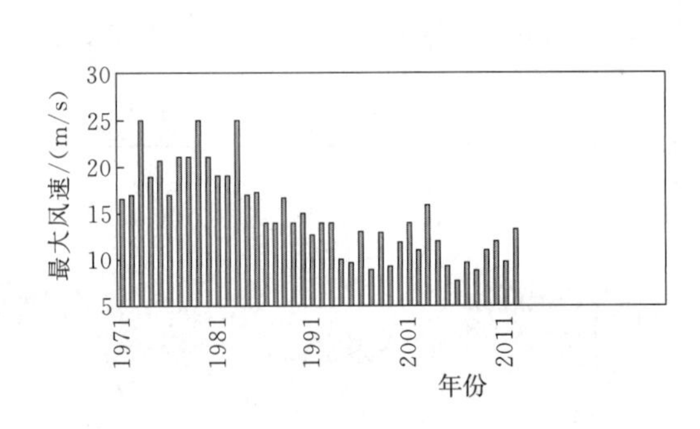

图 3.2-19　多年最大风速柱状图

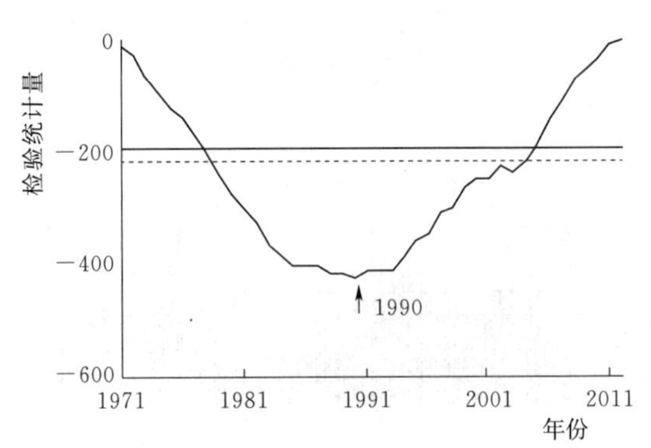

图 3.2-20　多年最大风速变化趋势分析图

3.3　来水和耗水变化规律分析

3.3.1　来水情况分析

3.3.1.1　托克逊县

根据《托克逊县水资源综合规划报告》，收集了阿拉沟河流域和白杨河流域不同频率年的河道来水情况，见表 3.3-1 和表 3.3-2。

表 3.3-1　阿拉沟河流域不同频率年的河道来水　单位：万 m^3

频率	月份												合计
	1	2	3	4	5	6	7	8	9	10	11	12	
20%	727	656	752	554	559	3616	4790	1718	1555	1128	957	855	17867
50%	676	593	573	465	955	2063	3069	1562	1034	695	607	589	12881
75%	711	454	398	289	328	688	1513	3302	845	655	575	495	10253

续表

频率	月份												合计
	1	2	3	4	5	6	7	8	9	10	11	12	
95%	517	387	362	302	288	406	903	2494	705	661	570	558	8153
多年平均	621	513	535	426	450	1489	3141	2551	1189	857	710	679	13161

表 3.3-2　白杨河流域不同频率年的河道来水　单位：万 m^3

频率	月份												合计
	1	2	3	4	5	6	7	8	9	10	11	12	
20%	710	1039	2212	1866	1781	1645	3747	3834	2853	2672	1685	1552	25596
50%	1189	904	2459	2055	1949	1636	2547	2620	2174	2405	1203	1315	22456
75%	1164	1106	2458	2140	1994	1578	1589	1810	1854	2040	1232	1517	20482
95%	910	987	2282	1739	1712	1560	1819	2228	1834	1778	884	804	18537
多年平均	1320	1303	2566	2157	1975	1688	2320	2619	2131	2264	1292	1385	23020

3.3.1.2　高昌区

高昌区主要分为 4 个流域，自西向东依次为：大河沿河流域、塔尔郎河流域、煤窑沟河流域和黑沟河流域。根据《吐鲁番市水资源综合规划报告》，收集了 4 个流域不同频率年的河道来水情况，见表 3.3-3～表 3.3-6。

表 3.3-3　大河沿河流域不同频率年的河道来水　单位：万 m^3

频率	月份												合计
	1	2	3	4	5	6	7	8	9	10	11	12	
50%	800	631	752	543	454	510	1679	1238	928	959	834	962	10290
75%	845	670	750	543	563	473	1329	765	774	691	728.	683	8814
95%	952	826	693	514	508	443	465	436	430	484	619	653	7023

表 3.3-4　塔尔郎河流域不同频率年的河道来水　单位：万 m^3

频率	月份												合计
	1	2	3	4	5	6	7	8	9	10	11	12	
50%	378	23	139	293	445	643	2300	1152	767	493	176	103	6912
75%	323	19	119	251	381	550	1969	986	657	422	151	88	5916
95%	48	44	46	325	546	789	952	861	656	258	91	48	4664

表 3.3-5　煤窑沟河流域不同频率年的河道来水　单位：万 m^3

频率	月份												合计
	1	2	3	4	5	6	7	8	9	10	11	12	
50%	80	65	54	56	568	1389	2345	1430	995	479	268	106	7835
75%	43	72	49	67	869	1310	2144	1129	479	286	161	106	6715
95%	57	36	52	54	358	1029	1661	1096	509	253	157	79	5341

表 3.3-6　　黑沟河流域不同频率年的河道来水　　单位：万 m^3

频率	月份												合计
	1	2	3	4	5	6	7	8	9	10	11	12	
50%	29	24	20	20	208	508	857	522	365	175	98	39	2865
75%	16	26	18	24	317	478	782	412	175	104	59	39	2450
95%	21	13	19	20	131	378	610	402	187	93	58	29	1961

3.3.1.3 鄯善县

鄯善县3个流域均具有控制性水库，本次只统计柯柯亚尔河流域和坎尔其河流域的来水情况。根据《鄯善县水资源综合规划报告》，柯柯亚尔河流域和坎尔其河流域不同频率下河道来水见表3.3-7和表3.3-8。

表 3.3-7　　柯柯亚尔河流域不同频率下河道来水　　单位：万 m^3

频率	月份												合计
	1	2	3	4	5	6	7	8	9	10	11	12	
20%	14	10	8	22	1693	2134	4490	3116	728	409	207	108	12939
50%	72	47	35	75	1306	3064	3086	1317	1303	330	165	90	10890
75%	81	68	41	211	1765	1265	2862	1447	983	293	147	116	9279
95%	83	72	62	519	1775	1700	2032	676	389	199	72	41	7620
多年平均	58	31	21	174	1953	3006	3189	1541	865	287	145	90	11360

表 3.3-8　　坎尔其河流域不同频率下河道来水　　单位：万 m^3

频率	月份												合计
	1	2	3	4	5	6	7	8	9	10	11	12	
20%	63	14	17	162	658	313	656	643	442	225	121	68	3382
50%	32	20	16	302	239	276	622	481	328	167	96	56	2635
75%	107	176	282	310	523	185	120	148	79	85	69	58	2142
95%	27	3	84	173	146	131	601	213	165	71	40	29	1683
多年平均	45	31	24	200	380	312	523	512	304	173	102	131	2737

3.3.2 来水变化规律分析

用Mann-Kendall秩次检验法对流域内二塘沟流量站1992—2012年出口年径流序列进行分析（图3.3-1和图3.3-2），计算得到 $U=-0.48$，未通过 $\sigma=0.05$ 显著性水平检验，存在不显著下降趋势。

根据吐鲁番地区煤窑沟河流域和阿拉沟河流域1960—2012年出山口年径流变化趋势和变点检验结果（图3.3-3～图3.3-4，表3.3-9），两流域的出山口年径流均在20世纪80年代后期开始呈现一定的上升趋势，但煤窑沟河流域的多年径流量变化趋势并不显著，变点出现在1987年；而阿拉沟河流域多年径流量呈极显著上升趋势，变点出现在

1988 年。Xu 等的研究也表明，从 20 世纪 80 年代中期起，新疆地区的气温和降雨都呈上升趋势，大多数河流径流也从 20 世纪 90 年代起呈增加趋势，与两流域径流量变点结论基本一致[25]。

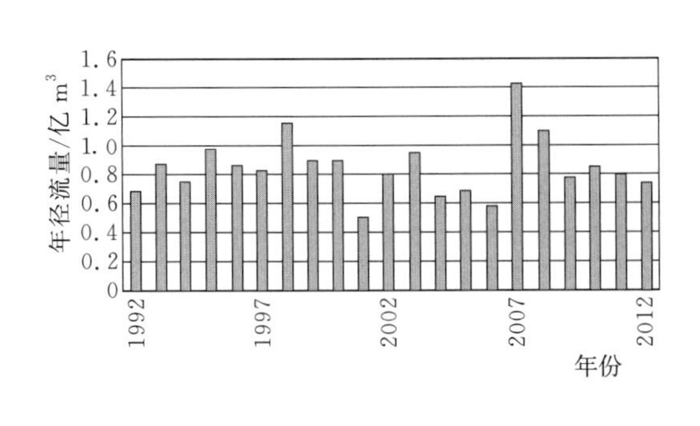

图 3.3-1　二塘沟河流量站出口年径流序列

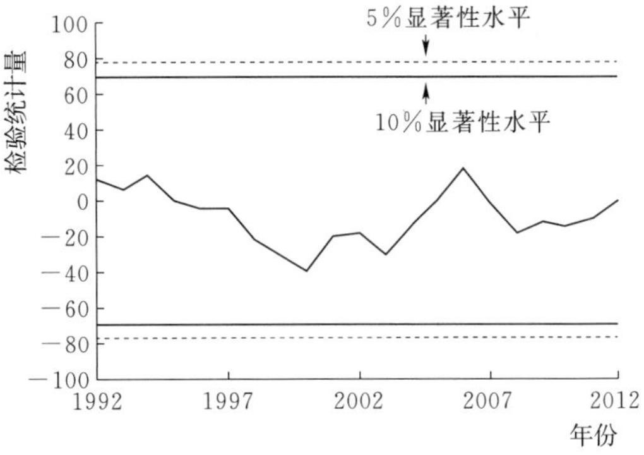

图 3.3-2　二塘沟河流量站年径流 Pettitt 变点检验

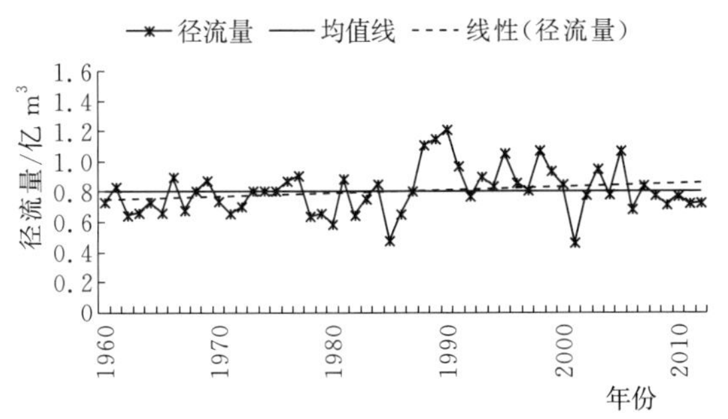

图 3.3-3　煤窑沟河流域年径流变化趋势

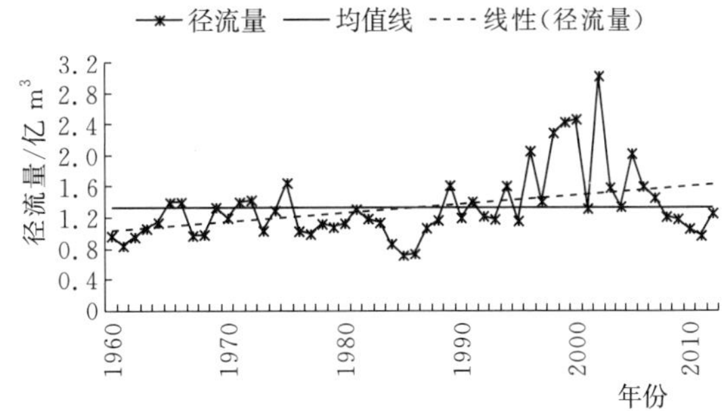

图 3.3-4　阿拉沟河流域年径流变化趋势

表 3.3-9　煤窑沟河流域和阿拉沟河流域 1960—2012 年径流序列的趋势分析及变点检验结果

流　域	趋　势　分　析		变点检验
	N	趋势及显著性	出现年份
煤窑沟河	0.21	不显著上升趋势	1987
阿拉沟河	2.32	极显著上升趋势	1988

3.3.3　耗水变化规律分析

用 Mann-Kendall 秩次检验法对吐鲁番站 1956—2012 年的潜在蒸发进行趋势分析，计算得到 $U=-6.26$，通过 $\sigma=0.01$ 显著性水平检验，存在极显著下降趋势（图 3.3-5）。图 3.3-6 描述了 Pettitt 变点检验结果，从图中可以看出在 1983 年出现变点。

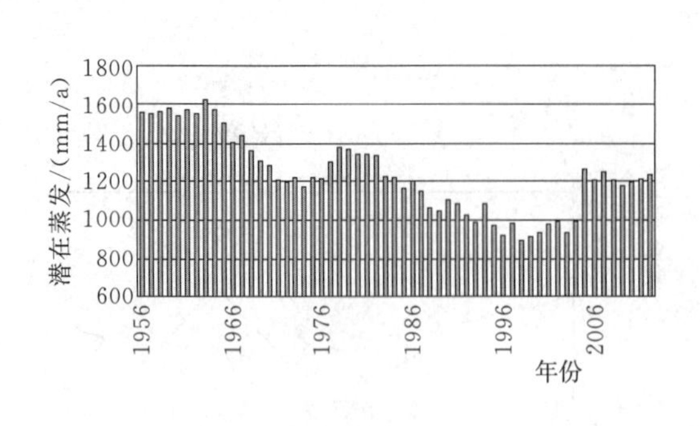

图 3.3-5　吐鲁番站潜在蒸发能力变化趋势

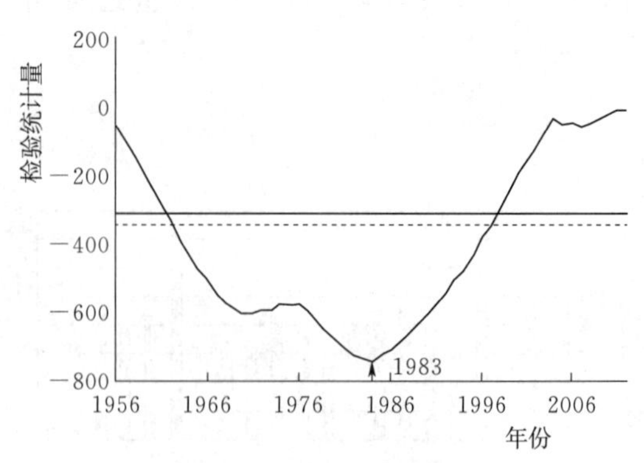

图 3.3-6　吐鲁番站潜在蒸发能力变点检验

3.3.4　气候变化对来水和耗水影响分析

为了研究气候变化对径流量的影响，分别选取典型流域周边的气象站资料，根据多元线性回归确定径流量与各气象要素的相关系数（图 3.3-7 和图 3.3-8）。由表 3.3-10 可知，径流量与降水量、平均气温、平均相对湿度均呈正相关关系，平均相关系数分别为 0.322、0.222、0.266，其相关性为降水量大于平均相对湿度大于平均气温，而径流量与日照时数呈负相关关系，平均相关系数为−0.237。

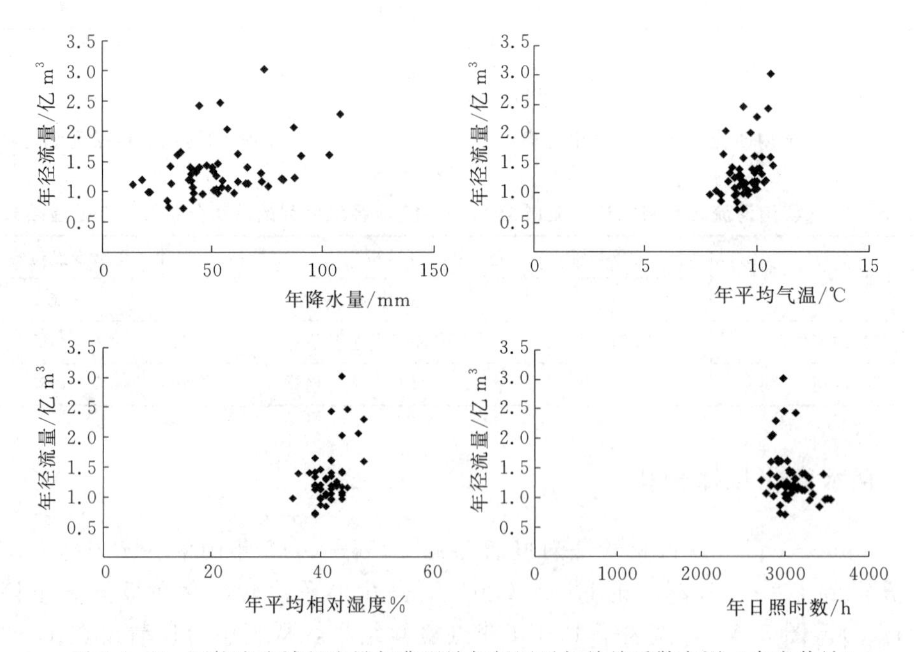

图 3.3-7　阿拉沟流域径流量与典型站气候因子相关关系散点图（库米什站）

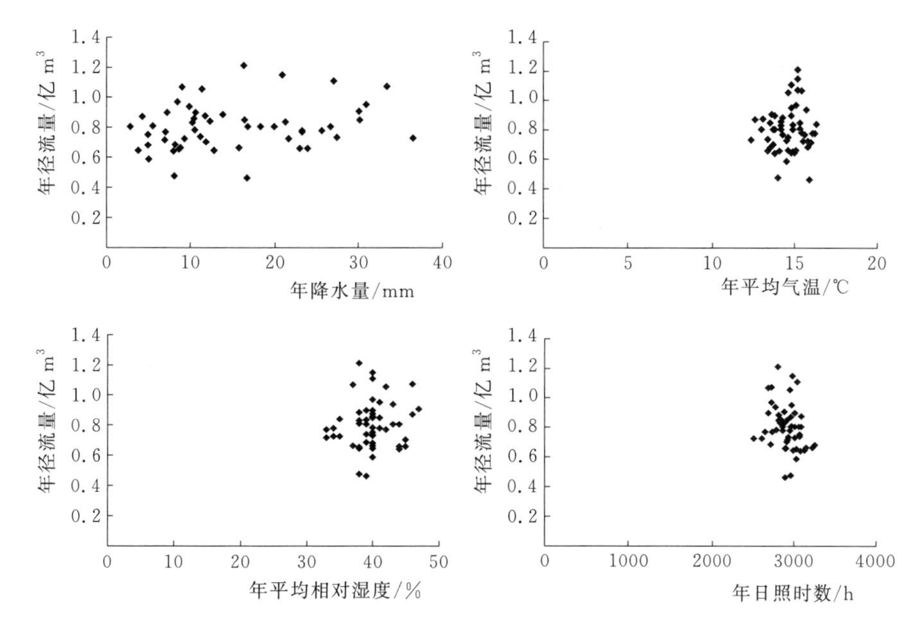

图 3.3-8 煤窑沟流域径流量与典型站气候因子相关关系散点图（吐鲁番站）

表 3.3-10　　径流量与气候因子的平均相关系数

流域	气象站	降水量	平均气温	平均相对湿度	日照时数
阿拉沟	库米什站	0.378	0.369	0.425	-0.268
煤窑沟	吐鲁番站	0.266	0.075	0.107	-0.206
平均值		0.322	0.222	0.266	-0.237

3.4 小结

（1）从多年变化趋势来看，新疆全区年均降水量和年均气温均呈上升趋势，多年平均最高气温和极端最高气温略有上升，极端最低气温也呈上升趋势；年均相对湿度较为稳定，多年变化趋势不明显；年均日照时数呈下降趋势，趋势较为明显。

（2）从多年变化趋势来看，吐鲁番地区年降水量多年变化的趋势并不很明显，年平均气温呈现上升趋势；相对湿度与年均降水量的相关性较小，相对湿度从 1999 年开始明显下降；年日照时数呈现下降趋势，潜在蒸发总体呈下降趋势。

（3）吐鲁番地区多年径流量变化规律为：二塘沟流域多年径流量无明显变化趋势，煤窑沟流域多年径流量呈一定的增长趋势，阿拉沟流域多年径流量呈极显著上升趋势，而多年耗水呈极显著下降的趋势。

第4章

耗水定额控制下的典型作物灌溉制度优化

4.1 田间尺度典型作物耗水观测试验

4.1.1 大田葡萄试验设计

4.1.1.1 试验点基本情况

根据土壤类型，建立了火焰山南、北两个具有代表性的试验点。

（1）高昌区试验点。该试验点位于火焰山以南、高昌区东南部的葡萄乡铁提尔村，距高昌市区12km。地理坐标为42°52′N、89°13′E，海拔－69m。年均降雨量为17mm，年均蒸发量为3003mm，地下水位为30m。年均气温14.4℃，多年最高气温、最低气温分别为48.3℃、－28.8℃，10℃以上有效积温为5455℃，全年年均日照时数为3095h，无霜期达210d。试验葡萄品种为无核白（Thompson Seedless），1998年定植，栽培沟为东西走向，沟长60m，沟宽1.0～1.2m，沟深0.5m；株距0.9～1.5m，行距3.5～4.5m，栽培方式为小棚架栽培。以沟面为参考面，棚架前端高2.0m，后端高0.8m，平均高1.2m。土壤质地为黏壤土，质地较为均一，传统灌溉方式为地面沟灌。

（2）鄯善县试验点。该试验点位于火焰山以北、鄯善县东郊园艺场新疆维吾尔自治区葡萄瓜果开发研究中心1号试验地，距鄯善县城6km。地理坐标为42°55′N、90°18′E，海拔419m。年均降雨量为25.3mm，年均蒸发量为2751mm，地下水位为70m。年均气温14.0℃，多年最高气温、最低气温分别为48.0℃、－29.9℃，10℃以上有效积温为4525℃。全年年均日照时数为3122h，无霜期达192d。试验葡萄品种为无核白，1981年定植，栽培沟为东西走向，沟长54m，沟宽1.0～1.2m，沟深0.5m；株距0.9～1.5m，行距3.5m，栽培方式为小棚架栽培。以沟面为参考面，棚架前端高2.2m，后端高1.0m，平均高1.5m。土壤质地为砂壤土，垄面及沟面下0～50cm含有石砾，50cm以下为戈壁砾石层，传统灌溉方式为地面沟灌[26-27]。

4.1.1.2 基础数据来源

为了解新疆吐鲁番地区葡萄耗用水现状，同时对不同灌溉方式下葡萄耗水特征及灌溉制度进行研究，结合试验点水文气象及葡萄耗用水实测资料，对区域葡萄耗水、葡萄水分生产率、葡萄灌溉制度等进行探讨，旨在为区域耗水管理提供耗水定额数据。

（1）气象观测。利用全自动气象站记录两个试验点太阳辐射、空气温度、湿度、风速、冠层温度、10cm 深土层温度、土壤体积含水量（栽培沟下 20cm、40cm、60cm、80cm、100cm）、土壤热通量等数据，并分别通过一组温湿度传感器和一组热电偶传感器得到波文比，数据每 20min 采集一次。

（2）蒸发监测。水面蒸发采用 E601B 型水面蒸发皿（口径 618mm，器皿口面积 3000cm^2），每天 20：00 定时监测。田间水面蒸发采用 20cm 口径蒸发皿定时测定，土面蒸发采用微型蒸渗仪定时测定。田间水面蒸发皿与土面蒸发皿根据葡萄地地形特点与灌水湿润特点，分别布设在种植沟、种植垄不同部位，依据各部位所占面积比例作为加权系数折算出平均蒸发量。

（3）土壤含水量监测。土壤含水量采用土钻取样法、挖坑剖面取样法与仪器测量法相结合测定。鄯善县试验点土壤水分主要采用 CNC－503D 型中子仪定期监测，高昌区试验点主要采用 TRIME－TDR 定期监测，期间部分采用 TDR100、Trase TDR 做补充测定。

（4）葡萄产量监测。采用测实产方法，对不同处理各重复小区葡萄产量进行单独称重，并考虑各重复小区面积折算成每公顷产量。

4.1.1.3 试验点土壤

两个试验点土壤质地代表了吐鲁番盆地葡萄栽培的两大典型土壤，高昌区试验点代表了传统壤土农业耕作区，鄯善县试验点代表了戈壁砾石改良区。表 4.1－1 中，高昌区试验点土壤质地为黏壤土，土壤质地均一；鄯善县试验点土壤质地为砂壤土，土壤质地不均一，混有石砾，具体详见表 4.1－2 和表 4.1－3。从表中可以看出，随着深度的增加，鄯善县试验点 2mm 以上石砾的质量含量呈增加趋势。

表 4.1－1　　试验点土壤质地

试验点	粒径组成/%			土壤质地
	<0.002mm	0.002～0.02mm	>0.02～2mm	
高昌区	20.4	40.5	39.1	黏壤土
鄯善县	8.5	22.2	69.4	砂壤土

从表 4.1－2 可看出，鄯善县试验点沟平面以下 0～40cm 土壤含量相对较高，40cm 以下土壤含量减少。40～60cm 土层含石土壤与戈壁砾石土交界面处由于长期的淋溶作用，细小颗粒逐渐沉积到 60～80cm 土层。

表 4.1－2　　鄯善县试验点各层土壤含石质量百分比　　%

深度/cm	>50mm	20～50mm	10～20mm	2～10mm	<2mm
0～20	0	7.02	15.01	26.37	51.60
20～40	0	7.28	12.16	23.67	56.89
40～60	9.44	22.69	18.71	23.06	26.10
60～80	5.13	11.69	11.93	23.89	47.36
80～100	11.87	21.27	16.54	19.23	31.10
100～120	4.43	21.56	19.87	21.70	32.44

由于土壤质地和管理上的差异，两个试验点土壤容重也存在差异。高昌区试验点平均

容重为1.54g/cm³，鄯善县试验点平均容重为1.45g/cm³。栽培沟及栽培垄不同深度容重情况详见表4.1-3。

表4.1-3　试验点土壤容重基本情况

栽培沟			栽培垄		
深度/cm	容重/(g/cm³)		深度/cm	容重/(g/cm³)	
	高昌区	鄯善县		高昌区	鄯善县
0～20	1.39	1.40	0～10	1.43	1.29
20～40	1.42	1.25	10～20	1.38	1.25
40～60	1.50	1.54	20～30	1.40	1.37
60～80	1.59	1.70	30～50	1.48	1.38
80～100	1.78	1.35			

由于土壤质地的差异，两个试验点土壤饱和含水量与田间持水量存在差异，见表4.1-4。高昌区试验点土壤1m深处平均饱和含水量和田间持水量分别为27.9%、20.2%，鄯善县试验点相应分别为15.7%、9.8%。

由于土壤质地的差异，两个试验点土壤饱和导水率存在差异，见表4.1-5。鄯善县试验点土壤饱和导水率高于高昌区试验点，尤其是沟面50cm深度以下，由于大量的石砾存在，鄯善县试验点土壤饱和导水率迅速增大，水分容易产生深层渗漏。高昌区试验点由于深层容重逐渐增大，土壤饱和导水率逐渐减小，水分难以向深层运移。

表4.1-4　试验点土壤饱和含水量与田间持水量

深度/cm	饱和含水量/%		田间持水量/%	
	高昌区	鄯善县	高昌区	鄯善县
0～50	28.8	22.2	21.2	14.5
50以下	26.9	9.2	19.2	5.0

表4.1-5　试验点土壤饱和导水率

栽培沟下深度/cm	饱和导水率/(cm/h)		栽培垄下深度/cm	饱和导水率/(cm/h)	
	高昌区	鄯善县		高昌区	鄯善县
0	2.62	2.36	0	2.09	16.60
20	4.53	4.96	20	7.39	5.05
40	2.58	4.51	40	2.93	4.75
60	1.84	79.72	60	2.87	65.40
80	1.74	42.60	80	1.48	53.33
100	1.43	69.19	100	1.14	74.48

两个试验点0～20cm深土壤养分基本情况见表4.1-6。高昌区试验点有机质和全磷含量均较鄯善县试验点高，原因是鄯善县试验点温度较高昌区试验点略低，土壤淋溶作用较强，硝态氮（NO_3^-—N）含量较高昌区低，而铵态氮（NH_4^+—N）较高昌区高。由于

施肥方式及位置的原因，栽培沟表层土壤养分均较栽培垄表面高。

表 4.1-6　试验点土壤养分情况　单位：mg/kg

试验点	有机质		全磷		NO_3^--N		NH_4^+-N	
	G	L	G	L	G	L	G	L
高昌区	4300	2.8	113.8	105.8	69.6	68.7	4.4	3.6
鄯善县	3300	1.4	47.5	42.8	51.0	50.4	6.0	5.5

注　G 为栽培沟，L 为栽培垄。

4.1.1.4　田间管理与试验处理

（1）田间管理。出土上架时保障枝条完整，摆放整齐，绑扎牢固。在萌芽期到开花前，修剪掉部分病、弱枝条，并追肥灌水。在果穗期，喷施 75%的赤霉素 100ppm，促进果穗的生长，喷药后及时灌水、施肥和修剪。在花期，以施肥和化学调控为核心，开始开花的时候施葡萄专用肥和尿素。开花末期开始坐果的时候喷第二遍 75%的赤霉素 200ppm，增大葡萄的果粒。在果粒膨大期，充分灌水，在果粒开始变软时，适当控制灌水，避免裂果、烂果。在越冬前期，适当地控水促进枝蔓成熟，进行最后的冬季修剪，并施有机肥，进行葡萄盘墩，沟灌越冬水，覆盖越冬。

（2）试验处理。在各试验点设置 3 个滴灌处理、1 个沟灌处理做对照，具体见表 4.1-7。

表 4.1-7　试验点葡萄滴灌试验处理

试验点	处理	灌水周期/d						灌溉定额/mm	埋墩水/mm
		萌芽期	展叶期	花期	膨大期	果粒成熟期	枝蔓成熟期		
高昌区	X1	4.5	4.5	4.5	4.5	4.5	20	1230	150
	X2	9	9	9	9	9	20	1050	150
	X3	13.5	13.5	13.5	13.5	13.5	20	675	150
	X4	10	10	10	5	15	20	1162.5	150
	X5	10	10	10	5	15	20	1057.5	150
	X6	15	15	10	10	15	20	795.0	150
鄯善县	X1	4.5	4.5	4.5	4.5	4.5	15	1538	180
	X2	9	9	9	9	9	15	1050.0	180
	X3	13.5	13.5	13.5	13.5	13.5	15	788	180
	X4	10	10	10	5	10	15	1312.5	180
	X5	10	10	10	5	15	15	1155.0	180
	X6	15	15	10	10	15	15	892.5	180

注　X1～X6 为 6 种水分处理，其中 X1、X2、X3 分别为高水、中水与低水处理。

根据葡萄需水关键期与各试验点土壤特性，分别在高昌区与鄯善县试验点各设置 6 种滴灌处理，每个处理重复 3 次，随机区组排列。灌溉水源通过灌溉输水管道和田间闸管灌溉系统输送到各小区，通过水表计量水量。各试验小区采用的农田管理措施如施肥、耕作均与当地农民习惯保持一致。

4.1.1.5 大田葡萄耗水确定方法

植物耗水的测定方法较多，各有优缺点，本书采用水量平衡法及植物蒸腾和棵间土壤蒸发结合法计算大田葡萄腾发量。其中水量平衡法较为简单，但测量周期相对较长，仅适合于相对长时间的计算，只能得到一段时间内的耗水量平均值，且在计算中需要准确确定受根系吸水影响的土层范围；而植物蒸腾和棵间土壤蒸发结合法，将葡萄的耗水分为葡萄蒸腾以及棵间蒸发两部分测量。针对植物蒸腾和棵间土壤蒸发结合法，葡萄蒸腾可以通过茎流计准确测量，但是由于葡萄树个体差异，在尺度扩展时需兼顾植株群体长势；棵间土壤蒸发可以通过微型蒸渗仪准确测量，同时需兼顾灌溉引起的水分湿润空间分布不均影响作用。

（1）水量平衡法。考虑到试验点年降水量仅为15.6mm，而年蒸发量达2700mm以上；试验点地下水埋深大于30m，且灌溉水定额较小，不会产生深层渗漏。可见，在水量平衡计算中降水量、地下水补给量及径流量等各分量都可忽略，具体计算公式如下：

$$ET=\sum_{i=1}^{n}Z_i(\theta_{ij}-\theta_{iO})+I+D \tag{4.1-1}$$

式中：ET 为耗水量；z_i 为第 i 层土层厚度，mm；θ_{ij}、θ_{iO} 分别为第 i 层土壤在计算时段始末的体积含水量，cm^3/cm^3；I、D 分别为计算时段内灌水量及深层渗漏量，mm。

（2）植物蒸腾和棵间土壤蒸发结合法。将葡萄耗水分为植物蒸腾与棵间土壤蒸发两部分进行监测，计算公式如下：

$$ET=E+T \tag{4.1-2}$$

式中：ET 为葡萄耗水量/mm；T 为葡萄植株蒸腾量，mm；E 为利用微型蒸渗仪测定的平均棵间土壤蒸发量，mm。

4.1.2 温室大棚蔬菜试验安排

4.1.2.1 温室大棚情况

试验在吐鲁番地区三堡乡（42°49′10″N、89°29′17″E，海拔－78m）日光温室中进行。试验地多年平均气温为14.1℃，年平均蒸发量为2845mm，≥10℃年积温为5733℃，多年平均日照时数为2958h。试验所用温室（长83m、宽6.9m，种植区81m×6.3m，实际使用面积为510.3m^2）东西走向，覆盖无滴聚乙烯薄膜，室内无增温设施和通风系统。试验地土质为黏壤土，根层土壤容重为1.45g/cm^3，田间持水量为30%。大棚蔬菜的灌溉用水量采用水表计量[26]。

4.1.2.2 试验安排

温室大棚采用一年三茬种植模式，供试蔬菜品种为冬春茬番茄（2月8日至6月3日）、夏秋茬黄瓜（7月11日至10月15日）及秋冬茬小白菜（10月20日至12月20日）。其中，供试番茄品种为金樽108号，在番茄秧苗处于三叶一心至四叶一心时，于2013年2月8日按统一标准筛选后定植。栽培方式为小高畦，畦高15～20cm，畦顶宽80cm，畦沟宽30cm。畦上栽2行，行距50cm，株距40cm，共66畦，密度约为每公顷39180株。每行铺设一条滴灌管，滴头间距与株距相同。为确保定植后幼苗的成活率，定植后浇底水59mm；至6月3日拉秧，生育期内共灌水550mm。供试黄瓜品种为津研7

号，于2013年7月11日定植，栽培方式亦为小高畦，与番茄栽培方式相同；但黄瓜采用传统沟灌，至10月15日拉秧，生育期内共灌水810mm。小白菜又称青菜，我国北方俗称油菜，是我国常年消费的主要叶菜之一。小白菜适应性强，生长周期短，一般播种后20～45d即可收获，可周年多茬种植。小白菜供试品种为上海矮抗青，采用直播栽培方式，于2013年10月20日采用撒播法播种，间苗后密度为210株/m^2，至2013年12月20日收获，生育期内共灌水150mm。

4.1.2.3 观测指标

采用环刀法测定0～80cm土层内每20cm的土壤容重；采用美国Spectrum公司生产的土壤水分自动测定系统WatchDog2800测定土壤体积含水率，日光温室内自西向东共安装3套，分别测定3个位置0～80cm土层（每10cm一层）土壤含水率；温室作物全生育期内，每1h自动采集数据；在生育期内采用取土烘干法对土壤水分测定系统监测的土壤含水率进行率定。作物蒸腾速率采用美国Dynamax公司生产的FLOW32仪器测定，从3月22日开始选取8个代表性番茄植株进行了半个月的连续观测，每30min采集1组数据，经Dynagage软件分析求得植株茎流，并根据种植密度情况换算成番茄群体蒸腾速率。日光温室内设有美国Campbell公司生产的自动气象站CR1000，可观测温室内辐射、气温、相对湿度、表层土温及风速等环境气象因子，每1h自动采集一组数据。

4.1.2.4 温室大棚蔬菜耗水量计算

1. 温室大棚耗水量计算

作物需水量和灌溉用水定额是流域规划、水源分配、水利工程设计、灌溉用水管理和土壤水分管理的重要参数[28-29]。作物需水量指作物在适宜的土壤水分和肥力水平下，经过正常生长发育，获得高产时的植株蒸腾量、棵间土壤蒸发量以及构成植株体的水量之和。由于与蒸腾量和棵间土壤蒸发量相比，组成植株体的水量很小，一般不足耗水总量的1%，因此，计算作物需水量时该部分常可忽略不计，而将作物需水量简化为植株蒸腾量和棵间土壤蒸发量之和。估算作物需水量方法较多，主要包含3类：①模系数法，在确定全生育期的需水总量的基础上，结合各生育阶段需水模系数，求出各生育阶段需水量；②直接计算法，根据一定的模式直接计算作物各生育期的需水量，如水汽扩散法、能量平衡法和综合法等；③作物系数法，首先计算参照作物需水量ET_0，然后利用作物系数K_c进行修正。Jensen等对估算作物需水量的多种方法进行比较后认为，作物系数法具有较好的通用性和稳定性，估算精度也较高[30]。另外，我国在作物需水量的研究方面也做了大量工作，研究表明，用作物系数法估算作物需水量的结果具有较高的一致性，估算精度也比较高。鉴于此，在计算温室蔬菜灌溉定额时，有关温室大棚蔬菜耗水量的计算部分统一采用作物系数法，计算公式如下：

$$ET_c = K_c \times ET_0 \tag{4.1-3}$$

式中：ET_c为作物需水量，mm；K_c为作物系数；ET_0为参照作物需水量，mm。

2. 估算温室参照作物需水量

与露地相比，日光温室内辐射降低、温湿度高，风速接近零[31]；而总辐射和风速是能量平衡的重要贡献因子，其值的大小直接影响作物蒸发蒸腾量的计算结果。在计算日光温室作物需水量时，并不能完全套用已有的大田作物需水量的研究成果。陈新明等研究表明，采用修正后的P－M方程估算温室腾发量精度较高，特别是在无通风系统的温室大棚计算效果更好[32]。本书引入其修正后的P－M方程对温室参照作物需水量进行计算，具体如下：

$$ET_{0h}=\frac{0.408\Delta(R_n-G)+\gamma\dfrac{1713(e_a-e_d)}{T_a+273}}{\Delta+1.64\gamma} \tag{4.1-4}$$

式中：ET_{0h} 为温室内参照作物需水量，mm/d；R_n 为冠层上方净辐射，MJ/(m^2·d)；G 为土壤热通量，MJ/(m^2·d)；e_a 为饱和水汽压，kPa；e_d 为实际水汽压，kPa；T_a 为平均气温，℃；Δ 为饱和水汽压-温度曲线的斜率，kPa/℃；γ 为干湿表常数，kPa/℃。

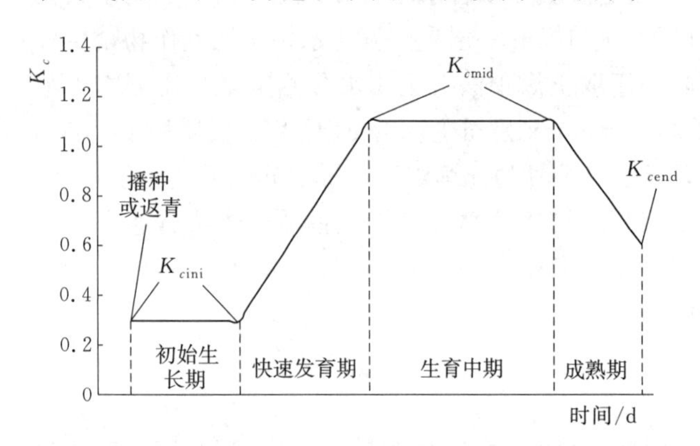

图4.1－1 时段平均作物系数的变化过程

3. 作物系数估算

为使计算结果规范且具有较强可比性，本书采用FAO推荐的分段单值平均作物系数法计算作物系数，即把全生育期作物系数的变化过程概化为四个阶段的三个值（K_{cini}、K_{cmin}、K_{cend}），时段平均作物系数的变化过程见图4.1－1[33]。

四个阶段划分如下：①初始生长期（L_{ini}），从播种到作物覆盖率接近10%，此阶段内作物系数为 K_{cini}，初始生长期水分损失主要是土面蒸发，作物系数较小，为0.25～0.4；②快速发育期（L_{dev}），从覆盖率10%到充分覆盖（大田作物覆盖率达到70%～80%），此阶段内作物系数从 K_{cini} 提高到 K_{cmid}；③生育中期，从充分覆盖到成熟期开始，叶片开始变黄，此阶段内作物系数为 K_{cmid}，K_{cmid} 一般大于1；④成熟期，从叶片开始变黄到生理成熟或收获，此阶段内作物系数从 K_{cmid} 下降到 K_{cend}。

从联合国粮农组织编写的《作物需水量》一书中查出各种作物在标准条件下的作物系数。所谓标准条件是指在半湿润气候区（空气湿度约为45%，风速约为2m/s），供水充足，管理良好，生长正常，大面积高产的作物条件。

根据温室气象条件，按照以下公式对标准条件下的作物系数进行修正，修正公式如下：

$$K_{cmid}=K_{cmid(Tab)}+[0.04(U_2-2)-0.004(RH_{min}-45)]\left(\frac{h}{3}\right)^{0.3} \tag{4.1-5}$$

$$K_{cend}=\begin{cases}K_{cend(Tab)}+[0.04(U_2-2)-0.004(RH_{min}-45)]\left(\dfrac{h}{3}\right)^{0.3} & (K_{cend(Tab)}\geqslant 0.45)\\ K_{cend(Tab)} & (K_{cend(Tab)}<0.45)\end{cases} \tag{4.1-6}$$

式中：$K_{cmid(Tab)}$ 为在特定标准条件下生育中期的作物系数；$K_{cend(Tab)}$ 为在特定标准条件下收获时的作物系数；U_2 为该生育阶段内2m高度处的日平均风速，m/s；RH_{min} 为该生育阶段内日最低相对湿度的平均值，%；h 为该生育阶段内作物的平均高度，m。

作物初始生长期土面蒸发占总腾发量的比重较大，因此计算 $K_{c\,ini}$ 时必须考虑土面蒸发的影响。一次灌溉或降雨后土面蒸发可分为两个阶段：第一阶段为大气蒸发力控制阶段，此阶段内土面蒸发强度不随表层土壤储水量变化；第二阶段为土壤水分控制阶段，此阶段内土面蒸发强度随表层土壤储水量的减少而下降。根据上述原理可以推导出 $K_{c\,ini}$ 的计算公式如下：

$$K_{c\,ini}=\begin{cases}\dfrac{E_{so}}{ET_0}=1.15 & (t_w \leqslant t_1)\\[2ex] \dfrac{TEW-(TEW-REW)\exp\left[\dfrac{-(t_w-t_1)E_{so}\left(1+\dfrac{REW}{TEW-REW}\right)}{TEW}\right]}{t_w ET_0} & (t_w > t_1)\end{cases} \tag{4.1-7}$$

式中：REW 为大气蒸发力控制阶段蒸发的水量，mm；TEW 为一次降雨或灌溉后总计蒸发的水量，mm；E_{so} 为潜在蒸发率，mm/d；t_w 为灌溉或降雨的平均间隔天数，d；t_1 为大气蒸发力控制阶段的天数，d。

$$t_1=REW/E_{so} \tag{4.1-8}$$

$$t_w=\frac{L_{ini}}{N_p+0.5} \tag{4.1-9}$$

式中：L_{ini} 为初始生长期长度，d；N_p 为初始生长期内降雨与灌溉的次数。

TEW 的计算公式为

$$TEW=\begin{cases}Z_e(\theta_{Fc}-0.5\theta_{Wp}) & (ET_0 \geqslant 5\text{mm/d})\\ Z_e(\theta_{Fc}-0.5\theta_{Wp})\sqrt{\dfrac{ET_0}{5}} & (ET_0 < 5\text{mm/d})\end{cases} \tag{4.1-10}$$

式中：Z_e 为土壤蒸发层的深度，通常为 100～150mm；θ_{Fc} 为蒸发层土壤的田间持水量；θ_{Wp} 为凋萎点含水量。

REW 的计算公式为

$$REW=\begin{cases}20-0.15S_a & (S_a > 80\%)\\ 11-0.06CI & (CI > 50\%)\\ 8+0.08CI & (S_a < 80\% \text{ 且 } CI < 50\%)\end{cases} \tag{4.1-11}$$

式中：S_a 为蒸发层土壤中的砂粒含量；CI 为蒸发层土壤中的黏粒含量。

如果初始生长期内灌溉或降雨量很小，不能保证每次都充分湿润蒸发层土壤，则需要对 TEW 和 REW 进行修正：

$$TEW_{cor}=\min(TEW, W_{avail}) \tag{4.1-12}$$

$$REW_{cor}=REW\left[\min\left(\frac{W_{avail}}{TEW},1\right)\right] \tag{4.1-13}$$

式中：W_{avail} 为降雨或灌溉在土壤蒸发层储存的水量，mm。

4.2 极端干旱区典型作物耗水特征

4.2.1 大田葡萄耗水特征

为了适应极端干旱区环境满足生长发育需要，在长期的生长过程中形成了相应的环境适应机制。在整个生长过程中，葡萄的耗水变化包括日变化和物候期内生育时段变化规律。对于成龄葡萄蒸腾的日变化规律而言，主要受环境因子以及遗传生态特征的影响；对于葡萄蒸腾物候期内变化规律而言，主要受其生理特征、气象因素及其地理环境因子的共同影响。通过研究成龄葡萄的日耗水过程和生育时段耗水特征，分析耗水量中葡萄蒸腾量和土面蒸发量的比例关系，以及耗水的主要部位，以期为该区成龄葡萄灌溉制度的制定提供指导。

4.2.1.1 各生育时段日均耗水强度

图4.2-1为高昌区试验点物候期内葡萄日均耗水强度。从图中可以看出，各灌水处理条件下，葡萄日均耗水强度从萌芽期开始逐渐增大，到果粒膨大期达到最大，在膨大期高水、中水、低水与沟灌处理分别达到8.82mm、7.33mm、4.74mm、9.33mm；其后在果粒成熟期及枝条成熟期逐渐降低。膨大期耗水量最大的原因是该期葡萄果粒迅速膨大，需要大量的水分，而且地下根系部分也会加快生长，不断发生新的侧根，吸收更多的水分以便满足葡萄需水。此外，太阳辐射和空气温度在这一阶段达到一年中的最大值，葡萄植物的蒸腾及田间蒸发强度也达到最大强度。因此，这个阶段是葡萄整个物候期中耗水强度最大的时期。

对于高昌区试验点黏壤土条件下滴灌各个处理来看，葡萄耗水强度随着灌水量的增加而增加。沟灌和滴灌两种灌水方式相比，沟灌日耗水强度整个物候期平均为5.67mm，一直高于滴灌高水处理的5.36mm。可见，在高昌区试验点黏壤土条件下，传统沟灌方式葡萄的蒸腾强度较大，而滴灌方式能够减小葡萄的蒸腾强度。

鄯善县试验点物候期内葡萄日均耗水强度见图4.2-2。各灌水处理条件下，葡萄日均耗水强度从萌芽期开始逐渐增大，到花期达到最大，在花期高水、中水、低水与沟灌处理分别达到9.44mm、6.69mm、4.79mm、6.30mm；其后在果粒膨大期、果粒成熟期及枝蔓成熟期逐渐降低。花期耗水量最大的原因是花期持续时间较短，约7d，进入花期前应当适当控水，但由于客观原因，灌水水源供给不足使得前一次灌水时间推迟，导致花期多一次灌水，使得花期平均耗水强度增大。

对于鄯善县砂壤土条件下滴灌各个处理来看，滴灌处理葡萄耗水强度随着灌水量的增加而增加。滴灌高水处理葡萄日均耗水强度从萌芽期开始到膨大期均远远高于其他处理；在后期果粒成熟期和枝蔓成熟期开始控水，各处理灌水周期开始延长，除滴灌低水处理耗水强度相对较低外，其他处理耗水强度较为接近。可见，相对于中水和低水处理，高水处理明显增大了葡萄物候期前半部分的耗水强度，如果高水处理没有较大地增加产量，则此阶段较高的耗水强度为奢侈蒸腾，对葡萄产量提高作用效果不明显。

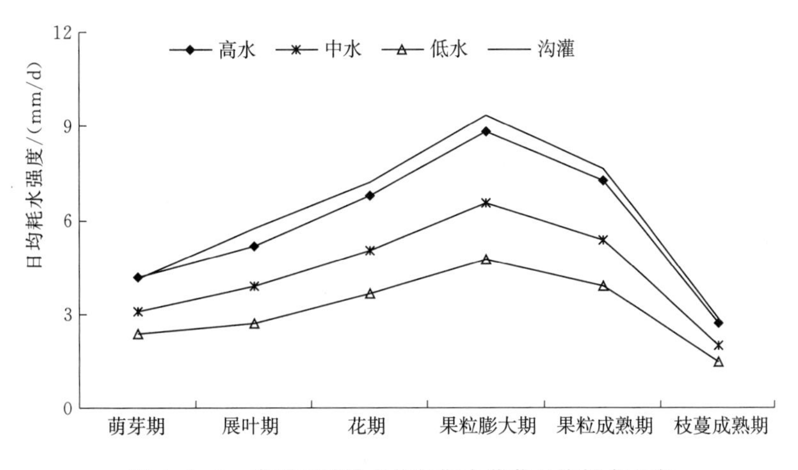

图 4.2-1　高昌区试验点物候期内葡萄日均耗水强度

鄯善县砂壤土条件下沟灌与滴灌两种灌水方式对比，沟灌灌溉定额较大，达2700mm，较滴灌各处理灌溉定额高，但是沟灌日均耗水强度在整个物候期仅为4.15mm，位于滴灌中水处理4.56mm和低水处理3.39mm之间，表明沟灌灌溉水量并没有完全被葡萄蒸腾所消耗。

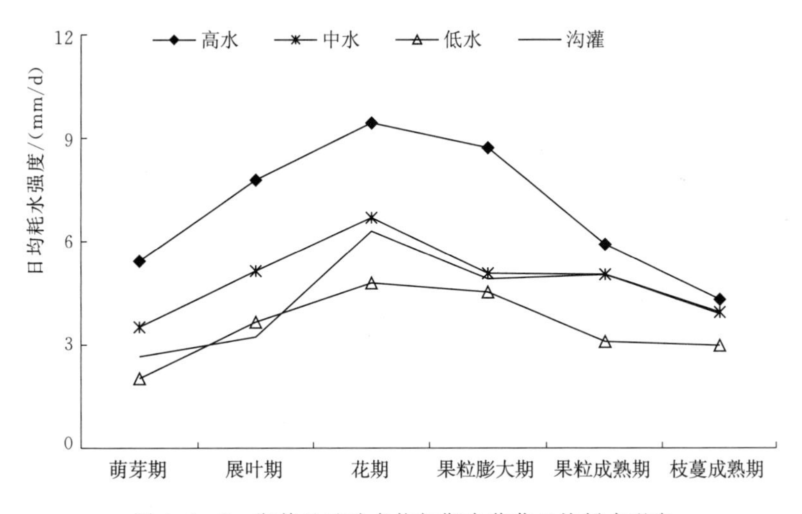

图 4.2-2　鄯善县试验点物候期内葡萄日均耗水强度

两个试验点相比，滴灌处理下鄯善县试验点葡萄全物候期日均耗水强度均高于高昌区试验点，而沟灌条件下鄯善县试验点葡萄日均耗水强度低于高昌区试验点。主要原因是两地土壤质地不同，其中鄯善县试验点为砂壤土且含有石砾，土体储水能力较弱，灌水定额较大情况下会产生深层渗漏，沟灌灌水周期相对较长，灌水后一段时间内土壤水分供给不足，导致葡萄耗水强度下降；而滴灌灌水周期相对较短，土壤水分相对充足，土面蒸发相对增大，因此葡萄耗水强度相对较大。而高昌区试验点为黏壤土，土壤储水能力较强，且沟灌后水分入渗时间较长，土面蒸发相对较大，且湿润范围也远较滴灌条件下大，因此其沟灌耗水强度较滴灌条件下大。此外，由于土壤的储水能力及水分运动能力的差异，鄯善县试验点灌溉定额较高昌区试验点大，因此葡萄耗水强度较高昌区试验点大。

4.2.1.2 各生育时段耗水模比系数

耗水模比系数是指作物某一生育阶段的耗水量占整个物候期总耗水量的百分数。它表明作物各生育阶段需水量占总需水量的权重情况，而各生育阶段需水量的多少是考虑灌水时期与灌水量分配的重要依据。耗水模比系数的大小主要受日耗水量和生育阶段长短两个因素的影响，它不仅反映作物各生育阶段需水特性与要求，也反映出不同生育阶段对水分的敏感程度和灌溉的重要性。吐鲁番地区葡萄物候期内各生育时段天数见图4.2-3，葡萄物候期总天数约220d，都是在枝蔓成熟期与果粒膨大期的生育时段较长，而萌芽期和花期的生育时段较短；除在展叶期鄯善县试验点较高昌区试验点多10d外，其他生育时段都稍短。各生育时段耗水模比系数除受物候期生育时段内日均耗水强度影响外，主要受制于生育时段天数。由于各试验点不同灌溉处理下葡萄物候期内生育时段划分基本一致，因此不同灌溉处理间葡萄耗水模比系数差异不明显，具体见图4.2-4和图4.2-5。

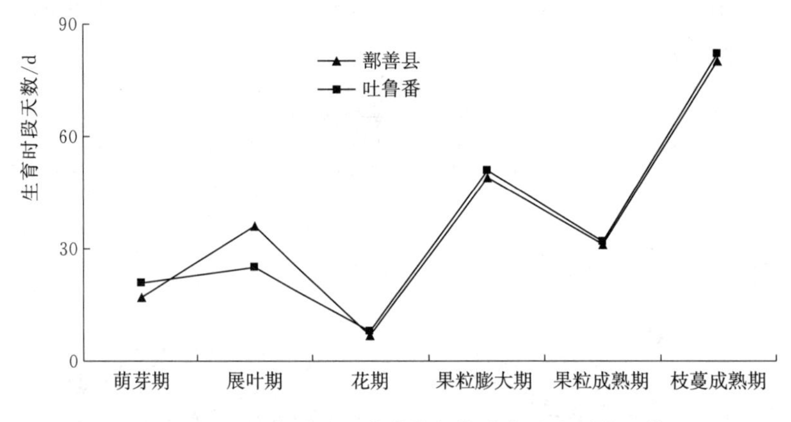

图4.2-3 吐鲁番地区葡萄物候期内各生育时段天数

高昌区试验点葡萄耗水模比系数呈双峰型，即萌芽期耗水比例小，展叶期出现耗水模比系数的第一个峰值，花期耗水模比系数最小，果粒膨大期出现耗水模比系数的第二个峰值，该峰值较第一个峰值大，果粒成熟期和枝蔓成熟期耗水模比系数逐渐减小，具体见图4.2-4。

鄯善县试验点葡萄耗水模比系数在整个物候期内变化见图4.2-5，除枝蔓成熟期外，其他生育时段变化规律与高昌区试验点基本一致，即萌芽期耗水模比系数小，展叶期耗水模比系数达第一个峰值；在花期耗水模比系数减小，至膨大期达第二个峰值；而后在果粒成熟期葡萄耗水模比系数减小；同时因鄯善县试验点在枝蔓成熟期与果粒成熟期的日均耗水强度差别不大，但在枝蔓成熟期的生育时段天数明显较果粒成熟期长，导致鄯善县试验点在枝蔓成熟期葡萄耗水模比系数在生育后期呈增大趋势。

高昌区试验点滴灌高水处理在萌芽期、展叶期、花期、果粒膨大期、果粒成熟期、枝

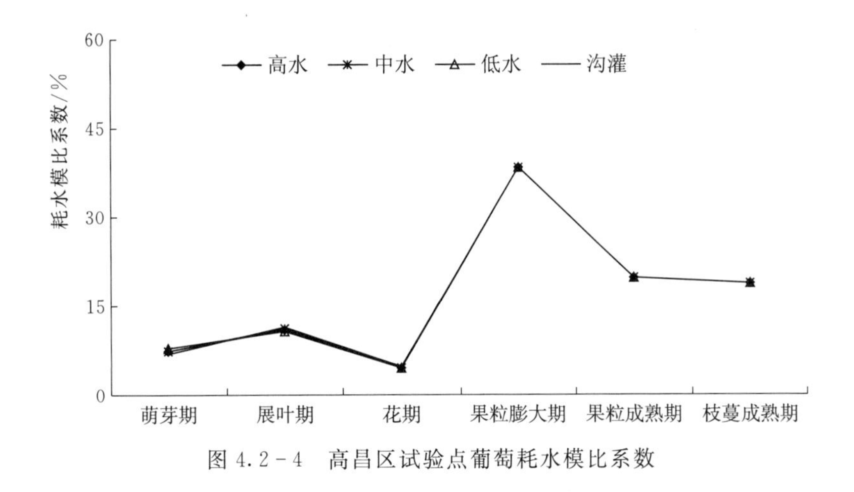

图 4.2-4　高昌区试验点葡萄耗水模比系数

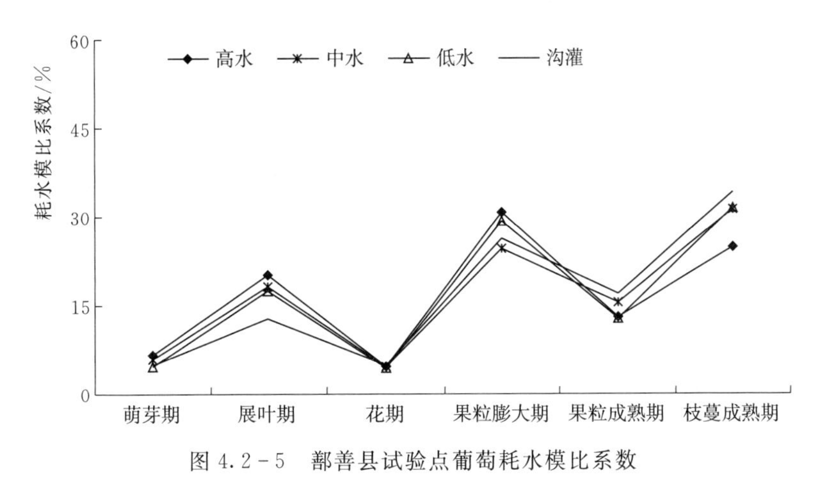

图 4.2-5　鄯善县试验点葡萄耗水模比系数

蔓成熟期的耗水模比系数分别为 7.50%、10.99%、4.60%、38.33%、19.76%、18.82%；中水处理在各生育时段的耗水模比系数分别为 7.34%、11.12%、4.59%、38.30%、19.72%、18.92%；低水处理在各生育时段的耗水模比系数分别为 7.91%、10.60%、4.59%、38.29%、19.78%、18.83%；地面沟灌在各生育时段的耗水模比系数分别为 6.92%、11.51%、4.67%、38.33%、19.73%、18.84%。鄯善县试验点滴灌高水处理在萌芽期、展叶期、花期、果粒膨大期、果粒成熟期、枝蔓成熟期的耗水模比系数分别为 6.60%、20.10%、4.74%、30.65%、13.14%、24.77%；中水处理在各生育时段的耗水模比系数分别为 5.93%、18.30%、4.65%、24.53%、15.43%、31.16%；低水处理在各生育时段的耗水模比系数分别为 4.62%、17.44%、4.49%、29.33%、12.68%、31.44%；地面沟灌在各生育时段的耗水模比系数分别为 4.94%、12.71%、4.82%、26.35%、17.06%、34.12%。

4.2.1.3　各生育时段累积耗水量

高昌区试验点与鄯善县试验点物候期内葡萄累积耗水量见图 4.2-6 和图 4.2-7。滴灌不同处理间各生育时段累积耗水量差异显著，随着灌溉量增加而增大；与高昌区试验点相比，鄯善县试验点累积耗水量较高。与滴灌处理相比，因沟灌累积耗水量受日均耗水强度变化规律影响，其累积耗水量在鄯善县试验点较低，物候期内耗水总量仅为914mm；而在高昌区试验点较高，物候期内耗水总量高达1242mm。

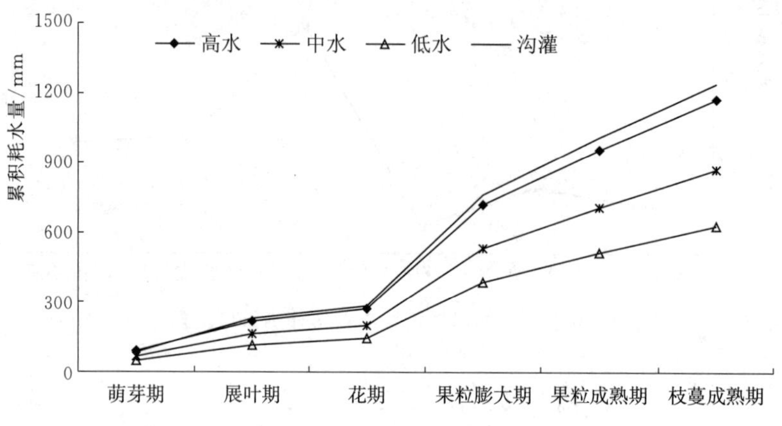

图4.2-6 高昌区试验点物候期内葡萄累积耗水量

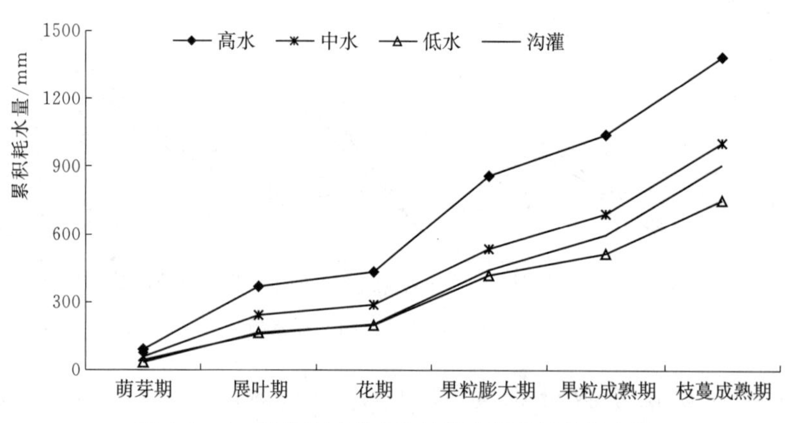

图4.2-7 鄯善县试验点物候期内葡萄累积耗水量

高昌区试验点滴灌高水处理在萌芽期、展叶期、花期、果粒膨大期、果粒成熟期、枝蔓成熟期的累积耗水量分别为88mm、217mm、271mm、721mm、953mm、1174mm；中水处理在各生育时段的累积耗水量分别为72mm、180mm、225mm、599mm、792mm、978mm；低水处理在各生育时段的累积耗水量分别为50mm、117mm、146mm、388mm、513mm、632mm；沟灌在各生育时段的累积耗水量分别为86mm、229mm、287mm、763mm、1008mm、1242mm。鄯善县试验点滴灌高水处理在萌芽期、展叶期、花期、果粒膨大期、果粒成熟期、枝蔓成熟期的累积耗水量分别为92mm、372mm、438mm、865mm、1048mm、1394mm；中水处理在各生育时段的累积耗水量分别为60mm、245mm、292mm、540mm、696mm、1011mm；低水处理在各生育时段的累积耗水量分别为35mm、167mm、201mm、423mm、519mm、756mm；沟灌在各生育时段的累积耗水量分别为45mm、162mm、206mm、448mm、605mm、914mm。

4.2.1.4 大田葡萄耗水组成

各生育时段累积耗水量的研究结果表明，鄯善县试验点沟灌耗水远小于滴灌中高水处理，仅比低水处理高 93mm。由此可见，仅从减少区域耗水角度考虑，难以确定在鄯善县试验点推荐采用何种灌溉方式，所以亟待搞清不同水分处理中耗水组成状况，旨在为进一步明晰不同灌溉方式下葡萄耗水的有效性。为此，以鄯善县试验点为例，对不同灌溉处理耗水组成进行探讨。

鄯善县试验点不同灌溉处理下各生育时段葡萄植株蒸腾量占该时段总耗水量的比例系数见图 4.2-8。滴灌处理的比例系数在萌芽期、展叶期与花期较高，约为 0.8，随着葡萄果粒与枝蔓的成熟，植株蒸腾耗水能力降低，其比例系数减少，至枝蔓成熟期其比例系数降至仅约为 0.6，表明在葡萄生长初期直至采收前较采收后，土面蒸发比例小；滴灌高水处理的比例系数在各生育时段都是最大的，其次为滴灌中水处理，滴灌低水处理最小；滴灌低水处理在萌芽期与展叶期的比例系数明显高于沟灌处理，而在其他生育时段两者差异不明显。

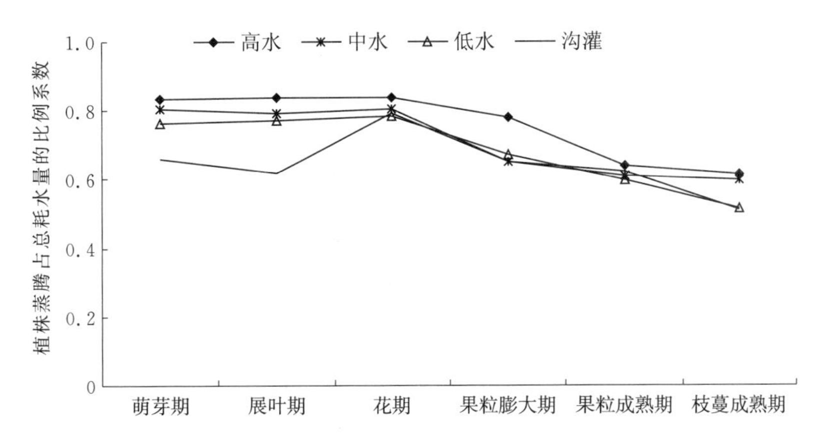

图 4.2-8 不同灌溉处理下各生育时段葡萄植株蒸腾量占该时段总耗水量的比例系数

鄯善县试验点不同灌溉处理下物候期内各生育时段葡萄累积土面蒸发量与累积植株蒸腾量分别见图 4.2-9 和图 4.2-10，除葡萄滴灌低水处理的累积土面蒸发量在葡萄生长后期稍低外，葡萄滴灌高水、滴灌中水与沟灌的累积土面蒸发量在各生育时段差别不明显；葡萄滴灌高水与滴灌中水处理下各生育时段的累积植株蒸腾量明显高于葡萄滴灌低水与沟灌处理，而葡萄低水与沟灌处理在各生育时段的累积植株蒸腾量之间的差异不明显；物候期内葡萄滴灌高水、滴灌中水、滴灌低水与沟灌的土面蒸发量分别为 365mm、333mm、273mm、339mm，与之相应的物候期植株蒸腾量分别为 1028mm、678mm、484mm、511mm。

鄯善县试验点不同灌溉处理下各生育时段葡萄累积植株蒸腾量占同期累积总耗水量的比例系数见图 4.2-11，其比例系数在各生育时段都是滴灌高水处理最大，其次为滴灌中水处理、滴灌低水处理及沟灌处理，这表明滴灌葡萄耗用水的有效性显著高于传统沟灌；滴灌高水、滴灌中水、滴灌低水与沟灌处理下物候期内葡萄累积植株蒸腾量占其耗水总量的比例系数分别为 0.74、0.67、0.64、0.60。

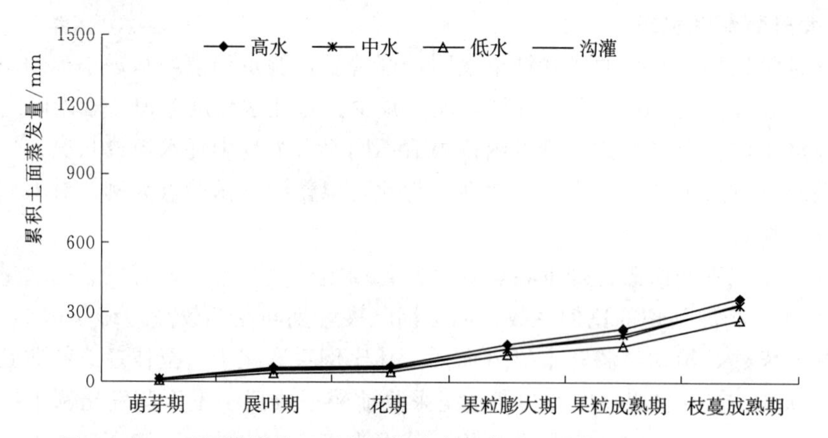

图 4.2-9 不同灌溉处理下物候期内各生育时段葡萄累积土面蒸发量

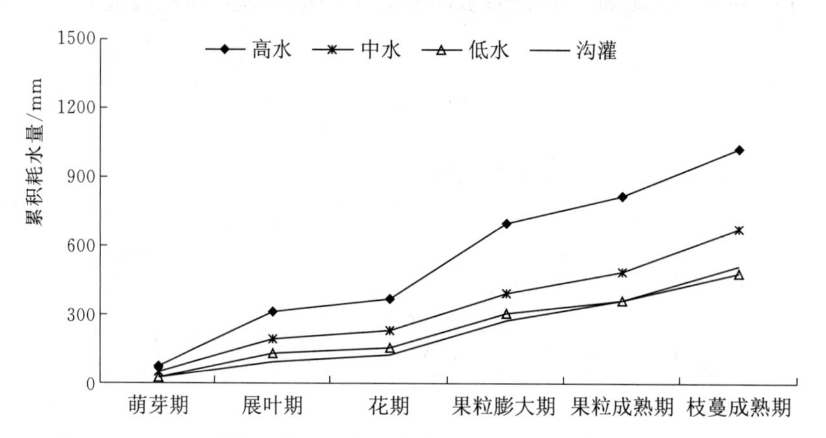

图 4.2-10 不同灌溉处理下物候期内各生育时段葡萄累积植株蒸腾量

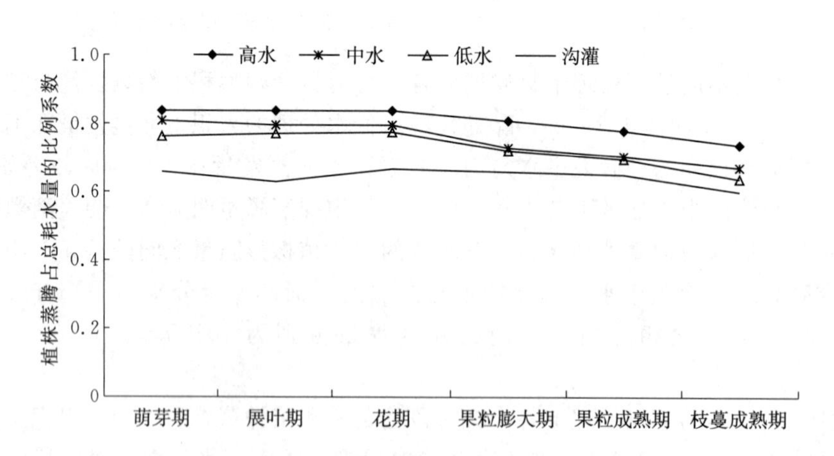

图 4.2-11 不同灌溉处理下各生育时段葡萄累积植株蒸腾量占累积总耗水量的比例

可见，随着灌溉水量增加，其葡萄植株棵间土面蒸发量增大，然而植株蒸腾增加更显著，以致滴灌高水处理的用水效率不降反增。

4.2.1.5 不同部位棵间蒸发特征

滴灌条件下不同部位葡萄棵间土面蒸发（以鄯善县试验点高水处理为例）见图 4.2-12，不同部位葡萄棵间土面蒸发的变化趋势一致，在各个灌水周期间呈现出灌水后逐渐减小、直至下一次灌水后迅速增大的周期性变化规律。从总体上看，不同部位葡萄棵间土面蒸发从萌芽期开始逐渐增加，均在 6 月后进入果粒膨大期达到最大值，8 月初进入果粒成熟期后开始逐渐降低。不同部位相比，种植沟及沟垄交界处由于有滴灌带的存在，灌水过程能够直接湿润表层土壤，因此该两处的土面蒸发较灌水不能直接湿润种植垄上的土面蒸发大。

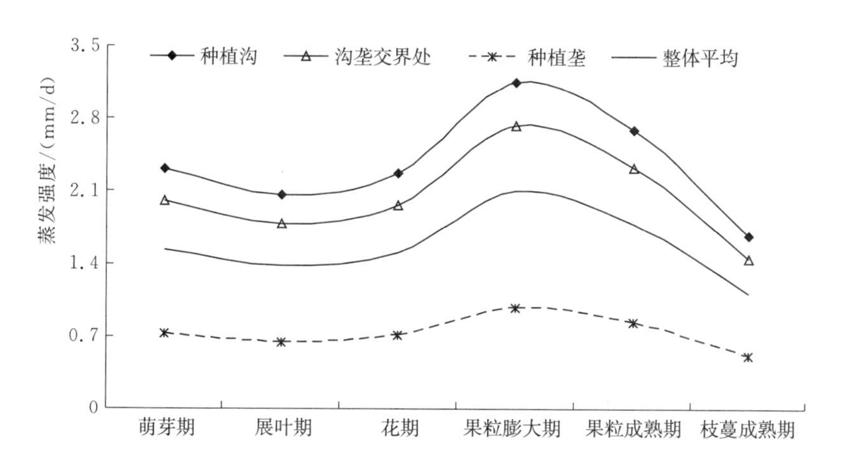

图 4.2-12　滴灌条件下不同部位葡萄植株棵间土面蒸发对比

由于滴灌带的布设以及地势较低，种植沟内的土面蒸发在整个物候期内均为最大，其次为沟垄交界处的斜面上，其土面蒸发值平均为种植沟内的 86.5%，种植垄上的土面蒸发较小，其土面蒸发值平均仅为种植沟内的 31.0%。由此可以得知，土面蒸发主要发生在滴灌直接湿润的种植沟及沟垄交界面处。

虽然种植沟和沟垄交界处测量部位土面蒸发较大，但是其所占面积比例较小；种植垄上土面蒸发虽然较小，但是其所占面积比例较大。因此，在计算整体平均土面蒸发强度时，应该按照面积比例权重进行计算，而不是按简单的算术平均计算。通过加权计算后，物候期内种植沟、沟垄交界处及种植垄的土面蒸发量分别为 143.0mm、123.9mm、66.8mm。不同部位葡萄植株棵间土面蒸发占总量的百分比见图 4.2-13，土面蒸发总量表现为种植沟＞沟垄交界处＞种植垄。试验点种植沟宽 1.0m，垄宽 1.5m，沟垄交界处宽 1.0m，沟垄整体宽 3.5m。种植沟和沟垄交界处宽度占整个沟垄宽度的 57%，但是其土面蒸发量占整个蒸发量的 80%。因此，在这个区域可以采取一定的农艺节水措施，减少土面蒸发所引起的水分消耗。

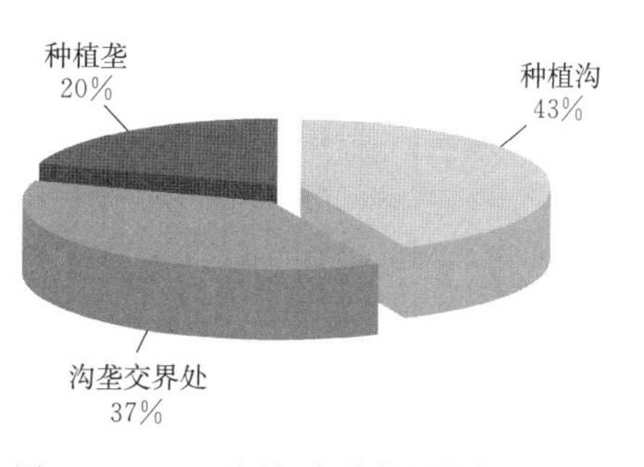

图 4.2-13　不同部位葡萄植株棵间土面蒸发占总量的百分比

4.2.1.6 葡萄耗水

葡萄日均耗水强度从萌芽期开始逐渐增大，到膨大期达到最大，在果粒成熟期及枝蔓成熟期逐渐降低；不同水分处理的葡萄耗水模比系数均呈双峰型，即萌芽期耗水比例小，展叶期出现耗水模比系数的第一个峰值，花期耗水模比系数最小，果粒膨大期出现耗水模比系数的第二个峰值，该峰值较第一个峰值大，果粒成熟期和枝蔓成熟期耗水模比系数逐渐减小。对于滴灌而言，葡萄耗水强度随着灌水量的增加而增加。葡萄在生长初期至采收前较采收后，土面蒸发比例减少；滴灌在整个物候期内葡萄累积蒸腾量占其耗水总量的比例系数为0.64～0.74，而沟灌仅为0.60。

种植沟和沟垄交界处宽度占整个沟垄宽度的57%，但是其土面蒸发量占整个蒸发量的80%。因此，在这个区域可以采取一定的农艺节水措施，减少土面蒸发所引起的水分消耗。

4.2.2 温室大棚蔬菜耗水特征

4.2.2.1 温室大棚滴灌番茄耗水特征

1. 滴灌番茄植株蒸腾的变化规律

在番茄开花坐果期（3月23日至4月5日），在温室内居中靠南部分选取代表性番茄植株进行植株蒸腾观测，番茄植株茎流的日变化过程见图4.2-14，番茄植株茎流都是在8时启动，后急速增加，至15时左右达到日内峰值，为32.17～90.49g/h，并随着时间推移于当日22时降至日内最低值。

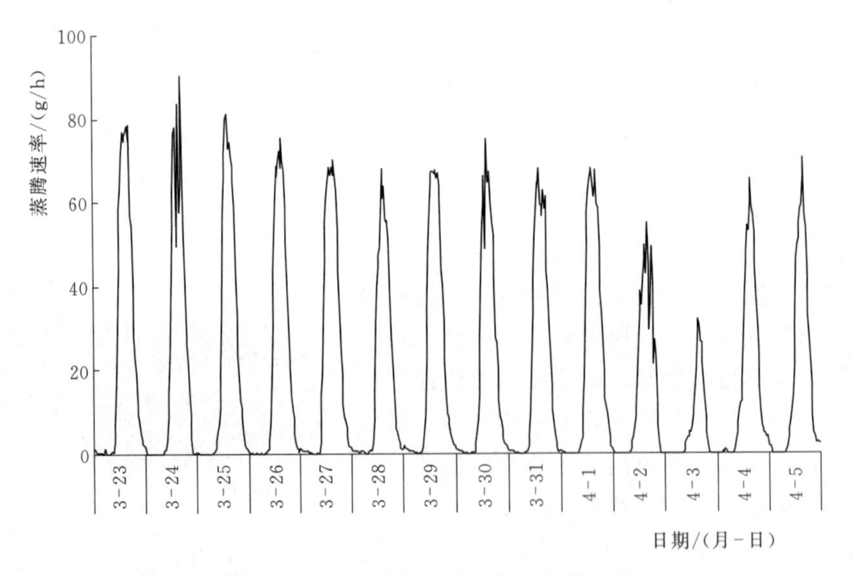

图4.2-14 番茄植株茎流的日变化过程

相关研究表明，植株蒸腾与太阳辐射强度有极其重要的关系，植株茎流日变化也是随着太阳辐射的变化而变化[34]。本研究也证实了该规律，不论是晴天还是阴天，由于日内太阳辐射强度的大幅度波动或者振荡，日内植株茎流也会出现双峰，甚至多峰变化；反之，如果太阳辐射在日内变化较平稳，番茄植株茎流呈单峰变化规律。与晴天植株茎流相比，由于阴天太阳辐射强度较弱，导致番茄植株茎流降低，在监测期间（3月23日至4月5日），如在晴天番茄日蒸腾量为3.24～4.32mm，而阴天日蒸腾量仅为1.17～2.80mm。

2. 滴灌番茄植株蒸腾与环境气象因子之间的关系

日光温室内植株蒸腾除受太阳辐射强度影响外，还会受到土壤墒情、气温、湿度及地温等多种因素制约。由表4.2-1分析可知，番茄植株茎流与净辐射的相关系数最高为0.979，呈极显著正相关；与相对湿度呈极显著负相关，相关系数为−0.851；与气温呈极显著正相关，相关系数为0.819；而与表层土温及表层土壤墒情呈正相关，但相关性较小，且不显著。

上述分析表明，番茄植株茎流与各环境气象因子均呈简单线性关系，这为回归方程的建立提供了理论依据和前提条件。本书以番茄植株茎流（T_{sap}）为因变量，以温室内气温（T_a）、相对湿度（RH）、净辐射（R_n）、表层土温（T_s）及表层土壤墒情（W）为自变量，采用逐步回归法进行线性回归分析，除温室内气温、相对湿度及表层土壤墒情外，仅有净辐射与表层土温进入了线性回归方程，回归分析结果见表4.2-2。回归结果表明，2个回归经验模型的相关系数均大于0.958；且估计误差很小，其最大值为5.12g/h；回归模型经F检验，达极显著水平。为此，在吐鲁番地区日光温室内，如缺乏系统的实测气象资料，可利用净辐射和表层土壤温度等较少的环境气象资料估算开花坐果期番茄日内植株茎流速率。以相关系数较高、估计误差不大及F值检验效果最好，同时涉及环境气象参数较少为原则，推荐仅含有净辐射实测资料的经验模型为最适宜的回归经验模型。

表4.2-1　各环境气象因子与番茄植株茎流的相关系数

变量	植株蒸腾/(g/h)	气温/℃	相对湿度/%	净辐射/(W/m^2)	表层土温/℃
气温/℃	0.819**				
相对湿度/%	−0.851**	−0.867**			
净辐射/(W/m^2)	0.979**	0.827**	−0.853**		
表层土温/℃	0.106	0.473**	−0.273**	0.073	
表层体积含水量/%	0.036	−0.002	−0.013	0.072	−0.544**

注　** $P<0.01$，下同。

表4.2-2　开花坐果期番茄植株茎流速率回归经验模型和检验结果

气象因子	回归模型	相关系数r	估计误差/(g/h)	F检验
R_n	$T_{sap}=0.874+0.121R_n$	0.958	5.12	7660**
R_n、T_s	$T_{sap}=-13.779+0.121R_n+0.671T_s$	0.959	5.04	3932**

3. 滴灌番茄生育期内耗水特征

结合日光温室内自动气象站采集的气象资料，以修改后P-M模型为理论基础，计算获得吐鲁番日光温室内参照作物逐日需水量的变化过程，见图4.2-15。在生长初期，因太阳辐射强度弱，气温低，而相对湿度高，该时段参照作物需水量较低；在快速发育期及

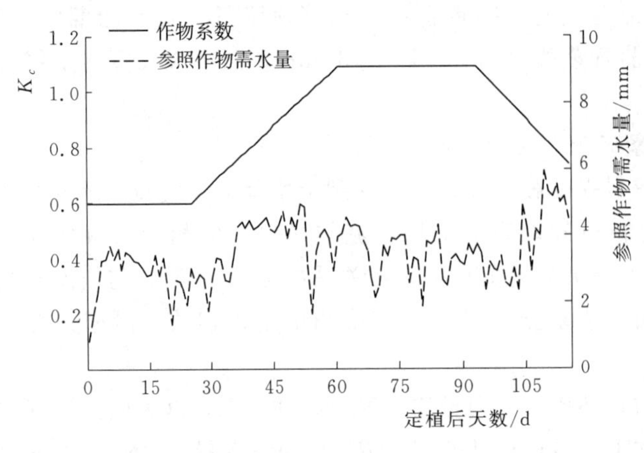

图 4.2-15 日光温室内参照作物需水量及番茄作物系数的变化过程

生育中期，太阳辐射增强，气温升高，该时段参照作物需水量较高；在成熟期，由于灌溉量减少，温室湿度降低，致使该时段参照作物需水量达到整个生育期内最高值。依据分段单值平均作物系数法计算了温室番茄作物系数，见图 4.2-15，由于番茄在初始生长期灌溉量为 55mm，灌溉量多，致使初始生长期作物系数较大，为 0.60；结合日光温室内环境气象因子，对生育中期及后期的作物系数进行修正，分别获得快速发育期、生育中期及成熟期的作物系数，相应分别为 0.60～1.09、1.09、1.09～0.74。

在开花坐果期番茄株高已达 0.85cm，且叶面积指数较大，该时期耗水量以植株蒸腾耗水为主。由图 4.2-16 可看出，在该时段实测的番茄植株蒸腾速率与同期需水强度很接近，其中实测蒸腾速率及需水强度的均值分别为 3.98mm/d、4.00mm/d。可见，采用上述方法估算日光温室番茄的需水量较为可靠。

日光温室内滴灌番茄需水量在全生育期内的变化过程见图 4.2-16，生长初期、快速发育期、生育中期及成熟期的日均需水强度分别为 1.69mm/d、3.19mm/d、3.83mm/d 与 3.46mm/d，总体呈现出前期小、中期大、后期小的变化规律，需水高峰出现在生育中期。该变化规律反映了番茄植株在苗期以营养生长为主，气温低、太阳辐射强度弱及植株矮小，其需水强度较小，累积需水量的增长幅度缓慢；在快速发育期，植株进入营养生长和生殖生长的并进阶段，但此时气温尚偏低，且株高较小，其需水强度仍偏小；在生育中期，植株生长状况以生殖生长为主，随着气温升高，太阳辐射强度增强，需水强度随之增大，累积需水量增长加快，累积曲线增长趋势明显；到成熟期，随着果实的不断采摘，番茄植株根系和功能也开始衰老，内部生理活动亦在减缓，坐果量减少，需水强度开始下降，日需水量也随之降低。吐鲁番地区日光温室番茄的日均需水强度变化范围为 0.52～4.97mm/d，全生育期的需水量约为 360mm。

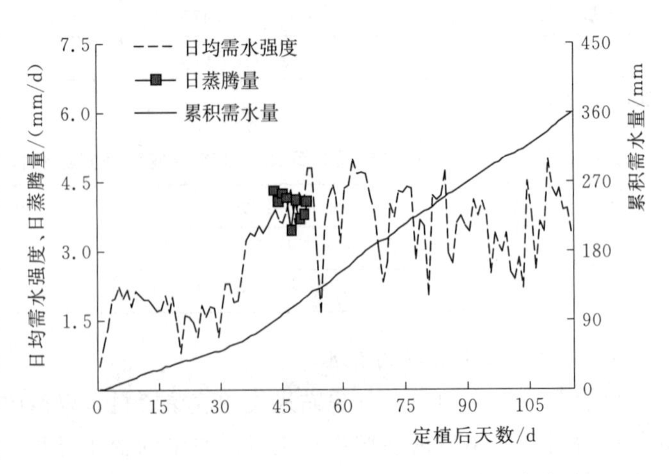

图 4.2-16 日光温室内滴灌番茄需耗水量变化过程

4.2.2.2 温室大棚沟灌黄瓜耗水特征

日光温室内参照作物需水量及黄瓜作物系数的变化过程见图 4.2-17。在黄瓜生长初期（7 月 11—28 日），因太阳辐射强度与气温在生育期内都较高，该时段参照作物需水量较高；在快速发育期（7 月 29 日至 8 月 26 日），太阳辐射强度与气温仍较高，该时段参照作物需水量仍较高；在生育中期（8 月 27 日至 10 月 1 日），太阳辐射强度明显减弱，气温降低，为防止热量散失，大棚放风时间缩短，大棚内空气湿度增加，导致该时段参照作物需水量呈降低的趋势；在生育后期（10 月 2—15 日），太阳辐射强度最弱，气温达到最低，同时大棚内空气湿度达到最大，该生育时段参照作物需水量降至最低。依据分段单值平均作物系数法计算了温室黄瓜作物系数，见图 4.2-17，黄瓜在初始生长期灌溉量为 60mm，但由于在该时段参照作物需水量比较高，通过计算获得初始生长期作物系数为 0.41；结合日光温室内环境气象因子，对生育中期及后期的作物系数进行修正，得到快速发育期、生育中期及成熟期的作物系数分别为 0.41～1.09、1.09、1.09～0.69。

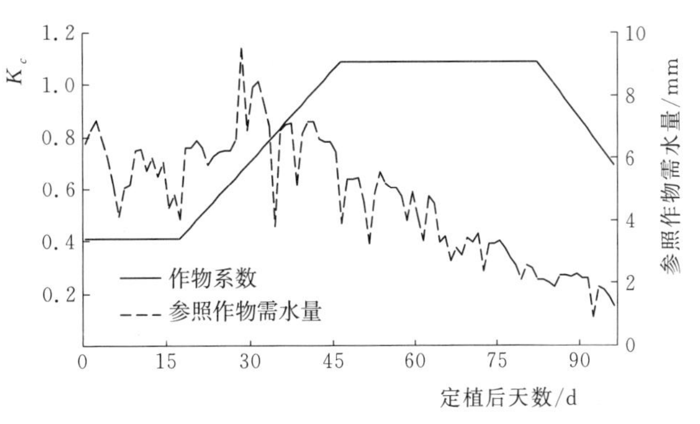

图 4.2-17 日光温室内参照作物需水量及黄瓜作物系数的变化过程

日光温室内黄瓜需水量在全生育期内的变化过程见图 4.2-18，生长初期、快速发育期、生育中期及成熟期的日均需水强度分别为 2.31mm/d、5.03mm/d、4.13mm/d 与 1.71mm/d，总体呈现出前期小、快速发育期与生育中期大、后期小的变化规律，需水高峰出现在快速发育期。该变化规律反映了黄瓜植株在苗期以营养生长为主，尽管该生育时段气温与太阳辐射强度都较高，但植株矮小，其需水强度也较小，累积需水量的增长幅度缓慢；在快速发育期，植株进入营养生长和生殖生长的并进阶段，但此时参照作物需水量较高，大棚黄瓜需水强度迅速增加；在生育中期，温室内气温与太阳辐射强度都较高，需水强度减弱趋势不明显，累积需水量不断增加；到成熟期，温室气温与太阳辐射强度都显著降低，并随着果实的不断采摘，黄瓜植株根系和功能也开始衰老，内部生理活动亦在减缓，坐果量减少，需水强度迅速下降。吐鲁番地区日光温室黄瓜的日均需水强度变化范围为 0.77～6.97mm/d，全生

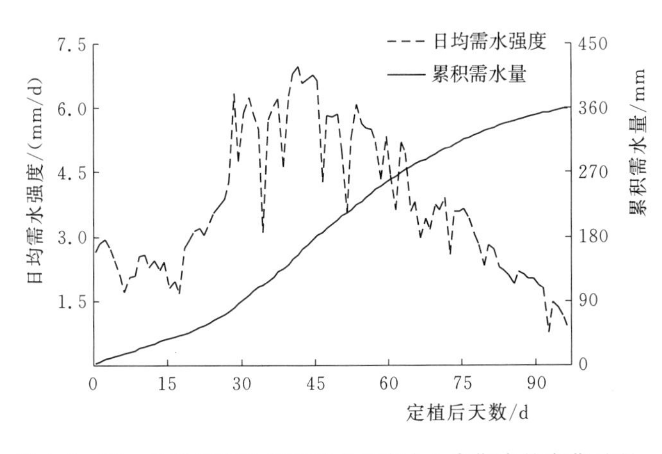

图 4.2-18 日光温室内黄瓜需水量在全生育期内的变化过程

育期内需水量约为360mm，与冬春茬番茄耗水量差不多。

4.2.2.3 温室大棚畦灌小白菜耗水特征

日光温室内参照作物需水量及小白菜作物系数的变化过程见图4.2-19，在小白菜生长初期（10月20—31日），与其他生育时段相比，太阳辐射强度与气温都最高，该时段参照作物需水量最大；在快速发育期（11月1—19日），太阳辐射强度与气温明显降低，该时段参照作物需水量持续降低至1mm/d；在生育中期（11月20日至12月14日），太阳辐射强度持续减弱，气温陡降，其中最低气温降至冰点，该时段参照作物需水量降至0.6mm/d；在生育后期（12月15—20日），该生育时段参照作物需水量仅在0.42～0.65mm/d的范围内。依据分段单值平均作物系数法计算了温室小白菜作物系数，见图4.2-19，初始生长期作物系数为0.74，快速发育期为0.74～0.90，生育中期及成熟期的作物系数为0.90。

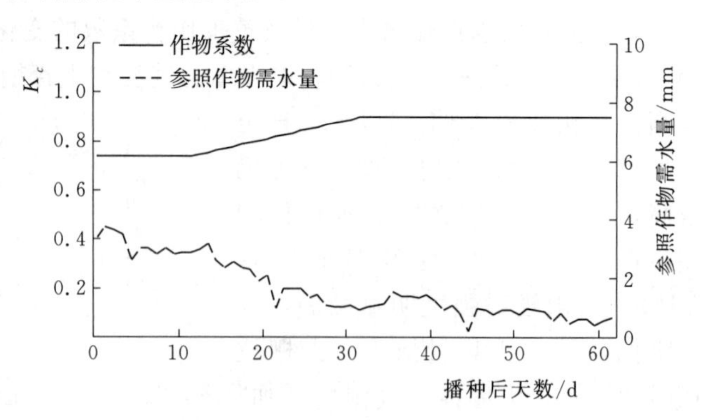

图4.2-19 日光温室内参照作物需水量及小白菜作物系数的变化过程

日光温室内小白菜需水量在全生育期内的变化过程见图4.2-20，生长初期、快速发育期、生育中期及成熟期的日均需水强度分别为2.61mm/d、1.58mm/d、0.85mm/d与0.48mm/d，总体呈现出前期大、后期小的变化规律，需水高峰出现在生长初期。可见，在秋冬茬日光温室栽培不加温条件下小白菜植株需水过程主要受制于外部环境因子，在小白菜生长初期较生育后期，太阳辐射强度大、气温高，造成前期小白菜的需水量较大而后期较小的变化规律。吐鲁番地区日光温室小白菜的日均需水强度变化范围为0.18～2.77mm/d，全生育期内需水量约为82mm。

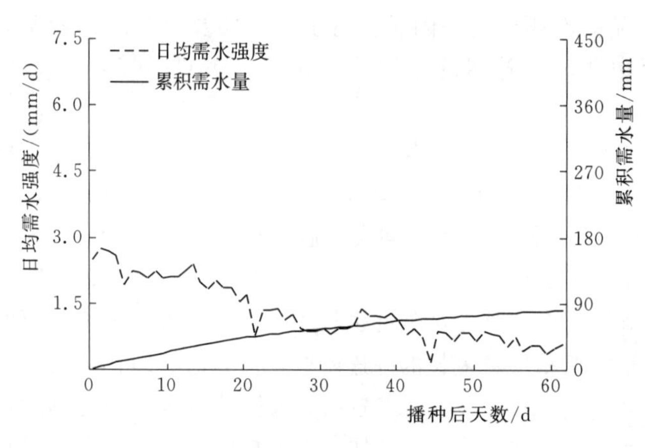

图4.2-20 日光温室内小白菜需水量在全生育期内的变化过程

4.3 耗水定额控制下的典型作物灌溉制度优化

4.3.1 极端干旱区大田葡萄灌溉制度优化

作物灌溉制度的优化，就是结合当地农业水资源实际情况，分别考虑作物的需水关键期与非需水关键期，将有限的灌溉水量合理分配到作物生长的各个阶段，达到最适宜的水量配置，从而获得最佳效益。新疆葡萄传统的沟灌方式不仅灌溉定额大，灌水均匀度较差，尤其是田间用水效率低，导致有限的农业水资源严重浪费，由此进一步加剧当地水资源紧缺的形势。滴灌技术是对作物根区一定范围内进行局部灌溉的一种有效的节水灌溉方法，目前在吐鲁番地区葡萄滴灌研究仍不够深入，不合理滴灌灌溉制度将会引起土壤次生盐渍化，而且还会造成水资源的浪费与相对较低的用水效率，由此也制约葡萄滴灌示范推广应用。因此亟须获取葡萄滴灌下的适宜灌溉制度，以有效调控滴灌葡萄土壤水盐和提高灌溉水资源的用水效率。

本节主要依据葡萄灌溉试验数据，从灌溉制度主要技术参数，即灌水定额与灌水周期入手，首先根据成龄葡萄根系分布确定灌水定额，而后通过不同灌水周期下葡萄用水效率的试验研究，最终选取与当地条件相适宜的灌溉制度，旨在为吐鲁番地区葡萄种植业可持续发展提供新的灌溉思路。

4.3.1.1 鄯善县试验点大田葡萄灌溉制度优化

吐鲁番地区夏季高温干燥，降水稀少，蒸发量大。灌溉是葡萄用水主要的方式，没有灌溉就没有农业。葡萄的灌水时期及灌水量应该根据其在物候期各个生育时段对水分的需求、气候特点和土壤水分的变化规律等多个因素综合确定。在鄯善县试验点，考虑30.0mm、52.5mm与75.0mm等3种灌水定额，设置3种处理，每种处理重复2次，通过2次灌水试验，测定灌水前与灌水后的土壤水分剖面，研究土壤水分湿润剖面与根系分布的吻合程度，在此基础上确定适宜的灌水定额；依据确定的适宜灌水定额，灌水周期分别设定为4.5d、9d与13.5d，并分别考虑葡萄需水关键期与否情况，共设置6个处理，见表4.3-1。葡萄物候期按展叶期、花期、果粒膨大期与果粒成熟期等4个生育时段，其中需水关键期为展叶期与果粒膨大期，非需水关键期为花期与果粒成熟期。田间毛管布置方式采用一沟三管布置，即葡萄栽培沟内布设一条滴灌带，棚架下布设两条滴灌带，滴头流量为2.7L/h，滴头间距为40cm。

表4.3-1　　鄯善县试验点成龄葡萄滴灌灌溉制度试验设计

编　号	灌水周期/d		灌水定额/mm	灌溉定额/mm
	需水关键期	非需水关键期		
处理1	4.5	4.5	52.5	1538
处理2	4.5	9		1365
处理3	4.5	13.5		1155
处理4	9	9		1050
处理5	9	13.5		893
处理6	13.5	13.5		788

1. 滴灌灌水定额确定

灌水定额是指单位面积一次灌溉的水量或灌水深度，是灌溉管理的一项重要技术指标，也是制定灌溉制度、实行计划用水的重要依据。灌水定额的影响因素很多，可归纳为供水质量、输水质量和用水质量3方面。供水质量主要包括渠首引水流量的大小及稳定性，引水流量大、稳定性好，则灌水定额小；输水质量主要包括跑、洒、渗、漏、蒸5个方面，“跑”指渠道决口跑水，“洒”指渠水漫顶损失，“渗”指渠道的输水渗漏损失，“漏”指桥、涵、闸等渠道建筑物的漏水，“蒸”指渠道的水面蒸发。用水质量主要包括灌溉前土壤含水率、土壤最大持水率、作物类别、灌水次数、灌水技术及田面工程状况等。

农田灌水定额计算的常用方法是在兼顾引水与输水质量情况前提下，主要依据用水质量，即土壤计划湿润层深度、灌前土壤含水率、田间持水率等因素确定，具体计算公式如下：

$$\Delta h = 0.1\gamma H(\theta_{max} - \theta_{min}) \tag{4.3-1}$$

式中：Δh 为灌水定额，mm；γ 为土壤干容重，g/cm^3；H 为土壤计划湿润层深度，cm；θ_{max}、θ_{min} 分别为田间持水率与灌前土壤含水率，%。

由式（4.3-1）可看出，要确定合理的灌水定额，关键在于计算式中各项参数的选用是否恰当。由于土壤干容重与灌前土壤含水率是测定值，因而主要需要确定土壤计划湿润层深度和田间持水率。确定土壤计划湿润层深度的方法主要有2种，一是处理为随着作物根系生长逐渐加深，二是在作物整个生育期由始至终采用同一深度。农作物生长在土壤中，通过根系从一定的深度土层中吸收水分。只要作物主要根系分布层有充足的水分供应，就可以保证作物正常的生长发育，所以主要根系分布层是确定土壤计划湿润层深度的基本依据。吐鲁番地区成龄葡萄根系绝大多数分布在沟平面以下，垄上葡萄根系分布极少。对于小于2mm的吸收根而言，从沟平面开始根系密度随着深度的增加呈先增加而后逐渐减少，集中在20～80cm的范围内，在40～60cm出现最大值，在基准面140cm以下仍有极少量吸收根系存在，成龄葡萄有效吸收根系相对密度二维分布见图4.3-1。据此可认为，60～80cm深度土层可作为吐鲁番地区成龄葡萄沟灌的土壤计划湿润层深度。

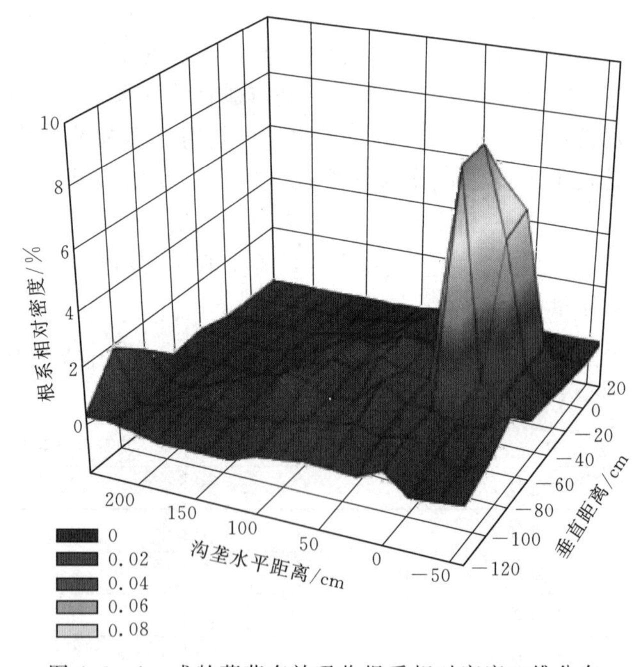

图4.3-1 成龄葡萄有效吸收根系相对密度二维分布

滴灌是一种局部灌溉，把水送到每一颗作物的根部，使每棵作物都得到需要的水量，灌水比较均匀，节约水资源；所需压力低，节约能源；对土壤和地形适应性强，能够实现自动控制，节省劳动力。在综合考虑灌溉水源、滴灌局部灌水特点、成龄葡萄有效吸收根系分布情况、蒸发能力及其试点的土壤质地等因素，吐鲁番地区滴灌葡萄灌水定额是根据灌水4h后，不同灌水定额下土壤水分入渗剖面与实际调查根系分布的匹配情况来确定。鄯善县试验点不同灌水定额土壤水分分布与根系耦合度见图 4.3-2，在灌水定额为 37.5mm 时灌水 4h 后土壤水分分布没超出根系分布范围，而灌水定额为 75.0mm 时灌水 4h 后水分分布已明显超出根系分布范围，只有灌水定额在 52.5mm 时土壤湿润范围与葡萄根系分布范围吻合得较好。为此，确定鄯善县试验点戈壁砾石地成龄葡萄滴灌灌溉制度中灌水定额为 52.5mm。

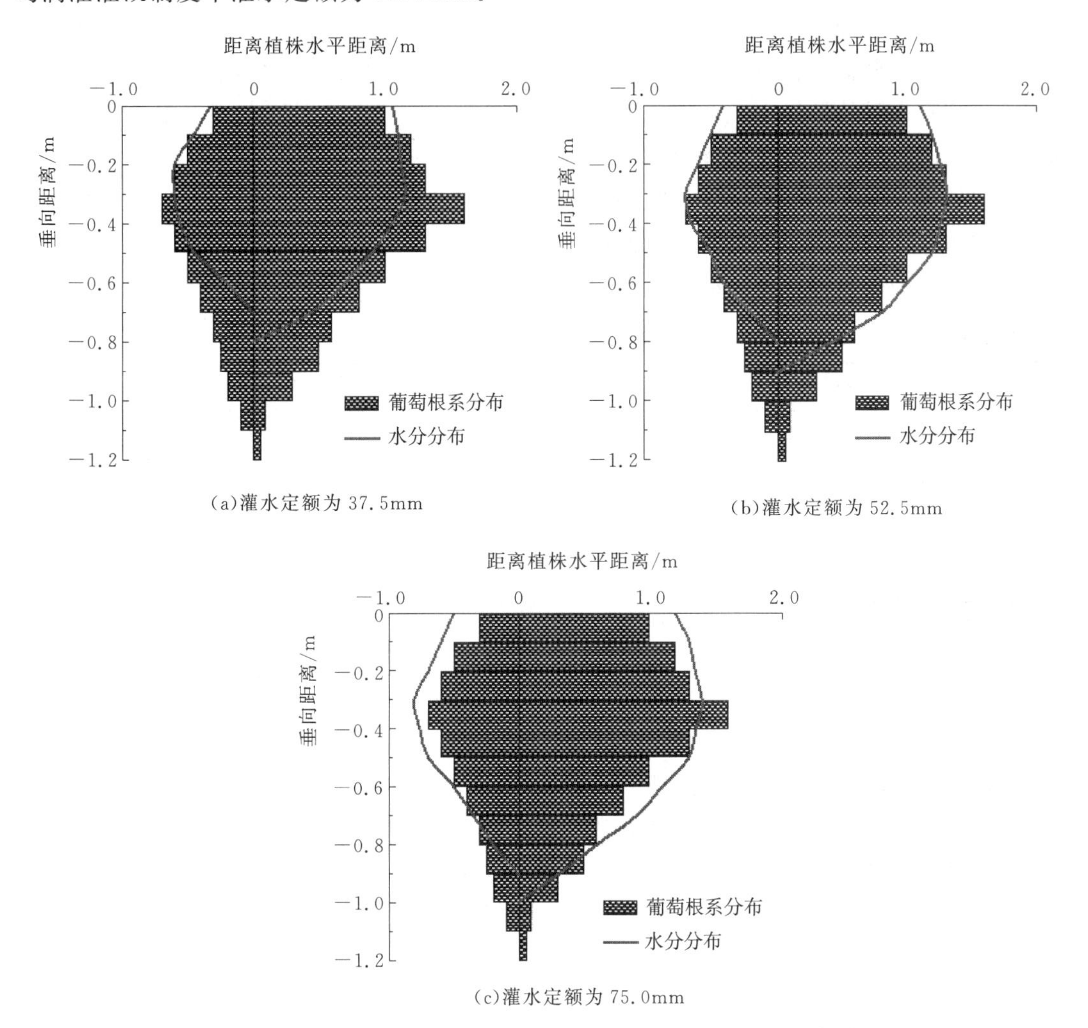

(a)灌水定额为 37.5mm

(b)灌水定额为 52.5mm

(c)灌水定额为 75.0mm

图 4.3-2 鄯善县试验点不同灌水定额土壤水分分布与根系耦合度

2. 不同灌溉方式下用水效率分析

灌溉水利用效率指标综合反映不同尺度灌溉工程状况、用水管理水平和灌溉技术水平等，是正确评估灌溉水有效利用程度及存在问题，评价节水灌溉发展成效的重要基础。本节选择灌溉水分生产率及耗水水分生产率作为用水效率的评价指标，其具体计算公式如下：

$$IWUE = \frac{Y}{I_q} \tag{4.3-2}$$

$$WUE=\frac{Y}{ET} \tag{4.3-3}$$

式中：$IWUE$ 为灌溉水分生产率，kg/m^3；WUE 为耗水水分生产率，kg/m^3；Y 为产量，kg/hm^2；I_q 为灌溉定额，mm；ET 为物候期内实际耗水量，mm。

不同灌溉方式下葡萄耗用水情况见表 4.3-2，与滴灌处理相比，沟灌灌溉定额最高达 2970mm，约为滴灌高水处理灌溉定额 2 倍；沟灌耗水与产量分别为 914mm、27403kg/hm^2，明显低于滴灌中、高水处理，仅比滴灌低水处理分别高 21%、67%；沟灌取水量到耗水量的转换系数及灌溉水分生产率分别为 0.31、0.92kg/m^3，显著低于滴灌各处理；沟灌的耗水水分生产率为 3.00kg/m^3，稍高于滴灌低水处理，但显著低于滴灌中、高水处理。滴灌不同水分处理间相比表明，高水处理耗用水及产量最高，但用水效率不高；中水处理的用水效率最高，而低水处理的产量最低，且用水效率也最低，所以在鄯善县试验点葡萄灌溉推荐采用滴灌中水处理。

表 4.3-2　　不同灌溉方式下葡萄用水情况

灌溉处理	高水	中水	低水	沟灌
灌溉定额/mm	1538	1050	788	2970
耗水总量/mm	1394	1011	756	914
产量/(kg/hm^2)	43226	36695	16423	27403
取水量到耗水量的转换系数	0.91	0.96	0.96	0.31
灌溉水分生产率/(kg/m^3)	2.81	3.49	2.09	0.92
耗水水分生产率/(kg/m^3)	3.10	3.63	2.17	3.00

3. ET 定额与灌溉定额确定

作物 ET 定额的选取是确定区域 ET 定额及水资源定额管理的基础。利用滴灌葡萄的耗水与相应的产量数据构建水分生产函数，作物合理的 ET 定额应介于水分生产率最大时作物经济耗水量和产量达到最大时的理论耗水量之间，见图 4.3-3。作物腾发、渗漏损失及其他水分需求的一部分可依靠降水和土壤水供给，供给不足的部分必须通过灌溉补充。

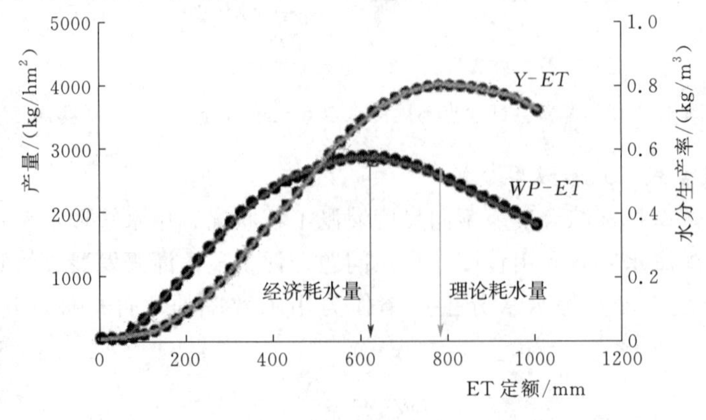

图 4.3-3　ET 定额确定的理论基础

灌溉适时补充土壤水分不足，确保作物正常生长，作物生长过程中需依靠灌溉补充的水量为作物的净灌溉定额。由于吐鲁番地区降水极为稀少，多年平均降雨量仅为16mm，且次降雨多为无效降水，因此该地区滴灌葡萄耗水量与其净灌溉定额值较接近。可见，吐鲁番地区作物灌溉定额推求难点在于确定适宜的由取水量到耗水量的转换系数，以此为基础确定毛灌溉定额。

鄯善县试验点滴灌葡萄产量（Y）及水分生产率（WP）与耗水量（ET）的关系见图4.3-4，随着实际耗水增大，葡萄产量增加；但当实际耗水超过1319mm时，随着实际耗水继续增大，葡萄产量增加减缓，甚至出现产量下降趋势。葡萄水分生产率与实际耗水的关系，类似于葡萄产量与实际耗水的关系，在一定阈值范围内随着实际耗水的增加，葡萄水分生产率增大，但实际耗水超过该阈值葡萄水分生产率增加减缓，甚至造成水分生产率降低。葡萄产量及水分生产率与实际耗水量之间呈较好的抛物线关系，回归方程式如下：

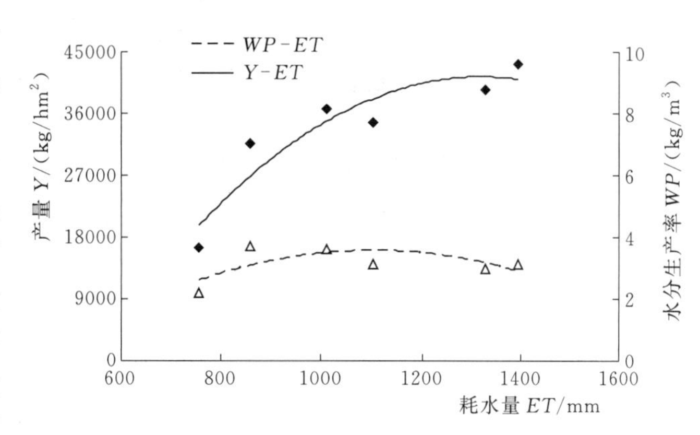

图4.3-4 鄯善县试验点滴灌葡萄产量及水分生产率与耗水量的关系

$$Y = -0.0684ET^2 + 180.429ET - 77624.487, R^2 = 0.87 \quad (4.3-4)$$

$$WP = -0.00000801ET^2 + 0.0177ET - 6.216, R^2 = 0.45 \quad (4.3-5)$$

分别以产量或者水分生产率最高为目标，计算获得鄯善县试验点大田葡萄滴灌的ET定额适宜范围介于1105～1319mm之间。

鄯善县试验点滴灌葡萄耗水量（ET）与灌溉用水量（I）的关系见图4.3-5，随着耗水量的增加其灌溉用水量急剧增加，二者间呈线性关系，具体如下：

$$I = 1.0443ET, R^2 = 0.97 \quad (4.3-6)$$

由公式（4.3-6）可获得鄯善县试验点葡萄滴灌灌溉用水量到耗水量的转换系数为0.96，并结合计算确定的鄯善县试验点大田葡萄滴灌的ET定额，利用公式（4.3-6）计算获得其相应的毛灌溉定额为1153～1376mm。

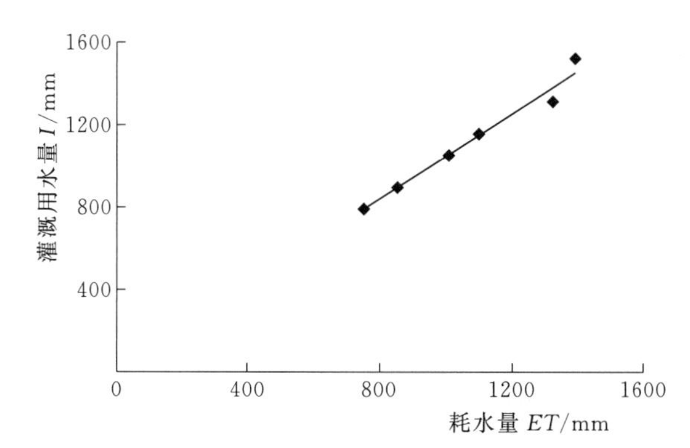

图4.3-5 鄯善县试验点滴灌葡萄耗水量与灌溉用水量的关系

4. 鄯善县试验点葡萄滴灌灌溉制度优化

鄯善县试验点不同滴灌处理下葡萄维生素C、有机酸、糖度及硬度的变化情况见图4.3-6，各处理下葡萄品质指标的变化规律不明显；然而葡萄产量对需水关键期灌溉与否，差异显著，特别是在需水关键期，灌水量增加则产量增加。各处理分析表明，在需水关键期灌水周期为4.5d时各项品质指标与产量情况均较好；在非需水关键期，葡萄生长对灌溉水分多少不十分敏感，不同灌水周期下各项指标差异不大。为此，在非需水关键期减少灌溉，可达到节水增产目的。

综上，拟定了极端干旱区砾石土壤区域成龄葡萄灌溉制度，在保持较高用水效率前提下，葡萄滴灌的灌水定额为52.5mm，需水关键期与非需水关键期的灌水周期分别为3～5d、7～9d，并且埋墩水建议采用传统沟灌，物候期内灌溉定额为1148mm，其灌溉制度详见表4.3-3。另外，根据鄯善县试验点葡萄滴灌的灌溉定额计算成果（1153～1376mm），推荐灌溉制度的灌溉定额为1148mm，可满足葡萄滴灌需水要求。

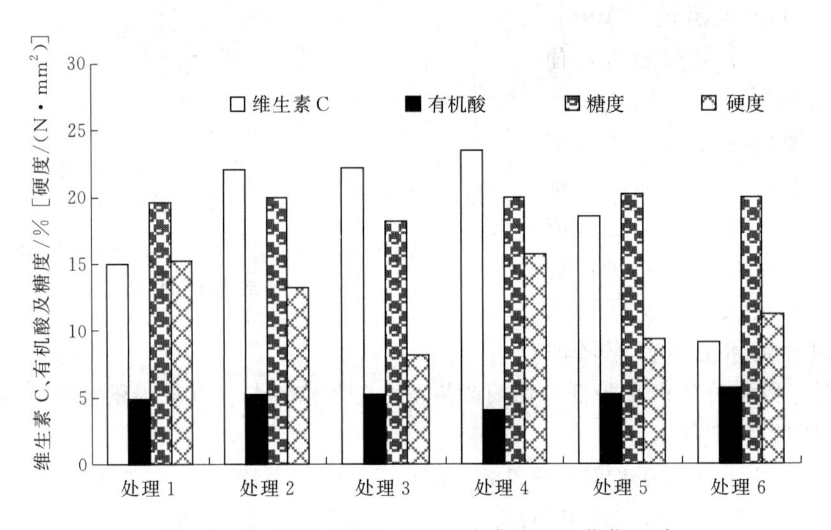

图4.3-6 鄯善县试验点不同滴灌处理下葡萄品质

4.3.1.2 高昌区试验点大田葡萄灌溉制度优化

高昌区试验点除获取适宜灌水定额为45mm外，灌溉处理设置及其田间毛管布置方式都与鄯善县试验点大田葡萄灌溉试验安排完全一致，滴灌灌溉制度试验设计见表4.3-4。

表4.3-3　鄯善县试验点成龄葡萄滴灌灌溉制度

物候期	时间/(月-日)	灌水次数/次	灌水周期/d	灌水定额/mm
萌芽期	4-12	3	9	52.5
开花期	5-15	1	9	
坐果期	5-25	1	9	
果粒膨大期	6-4	7	4.5	
果粒成熟期	7-4	5	9	
枝蔓成熟期	8-28	2	25	
埋墩	10-26	1		150
全年	220d	20		1148

表 4.3-4 高昌区试验点成龄葡萄滴灌灌溉制度试验设计

编号	灌水周期/d		灌水定额/mm	灌溉定额/mm
	需水关键期	非需水关键期		
处理 1	4.5	4.5	45	1230
处理 2	4.5	9		1163
处理 3	4.5	13.5		900
处理 4	9	9		1050
处理 5	9	13.5		795
处理 6	13.5	13.5		675

1. 滴灌灌水定额确定

研究方法与鄯善县试验点滴灌灌水定额确定方法相同，根据滴灌灌水 4h 后湿润峰运移与成龄葡萄根系实际分布进行叠加分析。由于在黏壤土区，土壤持水性能好，葡萄根系分布范围较小且集中，水分利用率较高，灌水定额在 45mm 时土壤水分湿润范围与根系实际分布吻合较好。为此，确定高昌区试验点成龄葡萄滴灌灌溉制度中灌水定额为 45mm。

2. 不同灌溉方式下用水效率分析

不同灌溉方式下葡萄耗用水情况见表 4.3-5，与滴灌处理相比，沟灌灌溉定额与耗水总量分别高达 1800mm、1242mm，分别约为滴灌高水处理 1.46 倍、1.06 倍；沟灌的产量 49491kg/hm^2，明显低于滴灌中、高水处理，约为滴灌低水处理的 1.07 倍；沟灌取水量到耗水量的转换系数、灌溉水分生产率与耗水水分生产率分别为 0.69、2.75kg/m^3、3.98kg/m^3，都显著小于滴灌低水处理，表明传统沟灌方式下灌溉用水浪费严重，与当地水资源紧缺形势极不适应。在滴灌不同水分处理中，高水处理耗水最高达 1175mm，但产量及耗水水分生产率较低，分别为 61719kg/hm^2、5.25kg/m^3；低水处理的用水效率最高，其中灌溉水分生产率与耗水水分生产率分别为 6.85kg/m^3、7.33kg/m^3，产量居中；而中水处理的产量最高达 65512kg/hm^2，用水效率居中。以耗水较低、用水效率较高，并保证一定产量为原则，在高昌区试验点推荐采用滴灌中低水处理。

表 4.3-5 不同灌溉方式下葡萄耗用水情况

灌溉处理	高水	中水	低水	沟灌
灌溉定额/mm	1230	1050	675	1800
耗水总量/mm	1175	978	632	1242
产量/(kg/hm^2)	61719	65512	46269	49491
取水量到耗水量的转换系数	0.95	0.93	0.94	0.69
灌溉水分生产率/(kg/m^3)	5.02	6.24	6.85	2.75
耗水水分生产率/(kg/m^3)	5.25	6.70	7.33	3.98

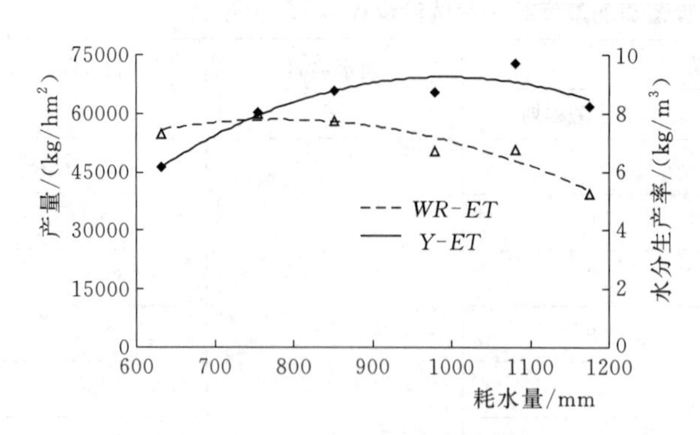

图 4.3-7 高昌区试验点滴灌葡萄产量及水分生产率与耗水量的关系

3. ET定额与灌溉定额确定

高昌区试验点滴灌葡萄产量及水分生产率与耗水量的关系见图 4.3-7，葡萄水分生产率（WP）与实际耗水（ET）的关系，类似于葡萄产量（Y）与实际耗水（ET）的关系，在一定阈值范围内随着实际耗水的增加，葡萄水分生产率增大，但实际耗水超过该阈值，葡萄水分生产率增加减缓，甚至造成水分生产率降低。葡萄产量及葡萄水分生产率与实际耗水量之间呈较好的抛物线关系，回归方程式如下：

$$Y=-0.176ET^2+348.763ET-103819.085, R^2=0.89 \quad (4.3-7)$$

$$WP=-0.0000156ET^2+0.0244ET-1.753, R^2=0.91 \quad (4.3-8)$$

分别以产量或者水分生产率最高为目标，计算获得高昌区试验点大田葡萄滴灌的 ET 定额范围介于 782～991mm 之间。

高昌区试验点滴灌葡萄耗水量与灌溉用水量的关系见图 4.3-8，随着耗水量的增加其灌溉用水量急剧增加，二者间呈线性关系，具体如下：

$$I=1.062ET, \quad R^2=0.99 \quad (4.3-9)$$

由公式（4.3-9）可获得高昌区试验点葡萄滴灌灌溉取水量到耗水量的转换系数为 0.94，并结合计算确定的高昌区试验点大田葡萄滴灌的 ET 定额，利用公式（4.3-9）计算获得其相应的毛灌溉定额为 816～1034mm。

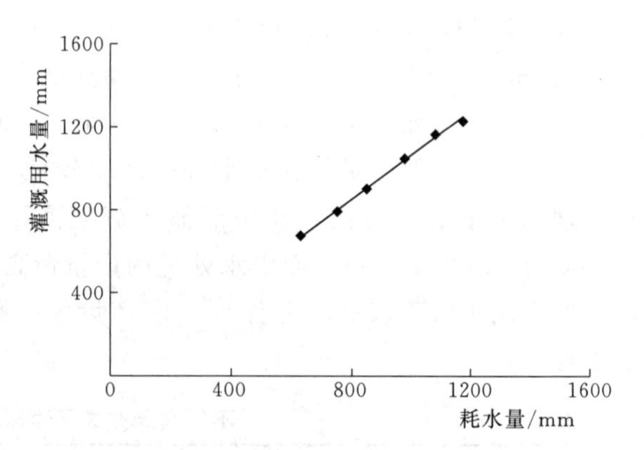

图 4.3-8 高昌区试验点滴灌葡萄耗水量与灌溉用水量的关系

4. 高昌区试验点葡萄滴灌灌溉制度优化

高昌区试验点不同滴灌处理下葡萄维生素 C、有机酸与糖度的变化情况见图 4.3-9，随着灌溉水量减少，葡萄维生素 C 含量呈增加趋势，而后随着灌溉量继续下降，葡萄维生素 C 含量降低；而葡萄有机酸的变化趋势与葡萄维生素 C 变化趋势呈相反趋势，即在灌溉水量过多或过少时，葡萄有机酸含量都呈增加趋势；除在灌溉水量过多会降低葡萄含糖量外，葡萄含糖量在其他处理间变化不明显。可见，与高水处理相比，在中、低水处理下葡萄品质较好。另外，前述葡萄灌溉用水效率与耗用水定额研究表明：①以耗水较低、用水效率较高，并保证一定产量为原则，在高昌区试验点推荐采用滴灌中、低水处理；②高昌区试验点葡萄滴灌的毛灌溉定额为816～1034mm。

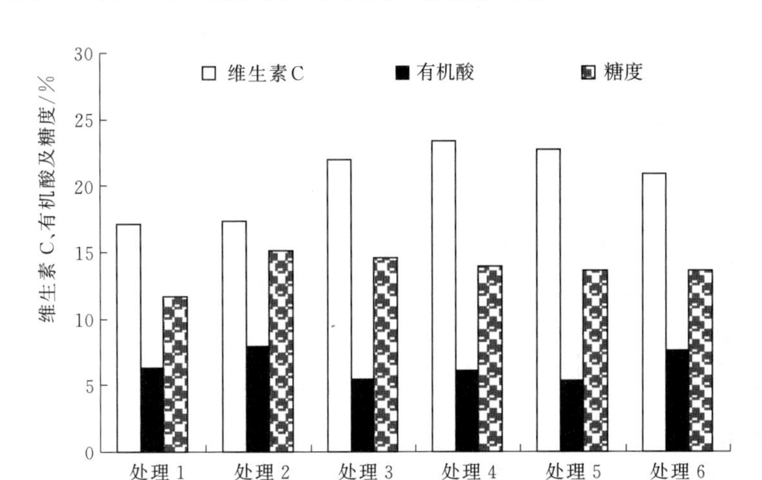

图4.3-9 高昌区试验点不同滴灌处理下葡萄品质

综上，拟定了极端干旱区壤土区域成龄葡萄的灌溉制度，即葡萄滴灌的灌水定额为45mm，需水关键期与非需水关键期的灌水周期分别为5～7d、9～13d，并且埋墩水建议采用传统沟灌，物候期内灌溉定额为1005mm，灌溉制度详见表4.3-6。

表4.3-6 高昌区试验点成龄葡萄滴灌灌溉制度

物候期	时间/(月-日)	灌水次数/次	灌水周期/d	灌水定额/mm
萌芽期	4-5	4	9	45
开花期	5-5	1	9	
坐果期	5-15	1	9	
果粒膨大期	5-25	7	4.5	
果粒成熟期	6-24	4	9	
枝蔓成熟期	8-18	2	25	
埋墩	10-15	1		150
全年	215d	20		1005

4.3.2 温室大棚蔬菜灌溉制度优化

1. 温室大棚滴灌番茄灌溉制度优化

吐鲁番地区日光温室番茄植株生长所需水分完全依赖灌溉。依据生育期内需水量的计算成果，并考虑番茄自身生长发育规律、滴灌性能特点及试验温室土壤质地等因素，推荐的日光温室番茄灌溉制度见表4.3-7，生育期内灌水13次，净灌水定额为20～30mm（亩均灌水定额为13～20m^3），净灌溉定额为355mm（亩均净灌溉定额为237m^3）；与现状净灌溉定额550mm相比，灌溉用水量减少195mm。可见，采用推荐的灌溉制度，节水效益显著。

表 4.3-7 吐鲁番地区日光温室番茄的灌溉制度推荐

生育时段	起始日期 /(月-日)	净灌水定额 /mm	灌水次数 /次	灌水周期 /d	净灌溉定额 /mm
生长初期	2-8	20	2	13	40
快速发育期	3-6	30	4	8.5	120
生育中期	4-9	30	4	8.5	120
成熟期	5-13	25	3	8	75
合 计			13		355

2. 温室大棚沟灌黄瓜灌溉制度优化

依据生育期内需水量的计算成果，并考虑黄瓜自身生长发育规律、沟灌特点及土壤质地等因素，推荐的日光温室夏秋茬黄瓜的灌溉制度见表 4.3-8，生育期内灌水 9 次，净灌水定额为 40mm（亩均灌水定额为 27m^3），净灌溉定额为 360mm（亩均灌溉定额约为 243m^3）；与现状净灌溉定额 810mm 相比，灌溉用水量减少 450mm。

表 4.3-8 吐鲁番地区日光温室夏秋茬黄瓜的灌溉制度推荐

生育时段	起始日期 /(月-日)	净灌水定额 /mm	灌水次数 /次	灌水周期 /d	净灌溉定额 /mm
生长初期	7-11	40	1	17	40
快速发育期	7-29	40	3	9	120
生育中期	8-26	40	4	9	160
成熟期	10-2	40	1	14	40
合 计			9		360

3. 温室大棚畦灌小白菜灌溉制度优化

依据生育期内需水量的计算成果，并考虑小白菜自身生长发育规律、畦灌特点及土壤质地等因素，推荐的日光温室秋冬茬小白菜的灌溉制度见表 4.3-9，生育期内灌水 2 次，净灌水定额为 45mm（亩均灌水定额为 30m^3），净灌溉定额为 90mm（亩均灌溉定额为 60m^3）；与现状净灌溉定额 150mm 相比，灌溉用水量减少 60mm。

表 4.3-9 吐鲁番地区日光温室秋冬茬小白菜的灌溉制度推荐

生育时段	起始日期 /(月-日)	净灌水定额 /mm	灌水次数 /次	灌水周期 /d	净灌溉定额 /mm
生长初期	10-20	45	1	17	45
快速发育期	11-1	45	1	44	45
生育中期	11-20				

续表

生育时段	起始日期/(月-日)	净灌水定额/mm	灌水次数/次	灌水周期/d	净灌溉定额/mm
成熟期	12-15				
合　计			2		90

4.4 基于耗水控制的典型作物节水效果评价

吐鲁番盆地干燥少雨，日照充足，适合发展农业生产，但水资源不足成为制约当地农业生产发展的“瓶颈”。为打破这一“瓶颈”，尽快提高农民收入，2008年，吐鲁番地委、行署提出“强农、兴工、促旅、活水、宜居、育人”等六大战略目标，以设施农业作为支点，将发展节水型农业作为“撬杠”，提升吐鲁番地区整体经济水平，并出台了许多优惠政策，引导投资商、企业、农户大力发展设施农业。近年来，吐鲁番地区设施农业实现了跨越式发展，在数量、质量、效益上都取得了明显突破，到2014年能种植的标准温室数量达39473座。随着设施农业发展面积的不断扩大，设施农业灌溉用水量剧增，加之传统的“水菜”观念，蔬菜灌溉用水的浪费现象十分严重，更加剧了水资源本已十分紧缺的压力。

吐鲁番地区设施农业发展势头比较好，但大棚蔬菜节水研究工作严重滞后，与该地区水资源紧缺形势不相适应，亟待开展相关研究工作，进一步搞清采用节水灌溉制度与现状用水管理水平下大棚蔬菜的节水效果；并与大田葡萄相比，大棚蔬菜资源性节水潜力与工程性节水潜力有多大？大棚蔬菜节水效果评价等相关研究成果获得，可为吐鲁番地区水资源规划、农业规划及种植结构调整提供基础数据支撑，同时也可为设施蔬菜科学灌溉提供技术指导，相关成果推广应用对促进该地区水资源持续有效利用具有重要理论与现实意义。

4.4.1 采用推荐大棚蔬菜灌溉制度的工程性节水潜力

采用推荐大棚蔬菜灌溉制度，大棚滴灌、沟灌与畦灌的灌溉水有效利用系数分别为0.95、0.90、0.85，以此为基础探讨了推荐灌溉制度与现状灌溉制度工程性节水潜力，即灌溉取水量的节水量，见表4.4-1。大棚蔬菜中番茄、黄瓜与小白菜的亩均耗水定额分别为240m^3、240m^3、55m^3，合计535m^3；而大棚蔬菜中番茄、黄瓜与小白菜的现状亩均灌溉定额分别为367m^3、540m^3、100m^3，合计1007m^3；在现状用水管理水平下，大棚蔬菜中滴灌番茄、沟灌黄瓜与畦灌小白菜由取水量到耗水量的转换系数分别为0.65、0.44、0.55，而一年中大棚蔬菜由取水量到耗水量的转换系数仅为0.53。采用推荐的灌溉制度，大棚蔬菜中番茄、黄瓜与小白菜的推荐的亩均毛灌溉定额分别为249m^3、270m^3、70m^3，合计589m^3；其相应的由取水量到耗水量的转换系数由现状0.53提高到0.87。与现状灌溉用水管理水平相比，采用推荐的灌溉制度，大棚蔬菜中滴灌番茄、沟灌黄瓜与畦灌小白菜的亩均工程性节水潜力分别为118m^3、270m^3、30m^3，合计418m^3。可见，大棚蔬菜采用推荐的灌溉制度，大棚蔬菜三茬种植模式与二茬种植模式的亩均灌溉用水量分别减少了388m³、418m³，工程性节水效果显著。

表 4.4-1　　采用推荐大棚蔬菜灌溉制度的工程性节水潜力　　单位：m³

种植作物	番茄	黄瓜	小白菜	合计
生育时段	2月8日至 6月3日	7月11月至 10月15日	10月20日至 12月20日	2月8日至 12月20日
亩耗水定额	240	240	55	535
现状亩灌溉定额	367	540	100	1007
推荐亩净灌溉定额	237	243	60	540
推荐亩毛灌溉定额	249	270	70	589
工程性节水潜力	118	270	30	418

4.4.2　采用推荐大棚蔬菜灌溉制度较大田葡萄滴灌的节水潜力

1. 大田葡萄滴灌下耗用水量

试验表明，大田葡萄滴灌的耗用水定额成果，即在砂壤土情况下亩均灌溉定额与亩均耗水定额分别为665m³、638m³；在黏壤土情况下亩均灌溉定额与亩均耗水定额分别为570m³、537m³。根据吐鲁番地区土壤分布情况，并参考实地调研结果，同时考虑全区定额折算合理性及可行性等因素，把吐鲁番地区的土壤类型归并为黏壤土和砂壤土，即灌漠土、潮土、灌淤土等归类为黏壤土，而其他土壤类型如风沙土、棕漠土等归类为砂壤土。吐鲁番地区各区县土壤类型分布情况见表4.4-2，鄯善县砂壤土与黏壤土的面积分别为856万亩、1277万亩；高昌区砂壤土与黏壤土的面积分别为584万亩、1199万亩；托克逊县砂壤土与黏壤土的面积分别为43万亩、21万亩。

表 4.4-2　　吐鲁番地区各区县土壤类型分布情况

土壤类型	鄯善县		高昌区		托克逊县	
	面积/万亩	百分比/%	面积/万亩	百分比/%	面积/万亩	百分比/%
砂壤土	856	40	584	33	43	67
黏壤土	1277	60	1199	67	21	33
合计	2133	100	1783	100	64	100

按照各区县不同土壤类型面积进行加权平均计算，获得鄯善县、高昌区及托克逊县的大田葡萄滴灌的亩均灌溉定额分别为608m³、601m³、634m³；而鄯善县、高昌区及托克逊县的大田葡萄滴灌的亩均耗水定额分别为577m³、570m³、605m³；在整个吐鲁番地区大田葡萄滴灌下亩均灌溉定额与亩均耗水定额分别为605m³、575m³，其中亩均灌溉定额若再考虑加上埋墩水100m³，大田葡萄滴灌下亩均灌溉定额最终应为705m³。具体见表4.4-3。

表 4.4-3　吐鲁番地区各区县大田葡萄滴灌耗用水量　单位：m^3

耗用水定额	鄯善县	高昌区	托克逊县	全区
亩均灌溉定额	608	601	634	605
亩均耗水定额	577	570	605	575

2. 大棚蔬菜节水效果分析

吐鲁番地区大棚蔬菜主要采用大棚二茬种植模式，即冬春茬、夏秋茬为主；为了进一步提高大棚产出，少数大棚种植户增加了秋冬茬种植，即采用大棚三茬种植模式。为此，在农业节水规划或者水资源规划等大棚蔬菜耗用水量的计算分析中，建议在现状年采用大棚二茬种植模式；而在未来规划方案中，根据区域经济发展需要，从节省土地资源等方面考虑，建议大棚蔬菜采用大棚三茬种植模式。

在大棚蔬菜采用推荐的灌溉制度较大田葡萄滴灌的节水效果分析中，分别考虑大棚三茬种植模式与大棚二茬种植模式两种情况，其资源性节水潜力分析见表 4.4-4，而工程性节水潜力分析见表 4.4-5。与全区大田葡萄滴灌的亩均耗水定额为 575m^3 相比，大棚三茬种植模式与大棚二茬种植模式的亩均耗水定额分别为 535m^3、480m^3，其相应的亩均资源性节水潜力分别为 40m^3、95m^3；与全区大田葡萄滴灌的亩均灌溉定额为 705m^3 相比，大棚三茬种植模式与大棚二茬种植模式的亩均灌溉定额分别为 589m^3、519m^3，其相应的亩均工程性节水潜力分别为 116m^3、186m^3。可见，与大田葡萄滴灌相比，大棚蔬菜采用推荐的灌溉制度，不管是大棚三茬种植模式还是大棚二茬种植模式，其资源性与工程性节水的潜力都较大；并且与大棚三茬种植模式的亩均耗用水量相比，采用大棚二茬种植模式的工程性节水潜力与资源性节水潜力分别为 70m^3、55m^3。

表 4.4-4　大棚蔬菜采用推荐的灌溉制度较大田葡萄滴灌的资源性节水潜力　单位：m^3

项　目	大田葡萄滴灌	大棚三茬种植	大棚二茬种植
亩均耗水定额	575	535	480
亩均资源性节水潜力	—	40	95

表 4.4-5　大棚蔬菜采用推荐的灌溉制度较大田葡萄滴灌的工程性节水潜力　单位：m^3

项　目	大田葡萄滴灌	大棚三茬种植	大棚二茬种植
亩均灌溉定额	705	589	519
亩均工程性节水潜力	—	116	186

4.5 农田耗水量与取水量转换关系

4.5.1 影响由取水量到耗水量转换的关键因子

影响由取水量到耗水量转换的关键因子如下：水源条件、灌溉技术、管理水平、土壤质地、地形地貌、作物种类与种植结构。根据吐鲁番地区气候特征，多年平均降水量仅为16mm，但干旱性的气候使得吐鲁番地区蒸发强烈，水面蒸发能力达1800mm。可见，吐鲁番地区属于灌溉农业，并且农作物耗水也全部来自灌溉。在吐鲁番地区特定气候条件下，由取水量到耗水量的转换系数即为耗水量与毛灌溉定额的比值，具体计算公式如下：

$$\delta=\frac{ET}{I_q} \tag{4.5-1}$$

式中：δ为取水量到耗水量的转换系数；ET为作物生育期内的耗水量，mm；I_q为作物生育期内的毛灌溉定额。

根据公式（4.5-1），在农作物耗水变化不大情况下，为提高由取水量到耗水量的转换系数，主要考虑减少灌溉用水量的损失，一是减少灌溉渠系（管道）输水过程中的水量损失；二是减少末级渠道到田间输水过程中的水量损失；三是减少后期土壤储水量。

4.5.2 转换系数推荐

收集获得的鄯善县二塘沟流域30个机电井灌溉定额监测数据表明，葡萄亩均灌溉定额约为1008m^3，瓜套棉亩均灌溉定额约为998m^3，棉花亩均灌溉定额为1054m^3，二季瓜亩均灌溉定额为1327m^3，一季瓜亩均灌溉定额为629m^3。

通过定额监测试验获得主要农作物亩均灌溉定额数据，同时通过ETWatch模型计算获得遥感耗水数据，以此为基础计算纯井灌区现状的转换系数。在转换计算中，核心是确定机电井灌溉控制面积。在本研究中，利用各机电井的经纬度确定其在Google Earth上的位置（图4.5-1～图4.5-3用图钉标记），结合同期土地利用矢量数据，并参考地籍数据等，采用手工矢量化方法获得各主要农作物灌溉的控制面积。具体见图4.5-1～图4.5-3。

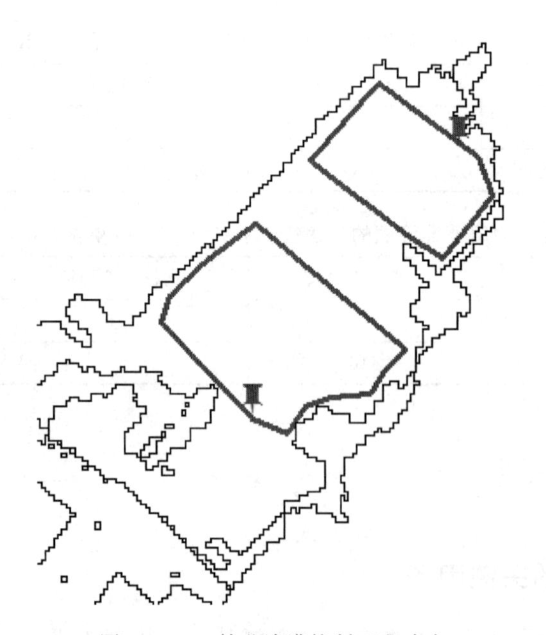

图4.5-1 棉花滴灌控制面积确定

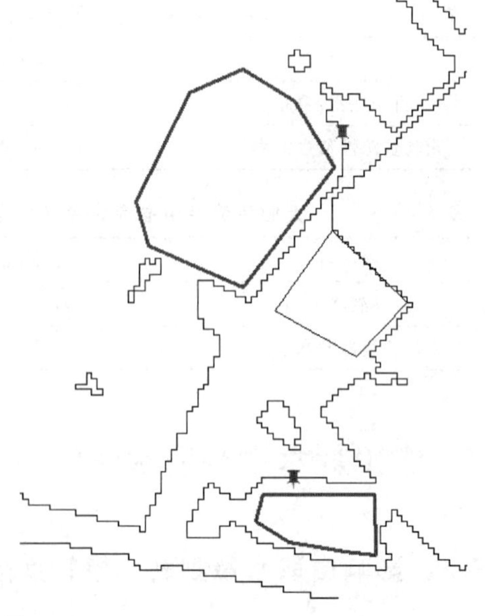

图4.5-2 瓜套棉滴灌控制面积确定

由图 4.5－1～图 4.5－3 可看出，棉花处于苗期，与周围土壤的纹理较接近；瓜类秧苗匍匐于地面，沟垄间隔不明显，其纹理较均一；而大田葡萄采用小拱棚种植，种植沟较深，垄间距较大，其纹理呈窄条状。可见，不同土地利用下各机电井灌溉地块边界较清楚，在此基础上进行手工矢量化能保证局部控制面积属于选定机电井灌溉区域，所以采用该方法确定各机电井灌溉局部控制面积是科学的，更是可行的。

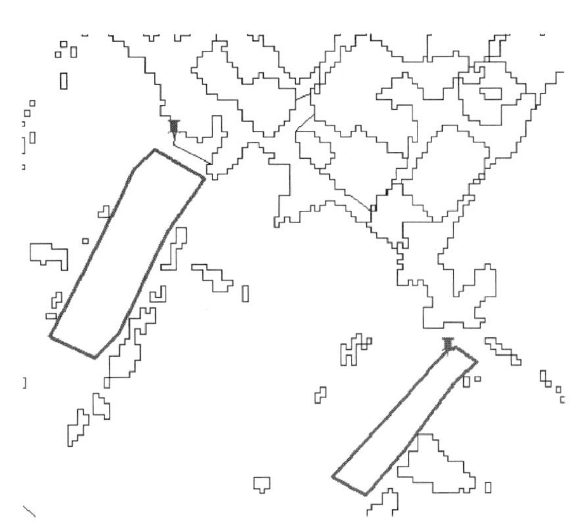

图 4.5－3　大田葡萄沟灌控制面积确定

利用上述方法确定了各机电井灌溉局部控制面积，并以 GIS 工具为技术支持，计算各机电井涉及的局部控制面积上 ET 均值，并结合实际监测的各机电井控制面积下单位面积的灌水量值，初步计算获得不同土壤类型不同灌溉方式下各主要农作物的转换系数，见表 4.5－1。根据遥感耗水量与实际调查的亩均灌溉定额，获得纯井灌区的转换系数，其中瓜套棉、瓜类与棉花的转换系数偏低，仅为 0.21～0.57；而葡萄的转换系数为 0.44～0.64。另外，采用显著性分析方法表明，不同土壤及不同灌溉方式下转换系数差异不显著。《2012 年度全国灌溉用水有效利用系数测算分析报告》中，全疆的灌溉水利用系数为 0.499，其中大型、中型及小型灌区的灌溉水有效利用系数分别为 0.471、0.520、0.592，而纯井灌区为 0.799。可见，通过上述方法计算获得不同土壤类型不同灌溉方式下各主要作物的转换系数，比全国灌溉水有效利用系数测算中全疆纯井灌区的转换系数要低，主要是当地农业用水管理水平偏低所致。由上也可以看出，采用滴灌方式下的转换系数总体偏低，说明在实际操作中没有严格按照滴灌灌溉制度灌溉，灌水定额偏大或者生育期内灌水次数多，水资源浪费严重。为此，为提高该区域农业用水管理水平，现状的由取水量到耗水量的转换系数计算值只能作为现状用水管理水平考核指标，但是不能作为转换系数的推荐值。

表 4.5－1　不同土壤类型不同灌溉方式下各主要农作物的转换系数

作物类型	灌溉方式	土壤类型	亩灌溉定额/m^3	亩均耗水/m^3	转换系数
瓜套棉	滴灌	黏壤土	1041	328	0.32
		砂壤土	789	338	0.43
瓜类	滴灌	黏壤土	629	358	0.57
葡萄	滴灌	黏壤土	867	552	0.64
		砂壤土	1129	499	0.44
	沟灌	黏壤土	985	538	0.55
		砂壤土	1057	570	0.54
棉花	滴灌	黏壤土	1012	215	0.21

葡萄灌溉试验的灌溉水利用系数见表4.5-2，不同土壤类型滴灌条件下转换系数都在0.94以上；而沟灌条件下黏壤土、砂壤土的转换系数分别为0.69、0.31。可见，在农业用水管理水平较高的前提下，滴灌的转换系数较沟灌高，另外在沟灌条件下黏壤土较砂壤土高。在实际生产中，瓜套棉、瓜类、棉花及大田葡萄等主要农作物滴灌条件下的转换系数仅为0.21～0.64，明显小于田间试验的结果。

表4.5-2　　葡萄灌溉试验的灌溉水利用系数

灌溉方式	土壤类型	灌溉水利用系数	灌溉方式	土壤类型	灌溉水利用系数
滴灌	黏壤土	0.94	沟灌	黏壤土	0.69
	砂壤土	0.96		砂壤土	0.31

综上所述，通过田间定额监测试验获得主要农作物亩均灌溉定额数据，同时结合遥感反演的耗水数据，及利用Google Earth和GIS等工具为技术支持获得主要农作物控制面积数据，初步计算了纯井灌区现状条件下由取水量到耗水量的转换系数；在总结《2012年度全国灌溉用水有效利用系数测算分析报告》以及葡萄灌溉试验中转换系数值等成果基础上，并兼顾较高农业用水管理水平的实际需求，推荐在实际生产与田间试验中获得的转换系数较高值。其中纯井灌区由取水量到耗水量的转换系数推荐值见表4.5-3，推荐纯井滴灌下的转换系数为0.94，即在田间试验中滴灌的转换系数高达0.94；纯井沟灌砂壤土的转换系数为0.54，即在实际生产中高达0.54；纯井沟灌黏壤土下的转换系数为0.69，采用田间试验的结果。由于缺乏渠道流量监测数据及渠道控制面积等资料，在本书中未对地表水灌区的转换系数进行计算；因此在地表水灌区不同灌溉方式下的转换系数，应根据各渠系水有效利用系数实际值，对纯井灌区的转换系数进行修正后再应用。

采用推荐的大棚三茬种植模式下亩均耗水定额与灌溉定额分别为535m^3、589m^3，转换系数为0.87；采用推荐的大棚二茬种植模式下亩均耗水定额与灌溉定额分别为480m^3、519m^3，转换系数为0.92。

表4.5-3　　吐鲁番地区纯井灌区转换系数推荐值

灌溉方式	土壤类型	转换系数	灌溉方式	土壤类型	转换系数
滴灌	黏壤土	0.94	沟灌	黏壤土	0.69
	砂壤土	0.94		砂壤土	0.54

4.6 小结

选择吐鲁番地区大田葡萄和大棚蔬菜为研究对象，利用田间灌溉试验数据如灌溉量、耗水量、产量及气象资料等，开展了极端干旱区大田葡萄与温室蔬菜的耗水特征及其灌溉制度优化等方面的研究工作，获得主要结论如下：

（1）葡萄日均耗水强度在生育期内呈单峰曲线，由萌芽期增大，至花期或果实膨大期达极大值，为4.7～9.4mm，随后降低，耗水的关键生育时段为展叶期、果实膨大期与果粒成熟期；与常规沟灌灌溉定额高相比，大田葡萄采用滴灌用水效率高，其生育期耗水总量为 750～1400mm。

（2）根据构建葡萄水分生产函数，确定大田葡萄 ET 定额应介于水分生产率最大时的经济耗水量和产量达到最大时的理论耗水量之间。在成龄葡萄滴灌灌溉制度制定过程中，主要依据葡萄需水关键期与否设置相应的灌水周期。鄯善县试验点大田葡萄滴灌灌水定额为 52.5mm，耗水定额与灌溉定额分别为 1105～1319mm、1153～1376mm，推荐的灌溉制度为生育期内灌水 20 次，灌溉定额为 1148mm；高昌区试验点大田葡萄滴灌灌水定额为 45mm，耗水定额与灌溉定额分别为 782～991mm、816～1034mm，推荐的灌溉制度为生育期内灌水 20 次，灌溉定额为 1005mm。

（3）采用修正后 P－M 模型估算了吐鲁番地区日光温室条件下参照作物需水量，同时采用 FAO 推荐的分段单值平均作物系数法计算作物系数，利用作物系数法估算日光温室蔬菜需水量；依据日光温室蔬菜需水量计算成果，并综合考虑蔬菜自身生长发育规律、相应灌溉方式性能特点及土壤质地等因素，提出了吐鲁番地区日光温室蔬菜灌溉制度。

1）日光温室冬春茬番茄滴灌的灌溉制度：生育期内灌水 13 次，净灌水定额为 20～30mm，净灌溉定额为 355mm，即亩均净灌溉定额为 237m^3。

2）日光温室夏秋茬黄瓜沟灌的灌溉制度：生育期内灌水 9 次，净灌水定额为 40mm，净灌溉定额为 360mm，即亩均灌溉定额约为 243m^3。

3）日光温室秋冬茬小白菜畦灌的灌溉制度：生育期内灌水 2 次，净灌水定额为 45mm，净灌溉定额为 90mm，即亩均灌溉定额为 60m^3。

（4）依据修正后 P－M 公式计算大棚蔬菜的需水量，并考虑不同蔬菜品种自身生长发育规律、各种灌溉方式特点及其土壤质地等因素，推算获得大棚蔬菜推荐的灌溉制度，同时结合水表实际计量的灌溉用水量，以此为基础分析了采用推荐的灌溉制度与现状用水管理水平下大棚蔬菜的工程性节水潜力；根据大田葡萄滴灌试验研究成果，结合吐鲁番地区土壤分布情况，计算得到全地区大田葡萄滴灌耗水定额与灌溉用水定额，在此基础上分析了大棚蔬菜采用推荐的灌溉制度较大田葡萄滴灌的节水潜力。与大田葡萄滴灌相比，大棚蔬菜采用推荐的灌溉制度，大棚蔬菜三茬种植模式与二茬种植模式的亩均灌溉用水量分别减少了 116m^3、186m^3，大棚蔬菜三茬种植模式与二茬种植模式的亩均耗水量分别减少了 40m^3、95m^3。

（5）影响由取水量到耗水量转换的关键因子包括：水源条件、灌溉技术、管理水平、土壤质地、地形地貌、作物种类与种植结构。根据吐鲁番地区气候特征，多年平均降水量仅为 16mm，但干旱性的气候使得吐鲁番地区蒸发强烈，水面蒸发能力达 1800mm，所以吐鲁番市农作物耗水也全部来自灌溉，吐鲁番取水量到耗水量的转换系数即为耗水量与毛灌溉定额的比值。推荐纯井滴灌下的转换系数为 0.94，纯井沟灌砂壤土的转换系数为 0.54，而纯井沟灌黏壤土的转换系数为 0.69；推荐大棚蔬菜三茬种植模式与二茬种植模式的转换系数分别为 0.87、0.92；由于缺乏相关数据，针对地表水灌区的转换系数，应根据各渠系水有效利用系数，对纯井灌区的转换系数进行修正后再应用。

第5章

基于耗水红线的农业节水发展规模分析方法

5.1 传统农业节水发展规模确定理念及方法

传统农业节水规划遵循传统规划的思路，按照水资源“以供定需”“供需平衡”的基本原则，通过各行业需水定额确定总需水量，并通过调整不同目标年的需水定额实现水资源供需平衡来确定相应目标年的农业节水发展目标。确定农业节水发展目标后，再根据不同工程措施的典型设计，估算不同工程措施或节水模式的发展规模，在此基础上，通过估算工程的投入产出效益来评价整个规划的经济效益。

5.1.1 水资源供需平衡分析方法

水资源是农业规模发展的基础。在做传统农业节水发展规划时，基础是农业水资源的供需平衡分析，即通过可供水量与需水量进行比较，计算区域内余水量、缺水量。可供水量是根据各地区水资源和来水条件、需水情况以及供水系统的运行情况，在满足河道内和地下水系统生态环境用水要求的前提下，可供河道外使用的水量，主要包括当地地表水、地下水、外流域调水和其他水源的可供水量。需水量按行业分，包括生产、生态和生活需水量，其中生产需水量包括工业和农业需水量。通常的农业节水发展规划，对需水量的分析和预测一般采用定额法，即：各行业单位用水定额乘以用水规模，然后各行业用水总量之和即为总需水量。在体现节水程度不同的时候，定额分析会结合灌溉水有效利用系数或用水效率。

5.1.2 农业节水方案确定方法

目标年农业节水发展目标是农业节水发展规划的核心。现有规划采用的方法是在明确目标年农业可供水量的前提下，通过加大农业节水改造提高灌溉水利用效率，同时辅以退减高耗水作物播种面积的措施，在此基础上，通过逐步实现退耕还水的措施，从总体规模上建设农作物播种面积，从而力争在目标年实现农业水资源供需平衡。其基本方法可以用公式（5.1－1）表示：

$$
\begin{aligned}
Q_{AD_t} &= \sum_i A_i q_i \\
Q_{ADt} &\leqslant Q_{\text{target}-A_t}
\end{aligned}
\qquad (5.1-1)
$$

式中：Q_{AD_t} 为目标年 t 年农业需水总量；A_i 为作物 i 的播种面积；q_i 为作物 i 的当年毛灌溉定额；$Q_{\text{target}-A_t}$ 为目标年 t 年农业总需水控制目标。

为了满足目标年的农业需水控制目标，通常的手段是提高灌溉水有效利用系数、改变作物种植结构或者缩减灌溉农业的发展规模。这就涉及计算农业节水潜力的方法。

传统的农业节水潜力将节水量看作工程取水减少量。其计算的基本原则为：目标年灌溉定额的减少单纯通过提高灌溉水利用系数来实现，而并没有考虑净灌溉定额的减少。

农业节水量的计算公式为

$$\Delta Q_{节} = Q_{I现状} - Q_{I目标} \tag{5.1-2}$$

$$Q_I = A \cdot I_{毛} \tag{5.1-3}$$

式中：$\Delta Q_{节}$ 为工程节水量；$Q_{I现状}$ 为现状灌溉水量；$Q_{I目标}$ 为目标年灌溉水量；A 为灌溉面积；$I_{毛}$ 为毛灌溉定额。

5.1.3 传统方法存在的问题

传统的农业节水发展规划所用的分析方法在区域尺度上基本上能反映地区农业用水的现状和趋势，对地方农业发展也能起到较强的指导作用。但是，如果从耗水的角度来分析，可能还存在一些问题：

（1）可供水量估算具有不确定性，如可开采系数等。

（2）没有或较少考虑不同用水行业和单元之间的重复利用。

（3）以灌溉水利用系数作为评价节水的重要纽带，不考虑水的重复利用，可能高估节水潜力。

（4）不能从供耗的角度来评价区域是否达到真正的水量平衡。

（5）传统农业节水潜力为工程取水量的减少量，通过提高灌溉水利用系数、减少毛管定额来实现，有可能会夸大农业节水潜力。

（6）传统的农业需水估算方法一方面高估工程节水的效果，另一方面对农业实际需水量估计不准确，同时因为混淆灌溉回归水的利用和非农业耗水之间的区别而有可能少估算其他行业的实际耗水量。

5.2 基于耗水控制的农业节水发展理论

5.2.1 理论模型

国际水资源管理学院（International Water Management Institute，IWMI）提出的水资源核算框架体系指出，水资源在参与农业生产过程中一共有四个去向：①通过植物蒸腾、土面或水面蒸发消耗；②通过排水、回流等方式汇入地表径流；③通过入渗补给地下水；④作为土壤水存贮在土壤中。在这四个去向中，无论是回归水、地下水补给还是存储在土壤中的水分都是可以通过不同途径被重复利用，只有通过蒸腾蒸发所消耗的水在特定时间内不能被重复利用。从资源消耗的角度来说，真正被利用的水资源，实际上是允许被消耗部分的可耗水总量。可耗水总量指的是在地下水不超采、区域生态环境健康、地表水与地下水联系不破坏的前提下，流域或区域可供人类消耗的一切水资源量。供耗平衡的概念正是在这一背景下提出。供耗平衡的理论分析公式如下：

$$R+P-ET-O=CS \tag{5.2-1}$$

式中：R 为入流量；P 为有效降水；ET 为蒸腾蒸发量；O 为出流量；CS 为地下水储量变化量。

根据公式（5.2-1），区域耗水量值可表示为

$$ET=R+P-O-CS \tag{5.2-2}$$

图5.2-1是基于国际水资源管理学院（IWMI）提出的水资源核算框架体系所作的区域水循环过程图。从水资源评价的角度来讲，对于特定区域或流域，入流量（包括降水和径流量）在一定水文年份是固定的；而出流部分（包括出流水量和消耗水量）则是区域水资源利用需要根据目标调配或者控制。在国际水资源管理学院提出的水资源核算框架体系中，将消耗水量划分为有益消耗和无益消耗，将出流水量划分为调配水和非调配水。消耗水量中，有益消耗指水分的消耗能产生一定的效益，如农作物耗水保障农业生产，产生经济效益；植被用水消耗维持植被生长，产生生态环境效益。无益消耗则指水分的消耗不能产生效益或产生负效益，如水面蒸发或土面蒸发等。实际上，无益耗水不能直接产生经济或生态效益，但水的循环对于改善本区域的小气候也有积极的意义。出流水量中，调配水指为了保证航运、生态、景观功能以及下游用水需要而必须分配的部分水量。显然，这部分水量对于维持和改善地区生态环境，提供当地居民休憩以及其他公益性服务也有积极意义。非调配水指农业生产用水中的灌溉退水或者灌溉淋洗退水部分。

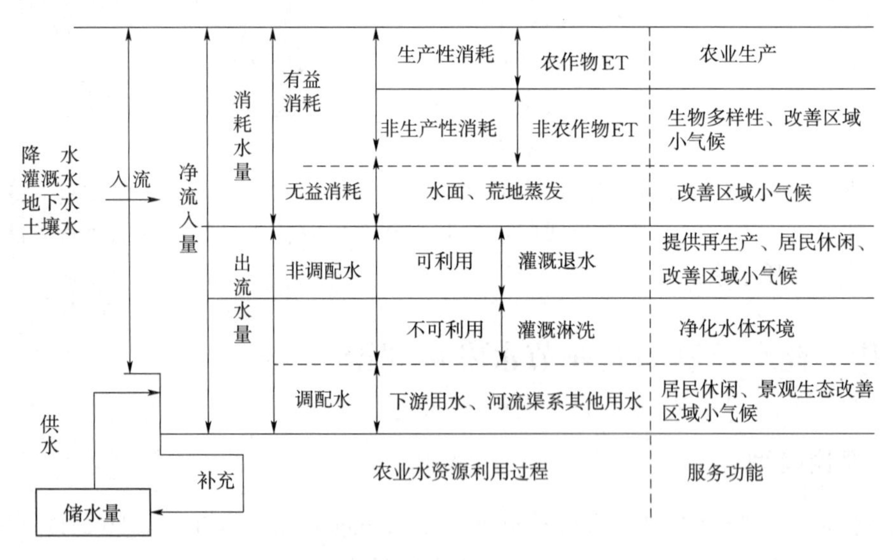

图5.2-1 区域水循环过程图

对于可消耗水量 ET 而言，按照水资源核算理论框架体系，由生产性消耗、非生产性消耗和无益消耗构成，见公式（5.2-3）

$$ET=ET_{生产性}+ET_{非生产性} \tag{5.2-3}$$

式中：$ET_{生产性}$ 为生产性消耗 ET；$ET_{非生产性}$ 为非生产性消耗 ET，包括有益消耗部分和无

益消耗部分。

基于目标 ET 的农业节水规划方法的核心就是计算出生产性 ET。根据公式（5.2-2）和公式（5.2-3）从区域可消耗水量 ET 中扣除出非生产性消耗水量 ET，就是区域可消耗生产水量 ET。即：

$$ET_{生产性}=(R+P-O-CS)-ET_{非生产性} \quad (5.2-4)$$

对区域用水而言，在明确区域地下水控制目标的前提下，尽量控制好调配水量分配，提高有益消耗水部分的比例就是区域农业节水规划的目标。因此，根据不同场景计算得出的生产性 ET 可视为区域目标 ET。基于目标 ET 的农业节水规划方法基本表达式如下：

$$\left.\begin{aligned} &\text{Max.}\,F(ET_a)=\sum_i B(Q_{ETi},A_i)\\ &\text{Set.}\,ET_{目标}\geqslant\sum_{i=1}^{n}A_i\cdot et_q^i\\ &\text{Set.}\sum_i A_i\leqslant A \end{aligned}\right\} \quad (5.2-5)$$

式中：$ET_{目标}$为农业目标 ET；i 为种植作物 i；A_i 为作物 i 的种植面积；A 为区域可利用耕地总面积；et_q^i 为作物 i 推荐耗水定额；$F(ET_a)$ 为 ET_a 的目标效益函数；B 为作物 i 在地块上的收益。

公式（5.2-5）只是基于目标 ET 的农业节水规划理论公式，该公式说明在耗水约束和耕地约束的双重约束条件下，农业节水的目标是实现综合效益最大化。在实际规划过程中，除了考虑耗水约束条件外，还需要考虑节水方案的技术可行性、经济效益等因素。

5.2.2 农业目标 ET 的确定

由基于目标 ET 的农业节水规划理论模型可以看出，实现节水方案规划有两个基本约束条件：耕地面积和目标 ET。在可利用耕地面积一定的前提下，求解规划方案的重要前提就是确定农业目标 ET。目标 ET 的确定和计算，除了需要常规水资源评价确定可供水资源量之外，更关键的是要从耗水的角度来计算目标 ET。

（1）非生产性消耗水量的计算。由于遥感 ET 监测技术的进步，流域尺度 ET 监测技术日臻成熟，精度较高，可满足流域或区域可耗水量计算的需求。基于遥感数据解析的土地利用类型，区域非消耗水量 ET 可采用如下公式表示：

$$ET_{非生产性}=ET_{森林}+ET_{草地}+ET_{水体}+ET_{耕地}+ET_{城镇}+ET_{裸地} \quad (5.2-6)$$

式中：ET 分别为森林、草地、水体、耕地、城镇建设用地与裸地的非生产性消耗水量 ET。森林、草地、水体、裸地的 ET 通过叠加遥感 ET 与土地利用数据计算。耕地的非生产性 ET 计算，可利用多时相的遥感数据，采用未种植耕地提取与识别方法，提取研究区的未种植耕地，然后通过叠加未种植耕地与遥感 ET 数据，获取未种植耕地的 ET 数据，在此基础之上，采用地统计空间插值方法（以克里金法为主）计算种植耕地的非生产性消耗 ET。

（2）农业目标 ET 的计算。在水资源总量不可能有大变化的前提下，区域实行农业节水规划的一个主要目标是希望通过农业这个最大的用水大户领域节水，并将节约的水资源量转移到工业等非农业部门，用以支撑地区经济的发展。因此，对区域或流域而言，应首先满足生活耗水量的需求；因经济效益驱动的影响，其次应该满足工业耗水量的需求；最后才是农业耗水量的需求。农业可耗水量，或者说农业目标ET可表示为可耗水总量与生活耗水量和工业耗水量之差。

$$ET_{目标}=ET_{生产性}-ET_{生活}-ET_{工业} \tag{5.2-7}$$

5.3 基于耗水红线的农业节水规划技术方法

5.3.1 基本方法

基于耗水红线（农业目标ET）的农业节水技术方法，可以给出不同阶段年的节水规划实施方案。通过实施方案的作物种植结构和推荐的耗水定额，可以计算出不同阶段的目标农业ET。对于区域用水管理来说，结合《最严格水资源管理制度》中关于三条红线的设立，则可以采用基于目标ET的农业节水规划方案所计算的阶段年农业目标ET为该阶段年的实际农业耗水红线。结合效率红线，则可计算出阶段年的农业取水红线。

区域农业耗水红线的计算公式为

$$ET_{农业红线}=\sum_i A'_i \cdot et_q^i \tag{5.3-1}$$

式中：$ET_{农业红线}$为区域农业耗水红线；A'_i为规划作物i的种植面积；et_q^i为i作物的推荐耗水定额。有了区域的耗水红线数据，再结合地区农业用水总体效率，则根据区域灌溉取水效率计算的方法，则可以计算出地区实际的灌溉取水红线数据。

5.3.2 基于农业目标ET的农业节水规划基本步骤

吐鲁番地区基于ET的农业节水规划与分析系统是以流域为依托，以灌区为基点，实行点、面结合，定性与定量研究相结合，宏观规划与微观研究相结合，理论分析与实地调查相结合的方法。其技术路线框架见图5.3-1。依据该技术路线图，基于农业目标ET的农业节水规划基本步骤为：第一步：确定主要作物适宜的目标ET，保证作物单产不下降，并得到更高的水分生产效率。第二步：根据县级农业目标ET确定各县退耕还水面积、设施农业面积及高效节水灌溉面积方案。第三步：将县级农业目标ET分配到乡或农民用水者协会。第四步：将ET定额转换为灌溉用水定额。第五步：提出实现目标ET的灌溉制度方案。第六步：开发节水灌溉规划分析系统。

与传统基于ET的农业节水规划相比，吐鲁番地区以ET为基础的农业节水规划与分析系统”针对吐鲁番地区农业用水现状以及未来农业节水发展目标，能够回答以下几个问题：什么是真实节水？如何估算农业节水潜力？如何设计基于ET控制红线的农业节水方案？基于以上问题，在对准传统农业节水发展规划的基础上，新的补充规划在方法上有三个重要的突破和创新：以供耗平衡为基础分析农业水资源平衡，估算农业用水的真实节水潜力，评价优选不同。

用供耗平衡代替传统的供需平衡，从耗水的角度来评估区域农业用水平衡对于优化配置农业水资源，实现真正的资源性节水。首先，采用供耗平衡的分析方法，从区域空间尺度上分析区域耗水变化规律，有利于从空间上发现区域的耗水规律，在农业发展规划方案制定过程中实现空间上的以丰补缺。其次，从时间上通过分析不同作物不同时间的耗水规律，更利于科学合理地设计作物的灌溉制度，从而使水资源在时间上进行合理的调蓄。第三，由于耗水是不能参与区域水循环而真正损失的水量，了解不同行业的真实耗水规律，更有利于在不同行业之间实现水资源的优化配置。

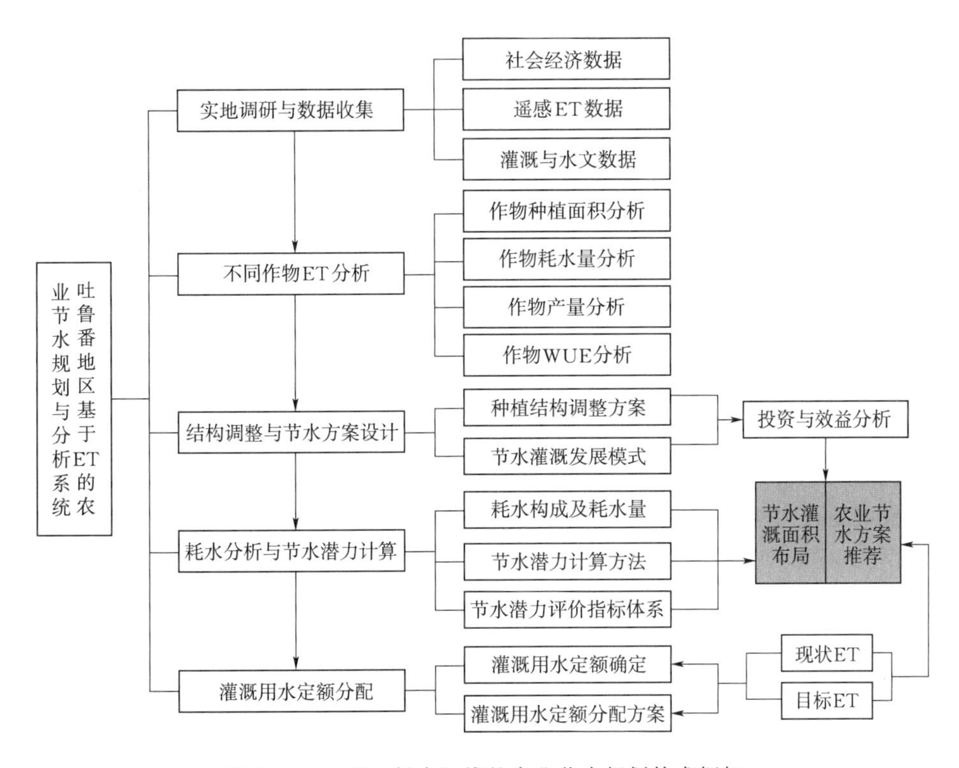

图 5.3-1 基于耗水红线的农业节水规划技术框架

5.4 基于农业目标ET的农田耗水控制与监测方法

5.4.1 基本思路

理论上，基于农业目标 ET 的农业节水规划可以将规划方案细分到规划目标年内的每一年，可提出每年的农业耗水目标和实现途径。如何确保各地实际耗水在目标耗水范围之内，需要相应的耗水控制和监测方法。利用监测区域的遥感数据和实地调查数据，提出年内和年度耗水监测方法，监测农作物实际耗水情况，并将监测数据与该地区农业目标 ET 进行对比分析，如果超出控制目标，则提出预警和改进措施。基本思路见图 5.4-1。

从技术上而言，遥感 ET 精度的不断提高，尤其是 10m 以内的卫星影像资料的普及，为获得地块级别的遥感 ET 提供了可能。通过耗水优化方案，将耗水红线目标和农作物种

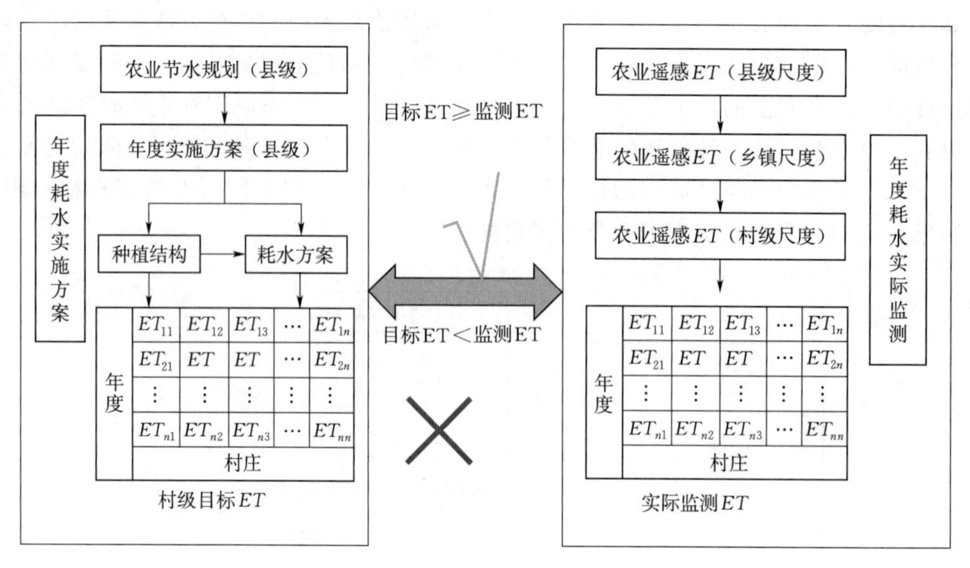

图 5.4-1　农业耗水控制与监测基本思路

植规划结果细化到村级单元，分年度得出村级耗水目标红线和规划种植结构及种植规模。以村级耗水目标红线作为耗水监测的基本约束目标，利用5m精度的遥感数据反演得出遥感ET，进而得出村级年度实际耗水量。将实际监测的遥感数据与目标数据进行对比，判断实际耗水量是否在给定的目标红线范围之内，进而判断出该地块当年是否超出用水红线规定。

5.4.2 基本方法步骤

按照农业耗水控制与监测基本思路，实现控制与监测目标的技术路线见图 5.4-2。

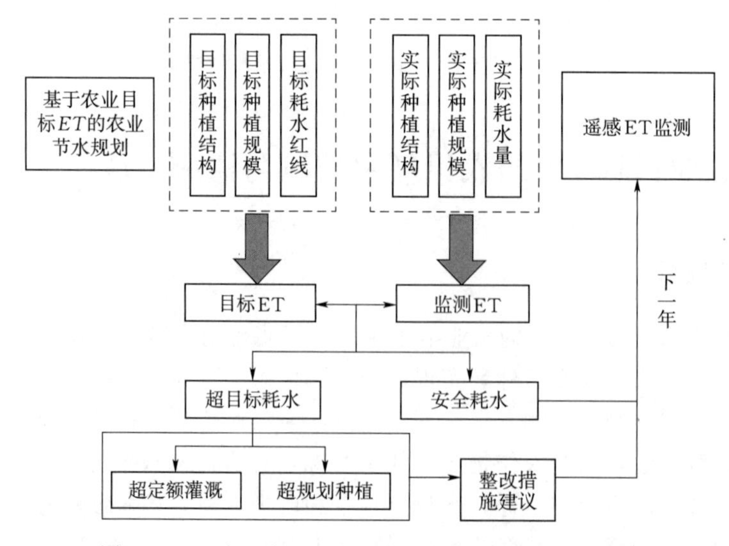

图 5.4-2　实现农业耗水控制与监测目标的技术路线

根据技术路线图，要实现吐鲁番地区农业耗水控制与监测目标，需要完成以下几步：

第一步：明确监测对象的监测目标值。根据吐鲁番地区基于农业目标 ET 红线的农业节水规划结果和耗水优化实施方案，给出监测对象的监测目标值，包括目标耗水红线、规划种植结构和种植规模。其中，目标耗水红线和目标种植规模为约束性指标，属于必须强制满足的；种植规模属于指导性指标，作为地方政府指导农民发展农业产业的参考。

第二步：耗水监测及结果处理。利用 5m 精细遥感 ET 数据对监测对象的实际耗水结果进行提取分析，得出监测对象监测年份的实际耗水量，并根据耗水量数据和当年作物种植结构的匹配结果，统计分析出监测对象的实际种植结构和种植规模。

第三步：耗水预警判断。对比目标耗水红线和实际监测耗水值，如果实际耗水监测值在目标耗水红线阈值范围之内，则判断该监测目标该年度耗水处于安全范围；如果超出耗水红线阈值，则根据超出的范围判定预警级别。

第四步：判断结果分析。对于超出目标红线的监测对象，进一步分析其超红线原因。5m 精细的遥感 ET 数据直接和地籍数据进行匹配，得出主要作物的耗水数据和种植规模，进而得出实际亩均耗水量。利用规划推荐的作物经济耗水定额与实际亩均耗水量进行对比，可以判断超耗水红线的原因是否为超耗水定额。此外，通过规划目标与实际种植规模进行对比，还可判断是否超规模种植。

第五步：整改措施建议。根据监测和预警结果，给出相应的整改建议。如果是超定额耗水，则建议采用推荐的耗水定额；如果是超规模种植，则建议当地加强退地还水政策执行的监督。

5.5 小结

与传统的农业节水发展规划方法相比，基于耗水红线的农业发展规模分析方法，引入了 ET（蒸散耗水）管理的理念，以实际耗水的减少作为可转移使用的“真实”节水量。依据划定的 ET 控制红线，制定各县（市）的农业节水补充规划，通过灌溉面积调整、节水灌溉面积布局和种植结构优化等措施，满足不同阶段的农业目标 ET，减少地下水开采，提高农业用水效率和效益，实现水资源的合理配置和高效利用，在保障农民增收和农业可持续发展的条件下，减少农业用水和耗水总量，实现资源性节水。

（1）提出了基于农业目标 ET 的农业节水规划技术方法。依据 ET 控制红线，通过节水灌溉面积布局调整和种植结构优化等措施，制定满足不同阶段农业目标 ET 的区域农业节水补充规划。

（2）实现了不同行政单元耗水红线与取用水红线之间的转换。遵循灌溉方式选择、退地还水和结构调整等原则，计算了不同阶段年各行政单元（村、乡镇、区县、市）耗水红线（阶段年农业目标 ET）。结合不同地区、不同灌溉方式条件下的耗水转换系数，实现了各行政单元耗水红线与取用水红线之间的转换。该结果可以作为区县及乡镇划分用水红线的重要参考。

（3）提出了基于村级单元的农业耗水优化实施方案。为了实现吐鲁番地区农业节水规划目标，以规划方案阶段目标为基础，结合主要作物水分生产效率空间变化特征和经济耗水定额，制定以村为基本单元的农业耗水优化实施方案，将以县级为基本单元，以阶段年为控制目标的吐鲁番地区农业节水规划方案细化到村，提出以村为基本单元的年度实施优化方案。

（4）提出了农业耗水监测与控制方法。以村为基本单元的农业耗水优化实施方案得出了村级单元年度农业耗水目标红线和种植业结构调整参考方案。利用监测区域的遥感数据和实地调查数据，提出年内和年度耗水监测方法，监测农作物实际耗水情况，并将监测数据与农业目标ET进行对比分析，实现农业耗水预警。

第6章

耗水控制下农业发展时空布局优化

6.1 吐鲁番地区现有农业节水规划简评

6.1.1 现有主要规划简评

通过对吐鲁番地区2000年以来与农业节水发展有关的各类规划对比分析，考虑到规划的可比性，重点选择了《吐鲁番地区节水型社会发展规划》(2005年)、《新疆维吾尔自治区吐鲁番地区农业高效节水发展规划》(2007年)、《吐鲁番地区水利发展“十二五”规划》(2011年)和《新疆维吾尔自治区吐鲁番地区农业节水发展规划(2011—2020年)》(2012年)四个规划。这些规划尽管编写的年份不一，但在涉及农业节水发展目标预测的时候，都将2020年作为远期目标。因此，选择这四个规划做对比分析，具有十分重要的现实意义。

根据吐鲁番地区世行项目办公室提供的地籍数据，2010年吐鲁番地区实有灌溉总面积180.96万亩，包括责任田、有证大户和无证大户三种类型，其中责任田面积为99.40万亩，占总面积的55%。

(1)《吐鲁番地区节水型社会发展规划》(2005年)。现状年吐鲁番地区农业灌溉总面积为115.57万亩，没有高效节水灌溉面积。规划到2020年，灌溉面积规模不变，发展高效节水灌溉面积53.42万亩。

(2)《新疆维吾尔自治区吐鲁番地区农业高效节水发展规划》(2007年)。现状年吐鲁番地区农业灌溉总面积为130.44万亩，其中高效节水灌溉面积为14.54万亩。规划到2020年灌溉总面积减少10.57万亩，达到119.87万亩，全部为高效节水灌溉。

(3)《吐鲁番地区水利发展“十二五”规划》(2011年)。现状年吐鲁番地区农业灌溉总面积为174.17万亩，其中高效节水灌溉面积为59.38万亩。规划到2020年，灌溉总面积基本维持不变，高效节水灌溉面积增加39.1万亩，达到98.48万亩。

(4)《新疆维吾尔自治区吐鲁番地区农业节水发展规划(2011—2020年)》(2012年)。现状年吐鲁番地区灌溉总面积为174.82万亩，其中高效节水灌溉面积为39.87万亩。规划到2020年退耕64.55万亩，整体灌溉面积规模核减到110.27万亩，其中高效节水灌溉面积为81.33万亩。

分析以上吐鲁番地区四个农业节水发展规划，不难看出，2005—2010年，吐鲁番地区灌溉面积规模不断增加，从115.57万亩发展到174.82万亩，增加了接近60万亩，且增加的灌溉面积全部属于非基本责任田，即所谓的有证大户和无证大户。这六年也是吐鲁番地区高效节水灌溉面积发展比较快的时期，共增加了45万亩。

从四个不同版本农业节水发展规划的目标来看（表6.1-1），吐鲁番地区对农业发展的思路也在逐渐转变，从最初的“扩大灌溉规模，大力发展高效节水灌溉”转变到“适度压缩灌溉规模，以高效节水灌溉为主”的思路。

表6.1-1　吐鲁番地区主要农业节水发展规划目标汇总表　单位：万亩

规划名称	现状年灌溉总面积	现状年高效节水灌溉面积	2020年灌溉总面积	2020年高效节水灌溉面积
现状（地籍统计）	180.96	39.83		
《吐鲁番地区节水型社会发展规划》（2005年）	115.57		115.57	53.42
《新疆维吾尔自治区吐鲁番地区农业高效节水发展规划》（2007年）	130.44	14.54	119.87	119.87
《吐鲁番地区水利发展“十二五”规划》（2011年）	174.17	59.38	175.28	98.48
《新疆维吾尔自治区吐鲁番地区农业节水发展规划（2011—2020年）》（2012年）	174.82	39.87	110.27	81.33

尽管吐鲁番地区现有的各类农业节水发展规划大多出自地区水利系统，但通过分析对比不难发现，这些规划存在三个主要问题：

1）不同时期农业节水规划目标差距较大。尽管四个规划的制定时间处于2005—2012年的8年内，但吐鲁番地区农业发展现状却发生了较大变化。这种变化来自两个方面原因：①规划本身对吐鲁番地区农业发展现状不清楚，或者说刻意回避一些问题；②由于传统规划的主导思想还是通过工程措施大力发展灌排基础设施，从而扩大灌溉面积，导致了最近十年吐鲁番地区农业灌溉发展迅速。

2）对吐鲁番地区农业节水发展规模分析不够深入。地区农业节水发展规划不仅关系到整个地区规划时段内农业发展目标和政策，更关系到规划区域内大小农户的切身利益。吐鲁番地区农业灌溉发展的一个显著特点是非责任田规模几乎与责任田相当。这些规划在制定时，为了规避这些利益主体，有意无意地对发展现状进行模糊化处理，导致现状没有交代清楚，从而影响到规划目标的实现。

3）同一时间农业节水发展规划目标差距也较大。对比2005年和2007年两个规划以及2011年和2012年两个规划，发现两个规划时间间隔并不长，但规划目标差别却比较大。尤其是《吐鲁番地区水利发展“十二五”规划》（2011年）和《新疆维吾尔自治区吐鲁番地区农业节水发展规划（2011—2020年）》（2012年）基本指导思想存在着根本性的差异。前一个规划的指导思想仍然是“上工程、扩规模”，而后一个规划已经注意到吐鲁番地区水资源利用现状和工业发展对水资源的需求，发展目标也变成了“减规模”和“重高效”并重。

6.1.2　传统方案节水潜力评价分析

根据传统的吐鲁番地区农业节水发展规划分析可知：到2020年实现规划目标后，与现状年 2010 年相比，可实现年均节水 6.40 亿 m³，扣除回补地下水超采外，节水量主要向工业和生活等行业转移。运用研究中提出的基于 ET 的农业节水发展规划方案，用供耗平衡的方法计算，得出到 2020 年的真实节水量（耗水减少量）为 3.43 亿 m³。与传统规划计算得出的节水量相比，规划方案的真实节水量比规划中结论得出的工程节水量 6.4 亿 m³ 少了将近 3 亿 m³。具体见图 6.1-1。

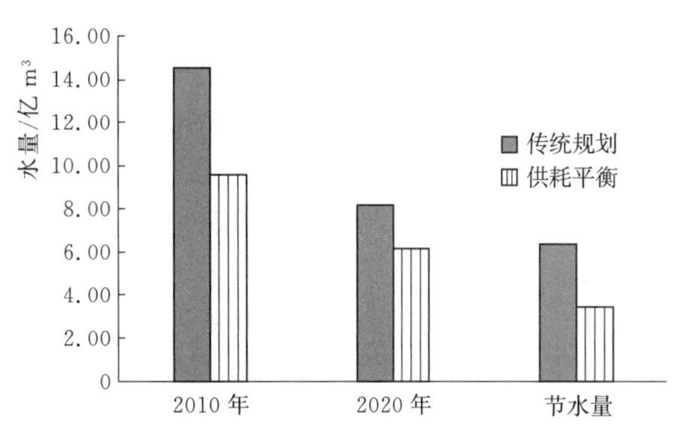

图 6.1-1　吐鲁番地区现有农业节水规划方案与传统方法节水量和真实节水量比较

根据中国科学院提供的供耗数据初步分析，现状年吐鲁番地区超采 2.88 亿 m³，工业和生活用水为 0.37 亿 m³。到 2020 年，工业和生活用水将达到 1.74 亿 m³，即到 2020 年要实现采补平衡和供耗平衡需要从农业领域节水 4.25 亿 m³ 以上。而传统规划方案实际真实节水量只有 3.43 亿 m³。

传统规划显然高估了方案的节水效果，对工业供水的高估，从而在供需平衡的结论下，造成供耗不平衡，缺口部分只能依靠地下水超采补给，问题依然存在。

6.1.3　现有农业节水规划存在的主要问题

分析吐鲁番地区现有的农业节水发展规划，其主要特点是从供需平衡的角度设计了吐鲁番地区如何发展节水灌溉以满足农业发展用水需求。其所谓的农业节水实际上仍然是传统的工程取水量的减少，而并非从耗水的角度来关注真正的资源性节水。同时，作为高度缺水地区的农业节水发展规划，该发展规划也没有很好地回答如何科学的制定和优化农业节水方案以及实现方法。具体而言，现有农业节水发展规划存在以下一些问题：

（1）以传统供需平衡为基础的农业节水潜力估算不能真实反映工程的农业节水效果。基于此，只有减少的不可回收水量才属于真正意义上的节水量，真实节水的概念正是在这一背景下提出，即基于“供耗平衡”理念的节水。真实节水实际上是从水循环中夺取的无效蒸腾蒸发量和其他无效流失量，这部分节水量是可以作为新水资源参与到区域水量平衡运作，因此，也被一些研究者称之为“资源性节水潜力”。

要实现真实节水的估算，原有的水资源供需平衡显然存在着重大缺陷。例如，根据现有吐鲁番地区农业节水发展规划，估算现状年吐鲁番地区综合毛灌溉定额为 834.14m³/亩，现状年的灌溉面积为 174.82 万亩，因此现状年吐鲁番地区农业需水量为 14.58 亿 m³。而实际上，根据中科院遥感所提供的吐鲁番地区近年来遥感 ET 监测数据，计算近年来吐鲁番地区农作物耗水量大概在 8 亿 m³ 左右。也就是说，从耗水的角度来说，现状年吐鲁番地区农业耗水只需要 8 亿 m³，而从传统供需平衡的角度则需要超过 14 亿 m³。超出的 6 亿 m³ 水资源一部分通过地下水补给等方式回流到地下，一部分作为生态耗水满足非农作物的植物蒸腾作用，一部分可能满足人畜生活所需，还有一部分则被裸露的荒地蒸发浪费掉。这样就造成了一个问题，一方面高估农业需水要求，另一方面少计算了其他部门的非农业需水量。

(2) 农业节水方案目标和方案的确定有待完善。吐鲁番地区农业节水发展规划的直接目的是满足未来目标年吐鲁番地区社会经济发展的需水要求。在其规划目标的设定中，有一个优先被考虑的目标是满足吐鲁番地区工业发展所需的水资源。而实际上，作为一个政府主导的地区农业节水发展规划，其主要目标应该是地区的社会、经济和环境等综合效益的最大化。而区域的社会、经济和生态环境兼顾节水与经济效益必然要受制于区域的自然资源环境条件约束和社会经济发展制约。同时还要考虑不同人群的利益诉求。因此，从这个角度来说，吐鲁番地区农业节水发展规划应该是一个“帕累托最优”的过程，即：在不损害或不减少现有各相关利益体福利的前提下，如何从总体上提高社会整体福利。因此，在明确现状条件下的区域社会总福利和目标年的区域社会总福利的前提下，如何选择“帕累托最优”的方案，现有规划并没有给出明确答案。原因在于，从现状达到目标也许存在着许多不同的选择，如何在这些不同的选择中间，通过优化比较，选择一条最佳的方案才是规划实现目标的最优途径。

(3) 如何确保规划目标的实现？根据现有规划所描述，到规划目标年，为了实现规划目标，需要通过三个途径：农业节水改造、种植结构调整、退耕还水。而实际上，该规划方案的制定除了考虑水资源约束条件之外，还要考虑利益相关方的利益诉求。这三个途径都有一个紧密的利益相关方，即原有的种植户。三个途径是如何组织实施的？如何保证他们的利益不在规划实施过程中受到损害？如果利用受损了，如何给予补偿？该规划均未提及。

6.1.4 传统农业节水规划改进思路

《新疆维吾尔自治区吐鲁番地区农业节水发展规划（2011—2020年）》（2012年）提出的退耕60万亩的农业节水发展战略，摒弃了传统思路的“提高灌溉水利用系数-节水-扩大灌溉面积”的固有模式，具有一定的合理性。与同期的相关规划相比，该规划方案受到了世行推广。但受制于传统的供需平衡分析方法存在的问题，方案高估了节水潜力，从而有可能误导其他行业真实的可供耗水量，进而仍然存在理论上达到“供需平衡”，而实际上超采的问题。从可操作层面来看，该规划缺乏对如何实现具体目标的方案比选以及确定方案后如何实施等问题。

完善现有农业节水规划应该从以下几个方面入手：

(1) 从理论入手，回答关于真实节水的几个问题。什么是资源型节水？如何估算？有多大潜力？如何实现资源型节水？

(2) 以“供耗平衡”为基础，通过确立农业ET目标红线作为基于ET的农业节水规划的基本水资源限制条件和调整目标，重新评估吐鲁番地区的水资源利用现状和未来趋势。

(3) 根据不同目标设定不同的农业节水方案，通过优化比较，选择最适合当地的农业节水规划方案。

（4）明确整个地区的地籍状况，按照责任田、有证大户、无证大户等不同情况区别对待，明确退耕还水的主次次序，有序实行退耕还水目标。

6.2 耗水红线控制下吐鲁番地区农业发展规划

耗水红线控制下吐鲁番地区农业发展规划以行政区划为基本单元，包括高昌区、鄯善县和托克逊县三县27个乡镇，其中高昌区有11个乡镇，分别为七泉湖镇、亚尔乡、艾丁湖乡、葡萄乡、恰特卡勒乡、二堡乡、三堡乡、胜金乡、葡萄沟管委、园艺场、原种场；鄯善县有10个乡镇，分别为鄯善镇、七克台镇、连木沁镇、鲁克沁镇、辟展乡、东巴扎乡、吐峪沟乡、达浪坎乡、迪坎乡、园艺场；托克逊县有6个乡镇，分别为库米什镇、克尔碱镇、夏乡、郭勒布依乡、伊拉湖乡、博斯坦乡。规划现状水平年为2012年，目标年为2030年，阶段目标年分别为2015年、2020年、2025年和2030年。

6.2.1 规划基本原则

1. 规划总体原则

作为对吐鲁番地区传统农业节水规划的补充和完善，《吐鲁番地区以ET为基础的农业节水灌溉补充规划》除了在规划的技术方法上遵循世界银行相关理念和分析方法外，在总体规划目标设定上还需要借鉴和参考传统规划的思路以及遵循吐鲁番市相关发展战略和目标。主要包括以下几个原则：

（1）在高效节水建设模式选择上，考虑吐鲁番地区特殊的气候条件，结合种植作物选择技术成熟的滴灌作为主要节水灌溉建设模式。

（2）在设置退耕还水规划方案时，以吐鲁番市及各区县制定出台的“关井退田”相关政策和办法为基础。

（3）在确定阶段年和目标年取耗水目标时，要以为《吐鲁番市最严格水资源管理制度》提供技术支持为目的，提出的红线数据可以直接为地区农业红线数据划分和确定提供参考。

2. 灌溉方式选择

主要作物灌溉方式的选择遵循以下几个原则：

（1）现有灌溉方式为滴灌等高效节水灌溉方式的作物，其灌溉方式维持不变。

（2）根据吐鲁番传统农业节水规划的方案设计，并结合实际情况，责任田内大棚蔬菜全部选择高效节水灌溉方式。

（3）棉花或瓜套棉采用地下水灌溉的，原则上选择高效节水灌溉模式；采用渠水灌溉的，选择常规灌溉方式。

（4）葡萄作物，采用地下水灌溉，且靠近机井的地块，选择高效节水灌溉模式；离机井位置较远及采用渠水灌溉的，选择常规灌溉方式。

3. 退地原则

对需要退耕还水的地块，在退地过程中，遵循以下几个原则：

（1）基于地块类型，先易后难。首先退耕机关和事业单位的地块，其次为无证大户，再次为有证大户，最后为集体非责任田。

(2) 从保护农民利益出发，遵循作物经济效益最大化原则。先退经济价值低的作物。

(3) 从节约水资源出发，先退灌溉条件差的耕地。距离渠道或机井远的地块先退耕。

4. 结构调整原则

在对保留地块进行种植结构调整过程中，遵循以下原则：

(1) 对于经济价值高、节水效果好的作物，尽量保持原有地块种植结构不变。

(2) 在经济结构调整过程中，离渠井距离越近的地块，优先分配经济价值高的作物。

(3) 在结构调整中，遵循聚集效益原则，同一种作物尽量安排在相邻地块。

6.2.2 红线确定

对于区域用水管理来说，结合《最严格水资源管理制度》中关于三条红线的设立，则可以采用基于遥感ET的农业节水规划方案所计算的阶段年农业目标ET为该阶段年的实际农业耗水红线。结合效率红线，可计算出阶段年的农业取水红线。

区域农业耗水红线可采用式（5.3-1）计算确定。

有了区域的耗水红线数据，再结合耗水转换系数分区县计算农业取水红线数据。吐鲁番地区规划目标年的农业耗水红线和取水红线数据见表6.2-1。

表6.2-1　吐鲁番地区规划目标年的农业耗水红线与取水红线数据　单位：万 m^3

行政分区	耗水红线				取水红线			
	2015年	2020年	2025年	2030年	2015年	2020年	2025年	2030年
高昌区	26110	23979	21564	19900	40797	35789	31712	28841
鄯善县	26534	23966	21447	17900	40204	35244	33773	28056
托克逊县	17197	15699	13959	11900	29650	24919	21642	18030
吐鲁番市	69841	63644	56970	49700	112666	97972	89152	76957

“吐鲁番地区以ET为基础的农业节水规划与分析系统”按照世界银行节水灌溉项目真实节水理念，以区域允许消耗的农业目标ET和耕地保护目标为基本控制红线，对吐鲁番地区传统农业节水规划进行补充和完善。得出的主要结论如下：

(1) 通过退耕还水和调整种植结构等多种方式，规划到2030年吐鲁番地区农作物播种面积控制在100万亩，种植业耗水控制在4.97亿 m^3 以内。通过实施节水灌溉措施提高耗水转换系数，可实现到2030年吐鲁番农业用水的取水量在7.69亿 m^3 以内。

(2) 遵循传统规划对吐鲁番地区农业发展目标的设定，吐鲁番市未来农作物主要以葡萄、大棚蔬菜、棉花或瓜套棉为主。在规划的近100万亩作物中，大棚蔬菜14.9万亩，葡萄32.6万亩，棉花或瓜套棉51.8万亩。

(3) 在灌溉方式的设计上高效节水灌溉以滴灌为主，常规灌溉以沟灌或畦灌为主。基于对地块灌溉水源条件方式以及经济效益等因素综合考虑下，规划结果认为吐鲁番市高效节水灌溉总规模为48.9万亩。

(4) 在遵循灌溉方式选择、退耕还水和结构调整等几个原则的基础上，补充规划将实施方案明确细化到各乡镇在阶段年的种植结构调整情况和退地情况。根据实施方结果，可以计算出阶段年各行政单元（村、乡镇、区县、市）取水红线（阶段年农业目标 ET）。结合不同地区、不同灌溉方式条件下的耗水转换系数，可以计算得出相应行政单位的取用水红线数据。该结果可以作为吐鲁番地区各区县及乡镇划分用水红线的重要参考。

根据吐鲁番世行项目水资源综合管理课题研究结果提供的吐鲁番地区农业目标 ET，结合吐鲁番地区生态耗水等情况，最终确定到 2030 年，吐鲁番地区种植业耗水目标红线为 4.97 亿 m^3，其中高昌区 1.99 亿 m^3，鄯善县 1.79 亿 m^3，托克逊县 1.19 亿 m^3。

为了保证吐鲁番地区农民的根本利益，耕地红线基本确定为责任田，到 2030 年，目标耕地红线为 99.20 万亩，其中高昌区 36.40 万亩，鄯善县 34.71 万亩，托克逊县 28.09 万亩。

表 6.2-2　各县（区）种植业耗水红线和耕地红线

指　标	高昌区	鄯善县	托克逊县	合计
种植业耗水红线/亿 m^3	1.99	1.79	1.19	4.97
耕地红线/万亩	36.40	34.71	28.09	99.20

6.2.3 综合耗水定额确定

根据不同作物不同灌溉模式下净灌溉定额数据，结合对吐鲁番地区三县（区）主要作物耗水量的分析，确定主要作物综合耗水定额数据。高昌区、鄯善县、托克逊县三县（区）的大棚作物耗水定额均为 480m^3/亩，葡萄耗水定额分别为 605m^3/亩、598m^3/亩和 605m^3/亩，棉花或瓜套棉耗水定额分别为 410m^3/亩、423m^3/亩和 410m^3/亩，其他作物的耗水定额均为 300m^3/亩。

6.2.4 总体规划方案

通过退耕还水和调整种植结构等多种方式，规划到 2030 年吐鲁番地区农作物播种面积接近 100 万亩，其中常规灌溉 50.2922 万亩，高效节水灌溉 48.9122 万亩。高昌区规划播种面积 36.4039 万亩，其中常规灌溉 21.1146 万亩，高效节水灌溉 15.2893 万亩；鄯善县 34.7105 万亩，其中常规灌溉 17.5628 万亩，高效节水灌溉 17.1477 万亩；托克逊县 28.0898 万亩，其中常规灌溉 11.6147 万亩，高效节水灌溉 16.4751 万亩。具体规划结果见表 6.2-3。

表 6.2-3　吐鲁番市节水灌溉方式规划方案　单位：万亩

行政分区	灌溉方式	大棚	葡萄	棉花或瓜套棉	合计
高昌区	常规灌溉	0	15.6277	5.4869	21.1146
	高效节水灌溉	5.4603	2.5743	7.2547	15.2893
	合计	5.4603	18.2020	12.7416	36.4039

续表

行政分区	灌溉方式	大棚	葡萄	棉花或瓜套棉	合计
鄯善县	常规灌溉	0	9.5596	8.0032	17.5628
	高效节水灌溉	5.2060	4.3247	7.6170	17.1477
	合计	5.2060	13.8843	15.6202	34.7105
托克逊县	常规灌溉	0	0.3846	11.2301	11.6147
	高效节水灌溉	4.2132	0.0684	12.1935	16.4751
	合计	4.2132	0.4530	23.4236	28.0898
吐鲁番市	常规灌溉	0	25.5719	24.7203	50.2922
	高效节水灌溉	14.8795	6.9674	27.0652	48.9122
	合计	14.8795	32.5393	51.7855	99.2044

6.2.5 主要作物种植结构规划方案

规划到2030年，吐鲁番地区种植的主要作物为葡萄、大棚蔬菜、棉花或瓜套棉，其中大棚蔬菜种植面积14.8795亩，葡萄种植面积2.5393万亩，棉花或瓜套棉种植面积51.7855万亩。

在节水灌溉规模和分布方面，规划高效节水灌溉总规模为48.9122万亩，其中大棚蔬菜全部采用高效节水灌溉方式，葡萄采用高效节水灌溉方式的面积为6.9674万亩，棉花或瓜套棉采用高效节水灌溉方式的面积为27.0652万亩。

6.3 农业节水规划方案优化

6.3.1 现状分析

根据地籍数据统计，高昌区基准年耕地面积为61.19万亩，其中葡萄为17.04万亩，大棚蔬菜为4.15万亩，棉花或瓜套棉20.86万亩，其他作物19.14万亩。鄯善县基准年耕地面积为57.79万亩，其中葡萄21.28万亩，大棚蔬菜3.70万亩，棉花或瓜套棉20.38万亩，其他作物12.43万亩。托克逊县基准年耕地面积为45.61万亩，其中葡萄0.62万亩，大棚蔬菜1.44万亩，棉花或瓜套棉30.48万亩，其他作物13.07万亩。主要作物面积统计情况见表6.3-1。

表6.3-1　　各县（区）现状作物种植面积　　单位：万亩

行政分区	葡萄	大棚	棉花或瓜套棉	其他	合计
高昌区	17.04	4.15	20.86	19.14	61.19
鄯善县	21.28	3.70	20.38	12.43	57.79
托克逊县	0.62	1.44	30.48	13.07	45.61

在现有耕地中，按照耕地属性划分，主要包括基本责任田和非责任田两大类，其中，非责任田分为有证大户、无证大户、党政企事业单位和集体土地四种情况。具体耕地统计情况见表6.3-2。

6.3.2 规划场景方案设置

吐鲁番地区农业节水规划方案需要在遵循农业耗水红线和耕地红线两个红线的基础上，按照四个原则来考虑规划场景方案：维持现状种植结构、经济效益优先、节水效益优先、兼顾节水与经济效益。具体方案设置见表6.3-3。

表6.3-2　各县（区）耕地类型统计情况

<table>
<tr><th>行政分区</th><th colspan="2">地 块 属 性</th><th>地块数量/个</th><th>地块面积/亩</th></tr>
<tr><td rowspan="6">高昌区</td><td colspan="2">责任田</td><td>125563</td><td>364030</td></tr>
<tr><td rowspan="5">非责任田</td><td>有证大户</td><td>16</td><td>2262</td></tr>
<tr><td>无证大户</td><td>879</td><td>128343</td></tr>
<tr><td>党政企事业单位</td><td>369</td><td>13737</td></tr>
<tr><td>集体土地</td><td>5908</td><td>103536</td></tr>
<tr><td colspan="4"></td></tr>
<tr><td rowspan="5">鄯善县</td><td colspan="2">责任田</td><td>112010</td><td>347106</td></tr>
<tr><td rowspan="4">非责任田</td><td>有证大户</td><td>227</td><td>39940</td></tr>
<tr><td>无证大户</td><td>444</td><td>61908</td></tr>
<tr><td>党政企事业单位</td><td>111</td><td>29337</td></tr>
<tr><td>集体土地</td><td>1184</td><td>99532</td></tr>
<tr><td rowspan="5">托克逊县</td><td colspan="2">责任田</td><td>53977</td><td>280898</td></tr>
<tr><td rowspan="4">非责任田</td><td>有证大户</td><td>199</td><td>15812</td></tr>
<tr><td>无证大户</td><td>789</td><td>85651</td></tr>
<tr><td>党政企事业单位</td><td>90</td><td>20679</td></tr>
<tr><td>集体土地</td><td>2197</td><td>53022</td></tr>
</table>

表6.3-3　吐鲁番地区农业节水规划场景方案设置

<table>
<tr><th colspan="2" rowspan="2">约 束 条 件</th><th colspan="4">场景分析（2020年）</th></tr>
<tr><th>SC1</th><th>SC2</th><th>SC3</th><th>SC4</th></tr>
<tr><td colspan="2">耗水红线</td><td>√</td><td>√</td><td>√</td><td>√</td></tr>
<tr><td colspan="2">耕地红线</td><td>√</td><td>√</td><td>√</td><td>√</td></tr>
<tr><td colspan="2">维持现状种植结构</td><td>√</td><td></td><td></td><td></td></tr>
<tr><td rowspan="3">结构调整</td><td>经济效益优先</td><td></td><td>√</td><td></td><td>√</td></tr>
<tr><td>节水效益优先</td><td></td><td></td><td>√</td><td>√</td></tr>
<tr><td>兼顾节水与经济效益</td><td></td><td></td><td></td><td>√</td></tr>
</table>

6.3.3 吐鲁番地区农业节水情况方案结果

利用吐鲁番地区农业节水规划分析工具对高昌区、鄯善县、托克逊县三县（区）农业节水场景方案进行规划模拟，得出四种场景方案下规划分析结果，见表6.3-4。

表6.3-4 各县（区）农业节水场景方案结果 单位：亩

行政分区	场景方案	葡萄	大棚	棉花或瓜套棉	其他	合计
高昌区	现状年责任田（2012年）	153354	8589	111876	90211	364030
	方案一（现状结构）	203877	11418	148734	0	364029
	方案二（经济优先）	176293	91008	96730	0	364031
	方案三（节水优先）	163814	18202	182015	0	364031
	方案四（综合效益）	182015	54605	127411	0	364031
鄯善县	现状年（2012年）	212763	36963	203759	124339	577824
	方案一（现状结构）	219620	14420	113066	0	347105
	方案二（经济优先）	155589	86776	104740	0	347105
	方案三（节水优先）	138842	17355	190908	0	347106
	方案四（综合效益）	138842	52066	156198	0	347106
托克逊县	现状年责任田（2012年）	5344	4159	233375	38019	280897
	方案一（现状结构）	6181	4810	269907	0	280898
	方案二（经济优先）	2536	69591	208772	0	280899
	方案三（节水优先）	0	14045	266853	0	280898
	方案四（综合效益）	4524	42135	234239	0	280898

6.3.4 方案比选

分别从耗水量、节水效益、退地面积和经济效益四个方面对高昌区、鄯善县和托克逊县的节水规划方案进行效益比较分析，具体情况见表6.3-5。经过综合比选，均推荐方案四为规划方案。

表6.3-5 各县（区）农业节水规划方案效益比较

行政分区	场景方案	耗水量/万 m^3	节水效益/万 m^3	退地面积/亩	经济效益/万元
高昌区	方案一（现状结构）	18981	7615	247879	93768
	方案二（经济优先）	19000	7596	247879	118882
	方案三（节水优先）	18247	8349	247879	93683
	方案四（综合效益）	18857	7739	247879	106988

续表

行政分区	场 景 方 案	耗水量/万 m^3	节水效益/万 m^3	退地面积/亩	经济效益/万元
鄯善县	方案一（现状结构）	18608	8238	230718	92083
	方案二（经济优先）	17900	8947	230718	112617
	方案三（节水优先）	17211	9635	230718	88304
	方案四（综合效益）	17409	9438	230718	99966
托克逊县	方案一（现状结构）	11671	5812	175165	62093
	方案二（经济优先）	12053	5429	175165	83644
	方案三（节水优先）	11615	5868	175165	64831
	方案四（综合效益）	11900	5583	175165	74536

6.4 吐鲁番地区农业节水潜力分析

6.4.1 真实节水基本概念

农业节水潜力是在一定的发展阶段，通过一定的节水成本投入，实现某种农业节水措施，以提高农业灌溉用水标准，从而减少可能的耗水量和用水量。节水潜力的大小不仅与用水现状有关，更重要的是体现投资力度、节水模式、用水结构等相关因素的综合作用，是一种可能的最大或潜在的节水量。传统意义上的农业灌溉节水潜力通常是指提高灌溉水有效用系数（灌溉效率）后，从灌溉取水口可以少取的水量，其值的大小主要是现在用水量与未来节水模式下可能用水量之间的差值，这部分节水量，通常也被称为灌溉取水节水量。但实际上，从引水口引取的灌溉水量主要有三个去向：作物蒸腾和土面蒸发以及浅层蒸发的蒸散量（ET），地表和地下水回流量以及流入海洋、沼泽、咸水体或其他区域而无法利用的部分水量。灌溉来水的最终去向中包含了可回收水量和不可回收水量。因此，灌溉取水节水量中也包含了这三部分。由于可回收利用部分的水量最终也会再利用，有些学者认为，只有减少的不可回收水量才属于真正意义上的节水量。真实节水的概念由此产生。图 6.4-1 显示了真实节水潜力的构成。图中的灌溉取水节水量是传统意义上的工程措施节水潜力的度量指标，表示灌溉水有效利用系数（灌溉效率）提高后，从灌溉取水口可以少去多少水量，其值的大小主要是现在用水量与未来节水模式下可能用水量之间的差值。之所以能够实现灌溉取水节水量，是因为通过了一定的节水措施改造，从而提高了灌溉水有效利用系数，或者降低了无效蒸发和无效流失，或者二者的综合作用。进一步分解灌溉取水节水量，其构成主要包括两个部分，一是减少了无效损失量，二是减少了无效耗水量。无效损失量包括了地表水回归量、地下水回归量和其他无效流失量。从区域水平衡的观点来看，无论是地表水回归量还是地下水回归量，这两部分水最终都要被重复利用，因此，就整个可利用灌溉水量来看，这一部分节水并不能增加可利用灌溉水的总量。

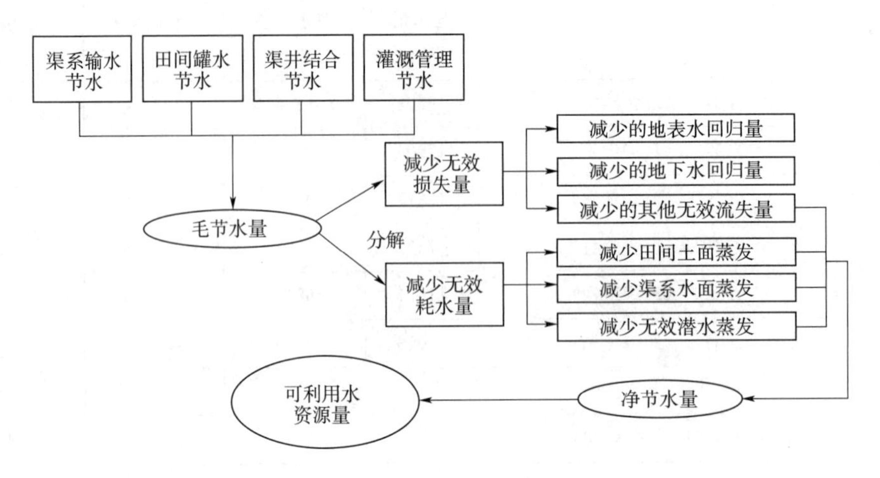

图6.4-1 真实节水的构成

对于其他无效流失量主要是指被环境污染或其他因素损害而成为不可利用的水量，如果减少这部分损失，则可以增加可利用灌溉水的总量。对于无效耗水部分，无论是田间土面蒸发、渠系水面蒸发还是潜水蒸发，这部分水量是农业生产中真正被消耗掉的水。对于下游灌区而言，上游灌区的无效耗水量越大，则能留给下游灌区的水资源量就越少。因此，减少这部分耗水实际上增加了可利用灌溉水总量。因此，减少的无效耗水量再加上减少的无效流失量又被称为净节水潜力。净节水潜力实际上是从水循环中夺取的无效蒸腾蒸发量和其他无效流失量，这部分节水量是可以作为新水资源参与到区域水量平衡运作，因此，也被一些研究者称之为真实节水潜力。

6.4.2 真实节水量估算方法

根据真实节水的概念和基本构成，真实节水量指采取节水措施后减少的无效消耗水量和无效流失水量之和。

$$\Delta Q_{净}=\Delta Q_{消耗}+\Delta Q_{流失} \tag{6.4-1}$$

式中：$\Delta Q_{净}$为真实节水量；$\Delta Q_{消耗}$为无效消耗减少量；$\Delta Q_{流失}$为无效流失减少量。

实际上对于吐鲁番这类的绿洲农业区，农田蒸散发占水资源消耗的绝大多数。无效流失基本忽略不计。因此计算绿洲农业区的真实节水量主要是计算消耗水量的减少量。

无效消耗减少量的计算方法为

$$\Delta Q_{消耗}=\sum_{i=1}^{n}(\Delta A_i \times \Delta I_i) \tag{6.4-2}$$

式中：ΔA_i为增加的第i种节水措施面积；ΔI_i为第i种节水措施减少的净灌溉定额。

6.4.3 吐鲁番真实节水潜力场景分析

1. 吐鲁番农业节水潜力场景设置

基于吐鲁番社会经济发展目标，通过逐步关井退田、退耕还水的措施实现只保留基本耕地的目标。因此，分析吐鲁番农业节水潜力的基本前提是不突破耕地红线（基本农田）和耗水红线双红线控制下，可考虑从四种场景分析吐鲁番农业发展规模：维持现状种植结构、经济效益优先、节水效益优先、兼顾节水与经济效益。维持现状种植结构指在实现退地目标的过程中，种植结构调整按现有比例等比例调减；经济效益优先是指在退地过程中，通过调整种植结构，优先保障经济效益高的作物用水需求；节水效益优先指优先考虑节水效果好的作物；兼顾节水与经济效益，则需要在满足退地红线的前提下，在节水和经济之间达到均衡。

2. 不同场景节水潜力

以吐鲁番基准年的现状种植结构和耗水为基础，计算不同场景的农业节水潜力和经济效益。根据吐鲁番市地籍数据统计，基准年吐鲁番市的耕地面积为164.58万亩，其中高昌区61.19万亩、鄯善县57.79万亩、托克逊县45.61万亩。根据地籍数据分析，吐鲁番市基本责任田总数为99.20万亩，其中高昌区36.40万亩、鄯善县34.71万亩、托克逊县28.09万亩。基准年吐鲁番市农作物种植结构和耕地红线数据见表6.4－1。不同场景模拟结果见表8.3－2。根据评价结果显示，在保证耕地目标的前提下，节水效益最大能达到1.95亿m^3；经济效益最大能达到33.31亿元。

表6.4－1　　基准年吐鲁番地区农作物种植结构和耕地红线数据　　单位：万亩

行政分区	葡萄	大棚	棉花或瓜套	其他	合计	耕地红线
高昌区	17.04	4.15	20.86	19.14	61.19	36.40
鄯善县	21.28	3.70	20.38	12.43	57.79	34.71
托克逊县	0.62	1.44	30.48	13.07	45.61	28.09
合计	38.94	9.29	71.72	44.64	164.59	99.20

表6.4－2　　吐鲁番农业节水经济效益和节水效益

行政分区	场　景	退地面积/万亩					节水效益/万 m^3	经济效益/万元
		葡萄	大棚	瓜套棉	其他	合计		
高昌区	场景一（现状结构）	2.81	1.36	8.77	5.49	18.43	6887.70	99149.69
	场景二（经济优先）	1.54	－10.85	14.96	19.14	24.79	6885.27	137447.44
	场景三（节水优先）	1.04	－0.35	4.96	19.14	24.79	7522.77	102462.44
	场景四（综合效益）	－1.66	－2.35	9.66	19.14	24.79	6856.27	110775.44
鄯善县	场景一（现状结构）	4.51	1.60	9.48	4.89	20.48	8372.24	91171.26
	场景二（经济优先）	6.28	－7.30	11.67	12.43	23.08	8340.83	120090.61
	场景三（节水优先）	5.78	2.50	2.37	12.43	23.08	8811.93	87457.61
	场景四（综合效益）	4.28	－0.80	7.17	12.43	23.08	8361.33	99430.61
托克逊	场景一（现状结构）	0.11	0.28	7.01	8.21	15.61	2990.84	64831.65
	场景二（经济优先）	0.12	－3.06	7.39	13.07	17.52	3007.37	75527.26
	场景三（节水优先）	－0.38	0.44	4.39	13.07	17.52	3154.87	64062.26
	场景四（综合效益）	－0.38	－1.76	6.59	13.07	17.52	3000.87	71454.26

续表

行政分区	场景	退地面积/万亩					节水效益/万 m^3	经济效益/万元
		葡萄	大棚	瓜套棉	其他	合计		
吐鲁番	场景一（现状结构）	7.44	3.24	25.26	18.60	54.54	18250.78	255152.60
	场景二（经济优先）	7.93	−21.21	34.01	44.64	65.37	18233.46	333065.31
	场景三（节水优先）	6.43	2.59	11.71	44.64	65.37	19489.56	253982.31
	场景四（综合效益）	2.23	−4.91	23.41	44.64	65.37	18218.46	281660.31

6.5 不同空间尺度农业发展时空布局方案

6.5.1 县级农业耗水优化实施方案

吐鲁番市基于ET的农业节水规划以供需平衡为基础，以综合效益最大化为引导，通过调整种植结构、退耕还水、合理布局高效节水灌溉规模，规划出阶段目标年的农业节水方案和目标年的农业目标ET红线。

制定“基于农业目标ET的县级农业耗水优化实施方案”的基本思路主要包括以下3个方面：

(1) 根据基于ET的农业节水规划所制定的阶段性县级农业目标ET和具体规划方案，结合不同作物不同区域水分生产效率的差异和各乡镇社会经济发展现状，制定乡镇级的阶段性农业目标ET。

(2) 依据乡镇级的阶段性农业目标ET，制定乡镇农业耗水优化实施方案，明确不同乡镇每年进行农业结构调整、退耕还水、调整灌溉模式等具体措施，以获得每年的农业耗水优化实施方案。

(3) 在乡镇农业耗水优化实施方案的基础上，汇总为以县为基础的县级农业耗水优化实施方案。

6.5.1.1 年度实施方案

根据高昌区、鄯善县和托克逊县基于ET的农业节水规划结果，结合县级农业耗水优化方法的基本思路，得出年度耗水优化实施方案。具体方案见图6.5-1。

6.5.1.2 主要阶段年实施方案

为了实现推荐的规划方案，按照2015年、2020年、2025年和2030年四个阶段设置实施方案。实施方案明确细化到各乡镇在阶段年的种植结构调整情况和退地规模。

1. 2015年规划实施方案

与基准年相比，2015年高昌区保持耕地596613亩，通过退耕措施，减少耕地面积15297亩。根据方案规划，到2015年，鄯善县实现退地13038亩，耕地播种面积达到564787亩，其中葡萄播种面积为212764亩，大棚蔬菜播种面积为36963亩，棉花或瓜套棉播种面积为210175亩，其他作物播种面积为104885亩；托克逊县实现退地10787亩，耕地播种面积达到445277亩。三县（区）各乡镇2015年规划种植结构和退地规模见表6.5-1。

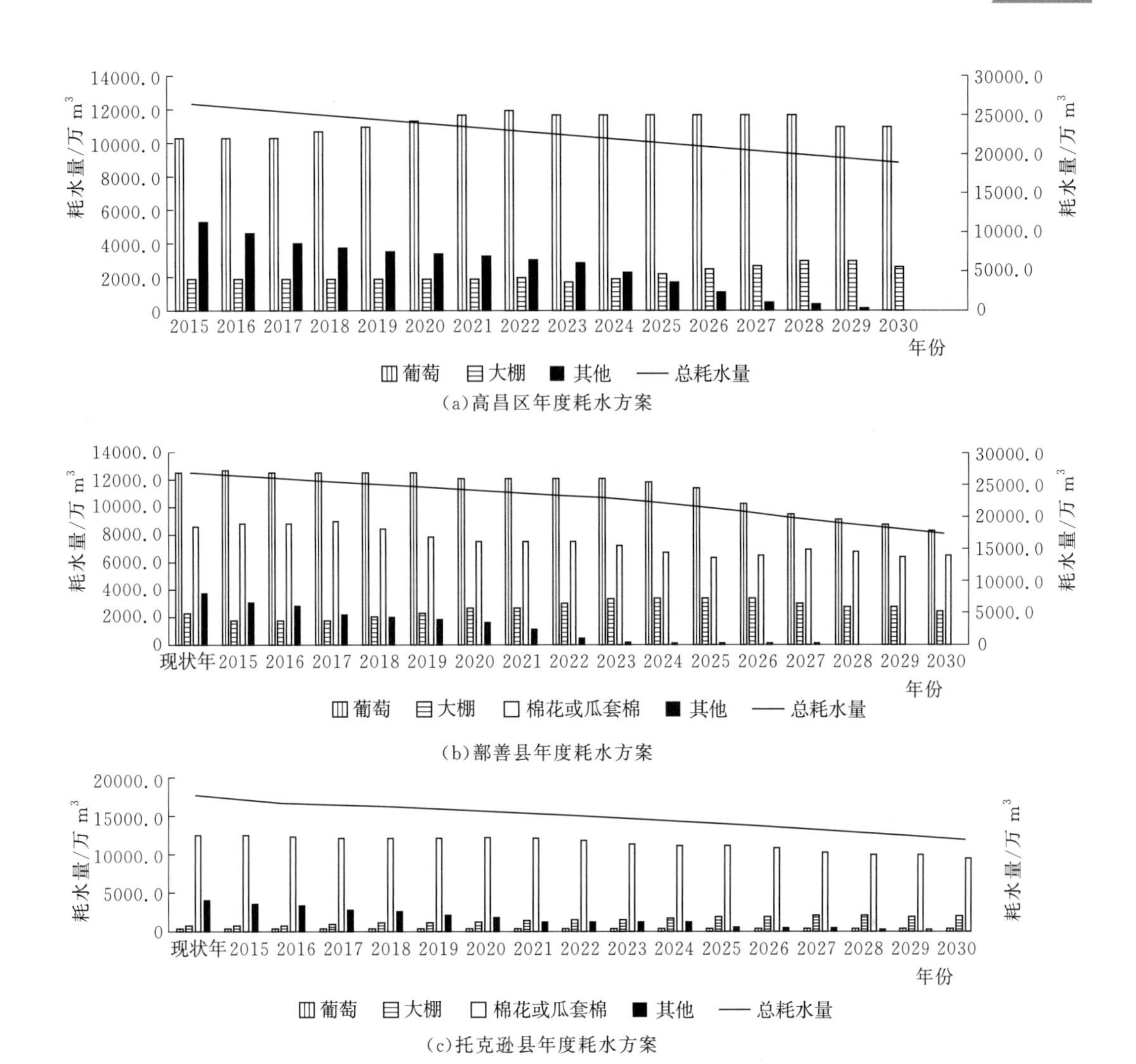

图 6.5-1 三县（区）年度耗水实施方案

表 6.5-1 三县（区）各乡镇 2015 年规划种植结构和退地规模

行政分区	乡镇名称	面积/亩					退地面积/亩
		葡萄	大棚	棉花或瓜套棉	其他	合计	
高昌区	七泉湖镇	0	0	653	3742	4395	1298
	亚尔乡	60276	9114	14727	29122	113239	3011
	艾丁湖乡	6064	1626	38853	30520	77063	259
	葡萄乡	15807	682	6962	9466	32917	96
	恰特卡勒乡	22002	8248	53874	51211	135335	5022
	二堡乡	7090	8509	21764	6678	44041	1545
	三堡乡	8659	11609	51003	16562	87833	3096

续表

行政分区	乡镇名称	面积/亩					退地面积/亩
		葡萄	大棚	棉花或瓜套棉	其他	合计	
高昌区	胜金乡	36712	0	13371	16420	66503	236
	葡萄沟管委	5002	0	2493	8381	15876	262
	园艺场	6213	0	1173	2616	10002	0
	原种场	2175	411	4519	2304	9409	472
	合计	170000	40199	209392	177022	596613	15297
鄯善县	鄯善镇	4051	748	4455	2063	11317	2954
	七克台镇	23295	1790	23307	13802	62194	1145
	连木沁镇	45126	0	9750	8976	63852	42
	鲁克沁镇	44548	7788	27049	9147	88532	637
	辟展乡	36866	2369	10377	9087	58699	1811
	东巴扎乡	5592	412	1747	609	8360	0
	吐峪沟乡	21289	14173	64307	23724	123493	2057
	达浪坎乡	13148	9328	40433	13829	76738	4121
	迪坎乡	9828	337	27765	19300	57230	0
	园艺场	9021	18	985	4348	14372	271
	合计	212764	36963	210175	104885	564787	13038
托克逊县	库米什镇	0	40	0	54137	54177	891
	克尔碱镇	0	649	1822	2068	4539	0
	夏乡	2716	3261	109635	22467	138079	4154
	郭勒布依乡	1400	4588	89101	18510	113599	5595
	伊拉湖乡	662	3075	41046	11213	55996	0
	博斯坦乡	1403	4398	64012	9074	78887	147
	合计	6181	16011	305616	117469	445277	10787

2. 2020年规划实施方案

到2020年，经过进一步结构调整和退地，整个高昌区耕地缩减到518982亩，与基准年相比，退耕面积达到92929亩；鄯善县耕地播种面积进一步缩减到491409亩，其中葡萄播种面积为202325亩，大棚蔬菜播种面积为54963亩，棉花或瓜套棉播种面积为179238亩，其他作物播种面积为54883亩；托克逊耕地播种面积进一步缩减到390974亩，与基准年相比，退耕面积为65092亩。三县（区）各乡镇2020年规划种植结构和退地规模见表6.5-2。

表 6.5-2　　三县（区）各乡镇 2020 年规划种植结构和退地规模

行政分区	乡镇名称	面积/亩					退地面积/亩
		葡萄	大棚	棉花或瓜套棉	其他	合计	
高昌区	七泉湖镇	66	0	782	3513	4361	1332
	亚尔乡	64406	9114	15640	22329	111489	4760
	艾丁湖乡	9354	1626	40814	22719	74513	2810
	葡萄乡	17284	682	7864	6483	32313	701
	恰特卡勒乡	27454	8248	50922	31956	118580	21778
	二堡乡	7960	8509	13822	2809	33100	12486
	三堡乡	9133	11609	26685	4122	51549	39379
	胜金乡	37931	0	12696	9531	60158	6580
	葡萄沟管委	6074	0	2512	6291	14877	1260
	园艺场	6236	0	1478	2289	10003	0
	原种场	2387	411	3441	1800	8039	1843
	合计	188285	40199	176656	113842	518982	92929
鄯善县	鄯善镇	3730	1215	4725	1192	10861	3409
	七克台镇	22153	3685	21977	4035	51851	11488
	连木沁镇	42858	1980	12029	3379	60245	3649
	鲁克沁镇	44172	9997	23570	4492	82231	6938
	辟展乡	35846	4065	9801	5856	55568	4943
	东巴扎乡	4906	522	1687	250	7366	993
	吐峪沟乡	18063	16743	46344	12978	94128	31420
	达浪坎乡	12612	12664	36894	8112	70282	10577
	迪坎乡	9786	4092	21305	10343	45526	11704
	园艺场	8199	0	906	4246	13352	1292
	合计	202325	54963	179238	54883	491409	86413
托克逊县	库米什镇	0	944	0	16462	17406	37662
	克尔碱镇	0	2061	1822	656	4539	0
	夏乡	2661	6836	106502	15062	131061	11173
	郭勒布依乡	1400	6905	85641	11005	104951	14243
	伊拉湖乡	662	6155	40806	8083	55706	290
	博斯坦乡	1333	4979	63704	7295	77311	1724
	合计	6056	27880	298475	58563	390974	65092

3. 2025 年规划实施方案

根据方案规划，到 2025 年，高昌区通过调整种植结构和退地措施，耕地面积缩减到 441493 亩，与基准年相比，退地面积 170415 亩；鄯善县耕地播种面积进一步缩减到 419227 亩，其中葡萄播种面积为 191690 亩，大棚蔬菜播种面积为 71631 亩，棉花或瓜套棉播种面积为151905亩，其他作物播种面积为4001亩；托克逊耕地面积退减为335754亩，与基准年相比，退耕面积为12310亩。三县（区）各乡镇2025年规划种植结构和退地规模见表6.5-3。

表6.5-3　　三县（区）各乡镇2025年规划种植结构和退地规模

行政分区	乡镇名称	面积/亩					退地面积/亩
		葡萄	大棚	棉花或瓜套棉	其他	合计	
高昌区	七泉湖镇	137	138	782	927	1984	3709
	亚尔乡	65256	12547	15363	13517	106683	9567
	艾丁湖乡	10613	3815	40442	10840	65710	11612
	葡萄乡	17951	1682	7864	2831	30328	2686
	恰特卡勒乡	30726	13640	49053	13032	106451	33906
	二堡乡	7954	4175	3885	1608	17622	27964
	三堡乡	7215	5423	8133	3344	24115	66814
	胜金乡	38422	2412	12308	5911	59053	7684
	葡萄沟管委	6560	723	2450	3501	13234	2904
	园艺场	6274	0	1478	553	8305	1697
	原种场	2514	804	3441	1249	8008	1872
	合计	193622	45359	145199	57313	441493	170415
鄯善县	鄯善镇	3730	1716	3732	267	9445	4825
	七克台镇	19893	4648	22149	178	46868	16471
	连木沁镇	38361	4627	16399	134	59521	4374
	鲁克沁镇	41868	13179	19025	177	74249	14921
	辟展乡	34665	5696	6602	44	47007	13504
	东巴扎乡	4828	652	1063	0	6543	1816
	吐峪沟乡	17748	17589	31530	2014	68881	56667
	达浪坎乡	12612	16764	34084	458	63918	16942
	迪坎乡	9786	6760	17321	729	34596	22633
	园艺场	8199	0	0	0	8199	6444
	合计	191690	71631	151905	4001	419227	158597
托克逊县	库米什镇	0	3725	0	1141	4866	50202
	克尔碱镇	0	2437	1822	280	4539	0
	夏乡	2596	10500	96628	7475	117199	25034
	郭勒布依乡	1235	7996	75916	2315	87462	31731
	伊拉湖乡	615	8526	38911	3540	51592	4405
	博斯坦乡	1246	5852	60386	2612	70096	8938
	合计	5692	39036	273663	17363	335754	120310

4. 2030 年规划实施方案

到 2030 年，高昌区实现耕地保有面积为 364039 亩，基本上只保留责任田，非责任田全部退耕；鄯善县实现耕地保有面积为 355306 亩，基本上只保留责任田，非责任田全部退耕；托克逊实现耕地保有面积为 280897 亩，基本上只保留责任田，非责任田全部退耕。三县（区）各乡镇 2030 年规划种植结构和退地规模见表 6.5-4。

表 6.5-4　　三县（区）各乡镇 2030 年规划种植结构和退地规模

行政分区	乡镇名称	面积/亩					退地面积/亩
		葡萄	大棚	棉花或瓜套棉	其他	合计	
高昌区	七泉湖镇	137	730	782	0	1649	4044
	亚尔乡	58803	13796	13875	0	86474	29776
	艾丁湖乡	9988	6792	37385	0	54165	23156
	葡萄乡	17218	3250	6961	0	27429	5584
	恰特卡勒乡	29672	14856	43420	0	87948	52408
	二堡乡	7031	2102	2516	0	11649	33936
	三堡乡	6616	1895	4833	0	13344	77586
	胜金乡	38219	7741	12242	0	58202	8537
	葡萄沟管委	5643	2396	2040	0	10079	6059
	园艺场	6225	112	1437	0	7774	2228
	原种场	2468	932	1926	0	5326	4555
	合计	182020	54602	127417	0	364039	247869
鄯善县	鄯善镇	2518	1433	4005	0	7956	6314
	七克台镇	11601	4614	27742	0	43957	19382
	连木沁镇	24439	4627	29623	0	58689	5206
	鲁克沁镇	37504	9640	18306	0	65450	23719
	辟展乡	28365	4715	10493	0	43573	16938
	东巴扎乡	3397	519	2288	0	6204	2156
	吐峪沟乡	11980	6550	19423	0	37953	87595
	达浪坎乡	11792	13540	33000	0	58332	22528
	迪坎乡	7247	6423	11323	0	24993	32235
	园艺场	8199	0	0	0	8199	0
	合计	147042	52061	156203	0	355306	216073
托克逊县	库米什镇	0	4613	0	0	4613	50455
	克尔碱镇	0	2717	1822	0	4538	0
	夏乡	2268	13554	83696	0	99517	42716
	郭勒布依乡	889	7942	63663	0	72495	46698
	伊拉湖乡	279	9791	32388	0	42459	13537
	博斯坦乡	1094	3514	52667	0	57276	21758
	合计	4530	42131	234236	0	280897	175164

5. 乡镇不同阶段耗水与取水红线

根据各阶段规划实施方案结果，计算得出高昌区不同阶段年允许的农业耗水红线数据，其中2015年耗水红线为26109万m^3，2020年耗水红线为23978万m^3，2025年耗水红线为21564万m^3，2030年耗水红线为18856万m^3。鄯善县不同阶段年允许的农业耗水红线分别为：2015年为26532万m^3，2020年为23965万m^3，2025年为21446万m^3，2030年为17900万m^3。托克逊县不同阶段年允许的农业耗水红线分别为：2015年为17197万m^3，2020年为15699万m^3，2025年为13959万m^3，2030年为11899万m^3。三县（区）各乡镇不同阶段年耗水红线见表6.5-5。

表6.5-5　　三县（区）各乡镇不同阶段年耗水红线　　单位：万m^3

行政分区	乡镇名称	阶段耗水红线			
		2015年	2020年	2025年	2030年
高昌区	七泉湖镇	139	141	75	75
	亚尔乡	5562	5645	5586	4789
	艾丁湖乡	2953	2999	2808	2463
	葡萄乡	1558	1595	1574	1483
	恰特卡勒乡	5472	5103	4916	4288
	二堡乡	1930	1541	889	629
	三堡乡	3669	2328	1131	689
	胜金乡	3262	3101	3122	3186
	葡萄沟管委	656	659	637	540
	园艺场	502	507	457	441
	原种场	406	359	369	273
	合计	26109	23978	21564	18856
鄯善县	鄯善镇	528	517	471	389
	七克台镇	2879	2552	2355	2089
	连木沁镇	3380	3268	3214	2937
	鲁克沁镇	4456	4253	3946	3480
	辟展乡	3030	2929	2627	2366
	东巴扎乡	446	397	365	325
	吐峪沟乡	5385	4234	3300	1852
	达浪坎乡	3359	3166	3014	2751
	迪坎乡	2357	1993	1664	1221
	园艺场	712	656	490	490
	合计	26532	23965	21446	17900
托克逊县	库米什镇	1626	539	213	221
	克尔碱镇	168	193	200	205
	夏乡	5490	5308	4847	4219

续表

行政分区	乡镇名称	阶段耗水红线			
		2015年	2020年	2025年	2030年
托克逊县	郭勒布依乡	4513	4258	3641	3045
	伊拉湖乡	2207	2251	2148	1815
	博斯坦乡	3193	3150	2910	2394
	合计	17197	15699	13959	11899

要实现推荐的规划方案，除了要进行结果调整外，还需要控制各用地单元的取水量数据。利用耗水转换系数，对耗水红线数据进行转换，得出各阶段年不同乡镇允许的取水红线数据。高昌区、鄯善县和托克逊县2015年允许的取水红线分别为40797万m^3、40204万m^3和29650万m^3，2020年分别为35790万m^3、35243万m^3和24919万m^3，2025年分别为31713万m^3、33773万m^3和21641万m^3，2030年分别为27329万m^3、28056万m^3和18031万m^3。具体到各乡镇不同阶段年允许取水红线见表6.5-6。

表6.5-6　三县（区）各乡镇不同阶段年允许取水红线　单位：万m^3

行政分区	乡镇名称	阶段允许取水量			
		2015年	2020年	2025年	2030年
高昌区	七泉湖镇	217	211	110	109
	亚尔乡	8690	8426	8214	6940
	艾丁湖乡	4615	4476	4130	3570
	葡萄乡	2435	2381	2315	2149
	恰特卡勒乡	8550	7617	7229	6215
	二堡乡	3016	2300	1308	912
	三堡乡	5733	3474	1663	999
	胜金乡	5097	4629	4592	4617
	葡萄沟管委	1025	984	937	783
	园艺场	785	756	672	639
	原种场	634	536	543	396
	合计	40797	35790	31713	27329
鄯善县	鄯善镇	801	760	742	610
	七克台镇	4362	3753	3709	3274
	连木沁镇	5122	4806	5061	4603
	鲁克沁镇	6752	6255	6214	5455
	辟展乡	4591	4307	4137	3708
	东巴扎乡	676	584	575	509
	吐峪沟乡	8159	6226	5197	2903
	达浪坎乡	5090	4656	4746	4312

续表

行政分区	乡镇名称	阶段允许取水量			
		2015年	2020年	2025年	2030年
鄯善县	迪坎乡	3572	2931	2620	1914
	园艺场	1079	965	772	768
	合计	40204	35243	33773	28056
托克逊县	库米什镇	2804	856	330	335
	克尔碱镇	289	307	310	311
	夏乡	9465	8425	7515	6393
	郭勒布依乡	7782	6758	5644	4614
	伊拉湖乡	3805	3573	3330	2750
	博斯坦乡	5505	5000	4512	3628
	合计	29650	24919	21641	18031

6.5.2 村级农业耗水控制方案

1. 基本思路

在地籍调查数据的基础上，结合遥感数据和实地调查，研究确定典型WUA的农业目标ET，并根据不同典型区域各种特点和作物种植情况，分年度制定农业耗水优化实施方案，明确典型区域内退地顺序、作物种植结构调整方向和灌溉发展模式。

2. 吐鲁番WUA组建基本情况

建立农民用水户协会（WUA）是新疆吐鲁番地区世行项目中的一个重要组成部分。农村水利基础设施在增强农业抗御自然灾害能力、改善农业生产条件、提高农业综合生产能力、促进农民增收、发展农村经济中发挥着十分重要的作用。在农村水利建设与管理的改革中，鼓励和引导农民自愿组织起来，互助合作，成立农民用水户协会，承担直接受益的农村水利工程的建设、管理和维护责任，可以解决农村土地家庭承包经营后集体管水组织主体“缺位”问题；解决大量小型农田水利工程和大中型灌区的斗渠以下田间工程有人用、没人管，老化破损严重等问题；同时也是巩固灌区续建配套节水改造成果，保证灌区工程设施充分发挥效益的需要。

世行项目在吐鲁番地区现有WUA的基础上，通过完善组建程序、制度规范等措施，帮助吐鲁番地区组建了43个WUA。

3. WUA耗水优化实施方案

WUA是耗水优化实施方案最基层的落实单元。只有将耗水实施方案落实到WUA，才能从操作层面基于实际指导意义。WUA年度耗水实施方案见表6.5-7和表6.5-8。

表 6.5-7　　WUA 2025 年耗水实施方案

行政分区	乡镇名称	村名称	种植面积/亩					耗水红线/万 m^3
			葡萄	大棚	棉花或瓜套棉	其他	累计退地	
高昌区	亚尔乡	戈壁村	7533.5	268.5	1418.0	1211.1	1543.9	563.1
	艾丁湖乡	庄子村	3905.5	2206.6	11030.3	2565.1	2984.7	871.4
	恰特卡勒乡	公相村	3253.3	3404.8	6333.7	2348.0	3015.2	690.4
		恰特卡勒村	3789.3	1059.4	3598.4	647.8	488.8	447.1
		吐鲁番克村	4785.1	2857.6	2929.1	808.3	367.9	571.0
	二堡乡	巴达木村	2939.0	540.4	1306.1	564.2	0	274.2
		布隆村	1982.5	137.5	450.7	400.0	0	157.0
	三堡乡	阿瓦提村	503.1	50.8	523.6	78.6	7849.1	56.7
		曼古布拉克村	1051.5	71.1	1880.4	212.5	0	150.5
		台藏村	1007.9	53.1	296.1	168.8	4391.3	80.7
		英吐尔村	1003.1	131.0	1139.1	241.3	5210.6	120.9
		园艺村	362.1	107.3	588.4	49.5	2600.6	52.7
	园艺场	园艺场	6274.0	0	1477.9	553.4	1697.2	456.8
鄯善县	七克台镇	库木坎村	4661.5	741.7	2756.8	0	1751.7	431.0
	连木沁镇	阿克墩村	2395.9	98.3	1170.2	0	0	197.5
		汉敦坎村	2258.1	921.8	523.8	0	50.9	201.4
		连木沁坎村	4860.6	275.4	2109.7	73.3	862.5	395.3
	鲁克沁镇	阿玛夏村	4759.1	814.2	2164.2	93.6	495.2	418.0
		斯尔克甫村	2402.3	627.9	6944.5	0	3290.2	467.5
	辟展乡	卡格托尔村	604.0	470.9	637.6	43.8	276.3	87.0
	东巴扎乡	前街村	1468.4	179.7	436.9	0	229.1	114.9
	吐峪沟乡	潘碱坎村	2692.1	2668.1	8705.7	135.2	18277.2	661.4
		泽日甫村	1152.7	2126.5	2860.0	0	6242.2	292.0
	达浪坎乡	乔亚村	2176.4	2799.6	3206.9	0	553.2	400.2
		玉旺坎村	2940.9	3444.7	5921.9	0	1742.5	591.7
	迪坎乡	塔什塔盘村	2440.8	1512.6	5024.9	467.6	2286.4	445.1
	园艺场	园艺场	8199.3	0	0	0	6444.5	490.3
托克逊县	夏乡	奥依曼村	31.8	1280.3	10570.1	612.6	2798.5	515.1
		巴扎村	34.9	2664.8	6644.3	385.8	1661.7	414.0
		大地村	0	77.4	3219.6	964.7	1295.4	164.7
		宫尚村	130.4	367.8	12953.9	215.1	2083.2	563.1

续表

行政分区	乡镇名称	村名称	种植面积/亩					耗水红线/万 m^3
			葡萄	大棚	棉花或瓜套棉	其他	累计退地	
托克逊县	夏乡	卡克恰村	919.6	537.8	8429.7	337.1	2552.2	437.2
		南湖村	1213.9	545.0	11660.6	1140.6	2660.5	611.9
	郭勒布依乡	奥依曼布拉克村	47.4	743.4	6558.1	517.7	3470.4	323.0
		喀拉布拉克村	56.1	1238.1	9080.1	443.7	7624.9	448.4
		开斯克尔村	349.1	3571.4	11995.2	575.2	12630.0	701.6
		硝尔村	41.3	24.0	4211.2	40.6	75.8	177.5
	伊拉湖乡	安西村	31.9	915.3	2771.1	249.4	471.7	167.0
		康克村	71.7	333.3	3672.9	487.0	204.8	185.5
		伊拉湖村	171.4	215.5	7359.4	88.7	415.3	325.1
	博斯坦乡	博日布拉克村	88.2	194.2	7007.6	224.9	1091.7	308.7
		琼排孜村	134.3	87.5	3876.8	632.7	2484.7	190.3
		硝坎儿村	2.3	86.6	5178.5	116.4	1588.7	220.1

表 6.5-8　　WUA 2030 年耗水实施方案

行政分区	乡镇名称	村名称	种植面积/亩					耗水红线/万 m^3
			葡萄	大棚	棉花或瓜套棉	其他	累计退地	
高昌区	亚尔乡	戈壁村	5633.9	774.8	1207.0	0	4359.2	427.5
	艾丁湖乡	庄子村	3905.5	3045.3	10349.7	0	5391.6	806.8
	恰特卡勒乡	公相村	2975.7	2953.2	4920.5	0	7505.5	523.5
		恰特卡勒村	3598.2	784.6	3569.6	0	1631.4	401.7
		吐鲁番克村	4751.0	1929.6	2913.8	0	2153.5	499.5
	二堡乡	巴达木村	2939.0	1104.6	1306.1	0	0	284.4
		布隆村	1982.5	537.4	450.7	0	0	164.2
	三堡乡	阿瓦提村	503.1	129.4	523.6	0	7849.1	58.1
		曼古布拉克村	1051.5	283.6	1880.4	0	0	154.3
		台藏村	893.8	221.9	218.3	0	4583.2	73.7
		英吐尔村	562.9	330.3	819.7	0	6012.0	83.5
		园艺村	321.1	85.1	214.0	0	3087.7	32.3
	园艺场	园艺场	6225.4	112.0	1436.6	0	2228.4	440.9
鄯善县	七克台镇	库木坎村	2848.0	719.8	4253.2	0	2090.7	384.8
	连木沁镇	阿克墩村	1364.4	98.3	2201.7	0	0	179.4
		汉敦坎村	970.6	921.8	1793.3	0	68.9	178.1
		连木沁坎村	2836.6	275.4	3891.6	0	1177.9	347.5

续表

行政分区	乡镇名称	村名称	种植面积/亩					耗水红线/万 m^3
			葡萄	大棚	棉花或瓜套棉	其他	累计退地	
鄯善县	鲁克沁镇	阿玛夏村	4023.5	814.2	2586.7	0	901.9	389.1
		斯尔克甫村	1425.1	627.9	5603.0	0	5608.8	352.4
	辟展乡	卡格托尔村	139.5	264.1	979.3	0	649.7	62.4
	东巴扎乡	前街村	1201.2	179.7	678.2	0	255.0	109.1
	吐峪沟乡	潘碱坎村	2678.8	1999.6	3969.7	0	23830.1	424.1
		泽日甫村	1033.4	1161.7	2979.3	0	7207.0	243.6
	达浪坎乡	乔亚村	2063.9	2531.3	3258.5	0	882.3	382.8
		玉旺坎村	2710.5	2807.3	5934.0	0	2598.1	547.9
	迪坎乡	塔什塔盘村	2128.8	1512.6	3023.9	0	5067.1	327.8
	园艺场	园艺场	0	0	0	0	14643.8	0
托克逊县	夏乡	奥依曼村	31.8	1343.8	7746.0	0	6171.7	384.0
		巴扎村	29.8	2085.7	6221.9	0	3054.1	357.0
		大地村	0	195.8	2251.4	0	3109.8	101.7
		宫尚村	62.0	480.6	11647.4	0	3560.4	504.4
		卡克恰村	753.4	984.4	7733.5	0	3304.9	409.9
		南湖村	1188.2	1069.9	9783.4	0	5179.1	524.4
	郭勒布依乡	奥依曼布拉克村	41.2	947.7	5635.3	0	4712.8	279.0
		喀拉布拉克村	48.3	1521.0	8151.8	0	8721.8	410.2
		开斯克尔村	315.1	2116.8	8292.9	0	18396.1	460.7
		硝尔村	41.3	64.6	3481.8	0	805.2	148.4
	伊拉湖乡	安西村	31.9	586.1	2306.6	0	1514.7	124.6
		康克村	64.7	648.2	2650.6	0	1406.3	143.7
		伊拉湖村	22.2	428.0	6032.3	0	1767.9	269.2
	博斯坦乡	博日布拉克村	88.2	419.1	6701.5	0	1397.7	300.2
		琼排孜村	134.3	205.1	2932.0	0	3944.5	138.2
		硝坎儿村	2.3	203.0	4843.2	0	1924.0	208.5

6.5.3 田块尺度耗水监测与控制

1. 田块尺度耗水监测与控制方法

根据吐鲁番地区农业用水现状和规模结果，对于实际监测的耗水结果按五级划分，分别为：安全、蓝色预警、黄色预警、橙色预警和红色预警。具体标准划分见表 6.5-9。

表 6.5-9　　吐鲁番地区农业耗水监测与控制级别与判断标准

序号	级别	标准/%	预警颜色
1	安全	10	绿色
2	蓝色预警	[10，20)	蓝色
3	黄色预警	[20，30)	黄色
4	橙色预警	[30，50)	橙色
5	红色预警	50	红色

2. 二塘沟河流域 2015 年地块农业耗水控制

该流域位于鄯善县西部与吐鲁番市交界处，经纬度范围为 42.515°～43.323°N、89.497°～90.062°E，面积约 1600 多 km^2；流域内包括 6 个乡镇共计 36 个自然村。二塘沟河流域属于独特的温暖带大陆性干旱荒漠气候，由于流域地处吐鲁番盆地之中，气候变化特征具有增热迅速、散热慢、日照长、气象高、昼夜温差大、降水少、风力大等特点；流域上游起源于博格达山山区，中游横穿火焰山，下游为灌溉农业区；流域年降雨量在 20mm 以下，是资源型缺水最为严重的地区；同时属于典型的干旱绿洲灌溉农业，主要种植作物有葡萄、棉花、瓜果等。

根据遥感 ET 分析，得出二塘沟河流域村级目标 2015 年实际种植业耗水量。分析显示，2015 年，整个二塘沟河流域 34 个村级监测对象中，有 17 个村的实际耗水情况超过安全阈值范围。其中，有 6 个村庄处于绿色阈值内，其超耗水值属于可控的 10%范围之内；有 3 个村庄属于蓝色预警范围内；有 1 个村处于黄色预警范围内；有 3 个村庄属于橙色预警范围；有 3 个村庄处于红色预警范围。

进一步分析超目标耗水，发现一些村庄未按规划目标限定的种植规模控制目标进行退地，普遍存在该退耕地块没有退耕的现象。

6.6 小结

以吐鲁番地区为案例，应用基于耗水红线的农业发展分析方法对吐鲁番全地区农业节水发展进行了时空优化布局分析研究。吐鲁番市基于 ET 的农业节水规划以供需平衡为基础，以综合效益最大化为引导，通过调整种植结构、退耕还水、合理布局高效节水灌溉规模，规划出阶段目标年的农业节水方案和目标年的农业目标 ET 红线，在明确吐鲁番地区不同规划年农业节水控水发展总体目标的前提下，从农业总体发展规模、节水潜力和耗水优化布局等三个方面开展了具体的研究。

(1) 总体来说，要实现吐鲁番地区耗水控制目标，主要需要通过退耕还水、调整种植结构、大力发展高效节水等三种方式。规划到 2030 年吐鲁番地区农作物播种面积控制在 100 万亩，种植业净耗水控制在 4.97 亿 m^3 以内。通过实施节水灌溉措施提高耗水转换系数，可实现到 2030 年吐鲁番地区农业用水的取水量控制在 7.69 亿 m^3 以内。遵循吐鲁番地区传统规划对吐鲁番地区农业发展目标的设定，吐鲁番地区未来农作物主要以为葡萄、大棚蔬菜、棉花或瓜套棉为主。在规划的近 100 万亩作物中，大棚蔬菜面积为 14.9 万亩，葡萄面积为32.6万亩，棉花或瓜套棉面积为51.8万亩。在灌溉方式的设计上高效节水灌溉以滴灌为主，常规灌溉方式以沟灌或畦灌为主。基于对地块灌溉水源条件方式以及经济效益等因素综合考虑下，规划吐鲁番地区高效节水灌溉的适宜规模为48.9万亩。

（2）在遵循灌溉方式选择、退地还水和结构调整等几个原则的基础上，补充规划将实施方案明确细化到各乡镇不同阶段年的种植结构调整情况和退地情况。根据实施结果，计算出阶段年各行政单元（村、乡镇、区县、市）耗水红线（阶段年农业目标ET）。结合不同地区、不同灌溉方式条件下的耗水转换系数，可以计算得出相应行政单位的取用水红线数据。该结果可以作为吐鲁番地区各区县及乡镇划分用水红线的重要参考。

（3）从耗水控制角度分析了真实节水的内涵和主要构成。在农业灌溉用水环节中，减少的无效耗水量再加上减少的无效流失量可称为净节水潜力。净节水潜力实际上是从水循环中夺取的无效蒸腾蒸发量和其他无效流失量，这部分节水量可以作为新水资源参与到区域水量平衡运作，可被称为真实节水。在吐鲁番基于耗水控制的农业节水发展规划结果的基础上，设置维持现状种植结构、经济效益优先、节水效益优先、兼顾节水和经济效益等四个场景，分析评估了不同方案的节水潜力。评价结果显示，在保证耕地目标的前提下，节水效益最大能达到1.95亿m^3，经济效益最大能达到33.31亿元。

第7章

农业用水时空优化配置

7.1 农业灌溉需水分析

7.1.1 现状年作物种植情况

7.1.1.1 托克逊县

托克逊县主要分为2个流域：阿拉沟河流域和白杨河流域。

1. 阿拉沟河流域

据统计，阿拉沟河流域一共有19个用水者协会，分属于3个乡镇，即博斯坦乡、库米什镇和伊拉湖乡。

现状年耕地面积19.0万亩，其中，责任田10.4万亩，非责任田8.6万亩。责任田中，棉花的种植面积最大，达8.48万亩，占81%；其次是其他，达1.68万亩，占16%。特别地，库米什镇的英博斯坦村有5.05万亩的非责任田。

2. 白杨河流域

据统计，白杨河流域一共有25个用水者协会，分属于3个乡镇，即郭勒布依乡、克尔碱镇、夏乡。

现状年耕地面积26.6万亩，其中，责任田17.7万亩，非责任田8.9万亩。责任田中，棉花的种植面积最大，达14.6万亩，占83%；其次是其他，达2.1万亩，占12%。特别地，库米什镇的英博斯坦村有5.05万亩的非责任田。

7.1.1.2 高昌区

高昌区主要分为四个流域：大河沿河流域、塔尔郎河流域、煤窑沟河流域和黑沟河流域河。

1. 大河沿河流域

据统计，大河沿河流域一共有7个用水者协会，均属于艾丁湖乡。

现状年耕地面积7.7万亩，其中，责任田5.4万亩，非责任田2.3万亩。责任田中，棉花的种植面积最大，达3.46万亩，占64%；其次是其他，达1.38万亩，占25%。

2. 塔尔郎河流域

据统计，塔尔郎河流域一共有27个用水者协会，分属于3个乡镇，除了园艺场，全部属于亚尔乡。

现状年耕地面积 12.62 万亩，其中，责任田 9.42 万亩，非责任田 3.2 万亩。责任田中，葡萄的种植面积最大，达 5.9 万亩，占 63%；其次是其他，达 1.9 万亩，占 20%。

比较 27 个用水者协会的责任田耕地面积，亚尔果勒村最大，达 0.88 万亩，其次为亚尔贝希村，老城东门村和五道林无责任田。

3. 煤窑沟河流域

据统计，煤窑沟河流域一共有 19 个用水者协会，除了葡萄沟管委会和原种场外，分属于 3 个乡镇，即葡萄乡、七泉湖镇、恰特卡勒乡。

现状年耕地面积 20.20 万亩，其中，责任田 13.16 万亩，非责任田 7.04 万亩。责任田中，棉花和葡萄的种植面积最大，基本持平，分别占 37% 和 32%。

比较 19 个用水者协会的责任田耕地面积，恰特卡勒乡的拉霍加坎儿村最大，达 2.5 万亩，其次为恰特卡勒乡的其盖布拉克村。

4. 黑沟河流域

据统计，黑沟河流域一共有 24 个用水者协会，分属于 4 个乡镇，即二堡乡、七泉湖镇、三堡乡、胜金乡。

现状年耕地面积 20.63 万亩，其中，责任田 8.40 万亩，非责任田 12.23 万亩。责任田中，葡萄的种植面积最大，占 57%。

比较 24 个用水者协会的责任田耕地面积，胜金乡的木日吐克村最大，达 1.02 万亩，其次为胜金乡的胜金村。

7.1.1.3 鄯善县

鄯善县主要分为 3 个流域：二塘沟河流域、柯柯亚尔河流域和坎尔其河流域。

1. 二塘沟流域

据统计，二塘沟河流域一共有 5 个乡镇、39 个用水者协会，现状年耕地面积 39.7 万亩，其中，责任田 23.4 万亩，非责任田 16.3 万亩，其中，葡萄种植面积最大，达 22.88 万亩，占 58%。责任田中，葡萄的种植面积最大，达 19.05 万亩，占 81%；其次是棉花，达 1.47 万亩，占 6%。

比较 5 个乡镇的耕地面积，吐峪沟乡最大，其次为鲁克沁镇。比较 39 个用水者协会的耕地面积，洋海村最大，其次为潘碱坎村。

2. 柯柯亚尔河流域

据统计，柯柯亚尔河流域一共有 19 个用水者协会，除园艺场外，分属于 3 个乡镇，即东巴扎乡、辟展乡、鄯善镇。

现状年耕地面积 9.6 万亩，其中，责任田 5.77 万亩，非责任田 3.83 万亩。责任田中，葡萄的种植面积最大，达 4.18 万亩，占 72%；其次是棉花和其他，均占 12%。

比较 19 个用水者协会的责任田耕地面积，辟展乡的大东湖村最大，达 0.82 万亩，其次为辟展乡的乔克塘村。

3. 坎尔其河流域

据统计，坎尔其河流域一共有 8 个用水者协会，均属于七克台镇。

现状年耕地面积 6.52 万亩，其中，责任田 4.40 万亩，非责任田 2.12 万亩。责任田中，葡萄的种植面积最大，达 2.0 万亩，占 46%；其次是棉花，达 1.5 万亩，占 34%。

比较8个用水者协会的责任田耕地面积，巴喀村和台孜村面积最大，两者基本持平，均达0.80万亩。

7.1.2 不同水平年作物种植情况

7.1.2.1 托克逊县

1. 阿拉沟河流域

从图7.1-1可以看出，作物种植总面积随水平年逐年减少，但是，责任田面积维持不变，即10.43万亩。非责任田面积逐年减少，年均减少0.5万亩，到2030年非责任田种植面积为0。

责任田种植结构上，棉花和葡萄种植面积维持不变，分别为8.51万亩和0.17万亩。大棚种植面积逐年增加；其他作物种植面积逐年减少。详见表7.1-1。

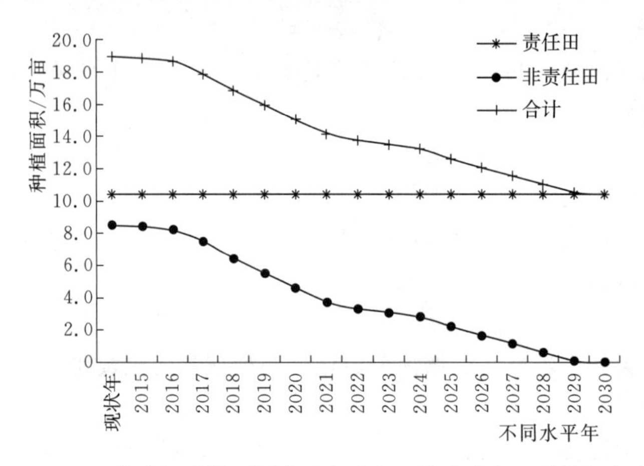

图7.1-1 阿拉沟河流域不同水平年责任田和非责任田种植面积变化

2. 白杨河流域

从图7.1-2可以看出，作物种植总面积随水平年逐年减少，但是，责任田面积维持不变，即17.66万亩。非责任田面积逐年减少，年均减少0.5万亩，到2030年非责任田种植面积为0。

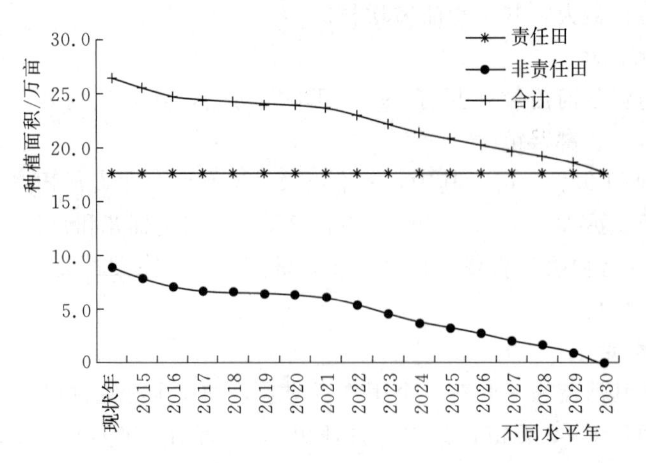

图7.1-2 白杨河流域不同水平年责任田和非责任田种植面积变化

表 7.1-1　阿拉沟河流域不同水平年作物种植情况　单位：亩

水平年	责任田种植面积				非责任田种植面积				退地	小计		合计
	大棚	棉花或瓜套棉	葡萄	其他	大棚	棉花或瓜套棉	葡萄	其他		责任田	非责任田	
现状年	1065.0	84825.6	1682.3	16774.8	6015.2	20002.0	382.9	59350.5	0	104347.7	85750.6	190098.3
2015	1498.7	85055.7	1682.3	16110.9	6015.2	20002.0	382.9	58313.0	1037.5	104347.6	85750.6	189060.7
2016	2342.9	85055.7	1682.3	15266.7	5981.6	19454.6	312.9	57018.5	2983.0	104347.6	82767.6	187115.2
2017	3406.9	85055.7	1682.3	14202.7	5981.6	19454.6	312.9	48973.2	11028.4	104347.6	74722.3	179069.9
2018	4125.2	85055.7	1682.3	13484.4	5981.6	19454.6	312.9	38297.9	21703.7	104347.6	64047.0	168394.6
2019	5127.2	85055.7	1682.3	12482.3	5981.6	19454.6	312.9	29670.4	30331.1	104347.5	55419.5	159767.0
2020	6095.5	85055.7	1682.3	11514.0	5981.6	19454.6	312.9	20325.1	39676.5	104347.5	46074.2	150421.7
2021	7247.7	85055.7	1682.3	10361.9	5981.6	19454.6	312.9	11836.8	48164.8	104347.6	37585.9	141933.5
2022	8337.2	85055.7	1682.3	9272.4	5981.6	17477.6	312.9	9301.1	52677.4	104347.6	33073.2	137420.8
2023	9198.3	85055.7	1682.3	8411.3	5981.6	15091.9	312.9	9301.1	55063.1	104347.6	30687.5	135035.1
2024	11038.3	85055.7	1682.3	6571.3	5981.6	14240.8	178.8	7964.5	57384.9	104347.6	28365.7	132713.3
2025	12121.6	85055.7	1682.3	5488.0	5981.6	14240.8	178.8	1804.1	63545.3	104347.6	22205.3	126552.9
2026	13364.8	85055.7	1682.3	4244.8	5981.6	10313.8	178.8	310.6	68965.8	104347.6	16784.8	121132.4
2027	14597.7	85055.7	1682.3	3011.8	5981.6	5407.9	178.8	310.6	73871.7	104347.5	11878.9	116226.4
2028	15697.0	85055.7	1682.3	1912.6	4511.7	963.8	0	310.6	79964.5	104347.6	5786.1	110133.7
2029	16803.6	85055.7	1682.3	806.0	118.1	924.6	0	0	84707.9	104347.6	1042.7	105390.3
2030	17918.3	85055.7	1373.6	0	0	0	0	0	85750.6	104347.6	0	104347.6

责任田种植结构上，棉花和葡萄种植面积维持不变，分别为14.7万亩和0.54万亩。大棚种植面积逐年增加；其他作物种植面积逐年减少。详见表7.1-2。

3. 小结

从图7.1-3可以看出，托克逊县现状年（2014年）作物种植面积45.6万亩。其中，责任田28.1万亩，非责任田17.5万亩。随着退地规划的推进，不同水平年种植面积逐渐减少，责任田种植面积基本不变，非责任田面积直线下降，直到2030年非责任田全部退完。详见表7.1-3。

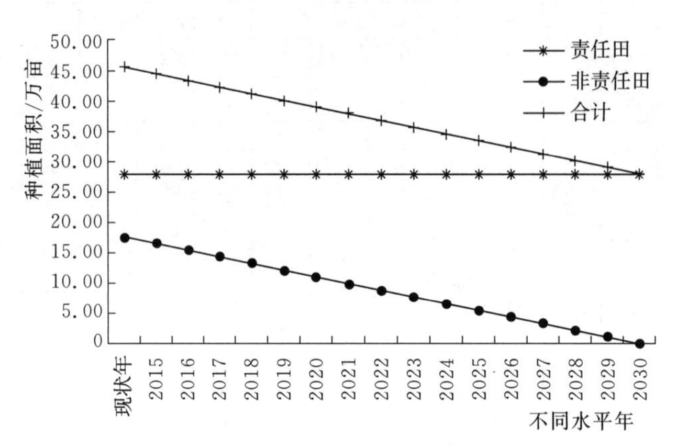

图7.1-3 托克逊县不同水平年作物种植面积变化

7.1.2.2 高昌区

1. 大河沿河流域

从图7.1-4可以看出，作物种植总面积随水平年逐年减少，但是，责任田面积维持不变，即5.41万亩。非责任田面积逐年减少。年均减少0.1万亩，到2030年非责任田种植面积为0。

责任田种植结构上，棉花在2017年之前逐年增加，之后维持在3.74万亩；葡萄在2021年之前逐年增加，之后维持在1万亩。大棚种植面积逐年增加；其他作物种植面积逐年减少。详见表7.1-4。

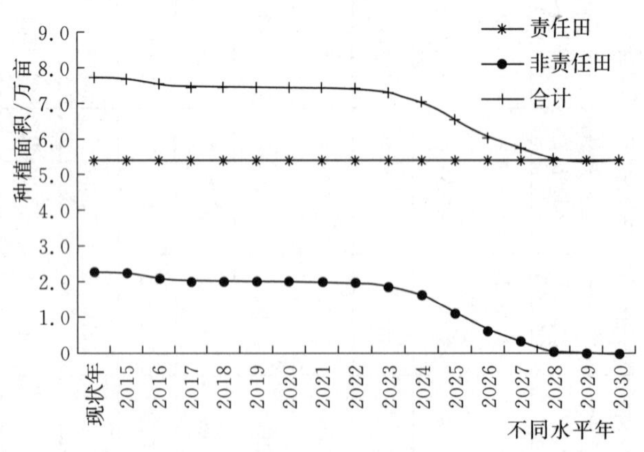

图7.1-4 大河沿河流域不同水平年责任田和非责任田种植面积变化

表 7.1-2 白杨河流域不同水平年作物种植情况

单位：亩

水平年	责任田种植面积				非责任田种植面积				退地	小计		合计
	大棚	棉花或瓜套棉	葡萄	其他	大棚	棉花或瓜套棉	葡萄	其他		责任田	非责任田	
现状年	3094.3	146298.4	5913.6	21244.5	4267.3	51385.5	454.6	33306.6	0	176550.8	89414.0	265964.8
2015	4231.0	146919.8	5913.6	19486.4	4267.3	51385.5	454.6	23558.2	9748.4	176550.8	79665.6	256216.4
2016	5818.9	146919.8	5913.6	17898.5	4042.9	44792.8	398.9	21821.0	18358.4	176550.8	71055.6	247606.4
2017	7182.9	146919.8	5913.6	16534.5	4042.9	44792.8	398.9	18437.5	21741.9	176550.8	67672.1	244222.9
2018	8877.1	146919.8	5913.6	14840.3	4042.9	44792.8	398.9	18123.0	22056.4	176550.8	67357.6	243908.4
2019	10314.6	146919.8	5913.6	13402.8	4042.9	44792.8	398.9	16072.6	24106.8	176550.8	65307.2	241858.0
2020	11758.8	146919.8	5913.6	11958.6	4042.9	44792.8	398.9	14763.3	25416.1	176550.8	63997.9	240548.7
2021	13050.7	146919.8	5913.6	10666.7	4042.9	44792.8	398.9	12115.4	28064.0	176550.8	61350.0	237900.8
2022	14388.5	146919.8	5913.6	9328.9	4042.9	39374.2	398.9	10714.0	34883.9	176550.8	54530.0	231080.8
2023	15915.8	146919.8	5913.6	7801.6	4042.9	30854.1	398.9	10714.0	43404.1	176550.8	46009.9	222560.7
2024	16393.7	146919.8	5913.6	7323.7	3055.3	25194.0	169.1	9234.5	51761.0	176550.8	37652.9	214203.7
2025	17878.1	146919.8	5913.6	5839.3	3055.3	25194.0	169.1	4230.5	56765.0	176550.8	32648.9	209199.7
2026	19038.8	146919.8	5913.6	4678.6	3055.3	20264.5	169.1	3612.8	62312.4	176550.8	27101.7	203652.5
2027	20265.4	146919.8	5913.6	3452.0	3055.3	14133.8	169.1	3612.8	68443.1	176550.8	20971.0	197521.8
2028	21580.9	146919.8	5913.6	2136.5	2078.5	10695.6	49.3	3612.8	72977.8	176550.8	16436.2	192987.0
2029	22911.4	146919.8	5913.6	806.0	62.1	9815.9	49.3	0	79486.7	176550.8	9927.3	186478.1
2030	24213.3	146929.3	5408.2	0	0	0	0	0	89414.0	176550.8	0	176550.8

表 7.1-3　托克逊县不同水平年作物种植情况　单位：万亩

水平年	责任田种植面积				非责任田种植面积				退地	小计		合计
	大棚	棉花或瓜套棉	葡萄	其他	大棚	棉花或瓜套棉	葡萄	其他		责任田	非责任田	
现状年	0.42	23.11	0.76	3.80	1.03	7.14	0.08	9.27	0	28.09	17.52	45.61
2015	0.57	23.20	0.76	3.56	1.03	7.14	0.08	8.19	1.08	28.10	16.44	44.53
2016	0.82	23.20	0.76	3.32	1.00	6.42	0.07	7.88	2.13	28.10	15.37	43.47
2017	1.06	23.20	0.76	3.07	1.00	6.42	0.07	6.74	3.28	28.09	14.23	42.32
2018	1.30	23.20	0.76	2.83	1.00	6.42	0.07	5.64	4.38	28.09	13.13	41.22
2019	1.54	23.20	0.76	2.59	1.00	6.42	0.07	4.57	5.44	28.70	12.06	40.15
2020	1.79	23.20	0.76	2.35	1.00	6.42	0.07	3.51	6.51	28.10	11.00	39.10
2021	2.03	23.20	0.76	2.10	1.00	6.42	0.07	2.40	7.62	28.09	9.89	37.98
2022	2.27	23.20	0.76	1.86	1.00	5.69	0.07	2.00	8.76	28.09	8.76	36.85
2023	2.51	23.20	0.76	1.62	1.00	4.59	0.07	2.00	9.85	28.09	7.66	35.75
2024	2.74	23.20	0.76	1.39	0.90	3.94	0.03	1.72	10.91	28.09	6.59	34.68
2025	3.00	23.20	0.76	1.13	0.90	3.94	0.03	0.60	12.03	28.09	5.47	33.56
2026	3.24	23.20	0.76	0.89	0.90	3.06	0.03	0.39	13.13	28.09	4.38	32.47
2027	3.49	23.20	0.76	0.65	0.90	1.95	0.03	0.39	14.23	28.10	3.27	31.37
2028	3.73	23.20	0.76	0.40	0.66	1.17	0	0.39	15.29	28.09	2.22	30.31
2029	3.97	23.20	0.76	0.16	0.02	1.07	0	0	16.42	28.09	1.09	29.18
2030	4.21	23.20	0.68	0	0	0	0	0	17.52	28.09	0	28.09

表 7.1-4　大河沿河流域不同水平年作物种植情况　单位：亩

水平年	责任田种植面积				非责任田种植面积				退地	小计		合计
	大棚	棉花或瓜套棉	葡萄	其他	大棚	棉花或瓜套棉	葡萄	其他		责任田	非责任田	
现状年	938.1	34657.2	4806.9	13763.3	687.7	3595.5	1257.1	17616.0	0	54165.5	23156.3	77321.8
2015	938.1	35292.8	4806.9	13127.7	687.7	3559.8	1257.1	17392.4	259.3	54165.5	22897.0	77062.5
2016	938.1	36513.9	4806.9	11906.6	687.7	3559.8	1257.1	15742.3	1909.3	54165.5	21246.9	75412.4
2017	938.1	37385.3	4920.7	10921.4	687.7	3559.8	1257.1	14973.1	2678.6	54165.5	20477.7	74643.2
2018	938.1	37385.3	6285.3	9556.8	687.7	3473.1	1257.1	14973.1	2765.3	54165.5	20391.0	74556.5
2019	938.1	37385.3	6980.0	8862.1	687.7	3450.9	1257.1	14973.1	2787.5	54165.5	20368.8	74534.3
2020	938.1	37385.3	8096.5	7745.6	687.7	3428.3	1257.1	14973.1	2810.1	54165.5	20346.2	74511.7
2021	938.1	37385.3	9081.0	6761.1	687.7	3391.4	1257.1	14973.1	2847.0	54165.5	20309.3	74474.8
2022	1070.1	37385.3	9987.8	5722.3	687.7	3104.6	1257.1	14973.1	3133.8	54165.5	20022.5	74188.0
2023	2048.7	37385.3	9987.8	4743.7	293.0	3056.4	625.2	14973.1	4208.5	54165.5	18947.7	73113.2
2024	2685.6	37385.3	9987.8	4106.8	293.0	3056.4	625.2	12631.2	6550.4	54165.5	16605.8	70771.3
2025	3521.7	37385.3	9987.8	3270.7	293.0	3056.4	625.2	7569.1	11612.5	54165.5	11543.7	65709.2
2026	4187.0	37385.3	9987.8	2605.4	293.0	3056.4	625.2	2563.2	16618.4	54165.5	6537.8	60703.3
2027	4902.4	37385.3	9987.8	1890.0	293.0	2655.6	625.2	0	19582.4	54165.5	3573.8	57739.3
2028	5615.7	37385.3	9987.8	1176.7	293.0	0	381.9	0	22481.3	54165.5	674.9	54840.4
2029	6193.0	37385.3	9987.8	599.4	293.0	0	0	0	22863.2	54165.5	293.0	54458.5
2030	6792.4	37385.3	9987.8	0	0	0	0	0	23156.2	54165.5	0	54165.5

2. 塔尔郎河流域

从图7.1-5可以看出，作物种植总面积随水平年逐年减少，但是，责任田面积维持不变，即9.42万亩。非责任田面积逐年减少，年均减少0.19万亩，到2030年非责任田种植面积为0。

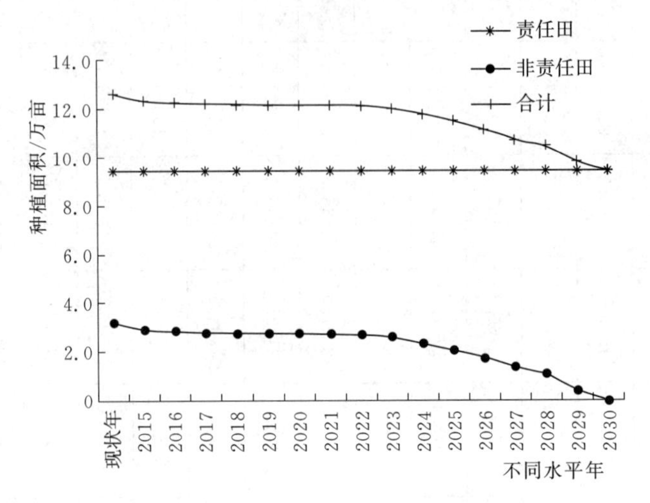

图7.1-5 塔尔郎河流域不同水平年责任田和非责任田种植面积变化

责任田种植结构上，葡萄在2021年之前逐年增加，之后维持在6.5万亩；棉花在2017年之前逐年增加，之后维持在1.53万亩；大棚种植面积逐年增加；其他作物种植面积逐年减少。详见表7.1-5。

3. 煤窑沟河流域

从图7.1-6可以看出，作物种植总面积随水平年逐年减少，但是，责任田面积维持不变，即13.16万亩。非责任田面积逐年减少，年均减少0.41万亩，到2030年非责任田种植面积为0。

责任田种植结构上，葡萄在2021年之前逐年增加，之后维持在5.5万亩；棉花在2017年之前逐年增加，之后维持在5.4万亩；大棚种植面积逐年增加；其他作物种植面积逐年减少。详见表7.1-6。

4. 黑沟河流域

从图7.1-7可以看出，作物种植总面积随水平年逐年减少，但是，责任田面积维持不变，即8.41万亩。非责任田面积逐年减少，年均减少0.72万亩，到2030年非责任田种植面积为0。

责任田种植结构上，棉花在2017年之前逐年增加，之后维持在2.03万亩；葡萄在2022年之前逐年增加，之后维持在5.20万亩；大棚种植面积逐年增加；其他作物种植面积逐年减少。详见表7.1-7。

5. 小结

高昌区现状年（2014年）作物种植面积61.2万亩。其中，责任田36.4万亩，非责任田24.8万亩。随着退地规划的推进，不同水平年种植面积逐渐减少，责任田种植面积基本不变，非责任田面积直线下降，直到2030年非责任田全部退完。详见表7.1-8。

表 7.1-5　　塔尔郎河流域不同水平年作物种植情况　　单位：亩

水平年	责任田种植面积				非责任田种植面积				退地	小计		合计
	大棚	棉花或瓜套棉	葡萄	其他	大棚	棉花或瓜套棉	葡萄	其他		责任田	非责任田	
现状年	3761.5	12201.9	59019.4	19265.5	5406.8	3540.0	7546.2	15511.0	0	94248.3	32004.0	126252.3
2015	3761.5	13551.4	59019.4	17916.0	5371.3	2348.8	7450.5	13822.5	3010.9	94248.3	28993.1	123241.4
2016	3761.5	14512.0	59019.4	16955.4	5371.3	2348.8	7450.5	12995.7	3837.8	94248.3	28166.3	122414.6
2017	3761.5	15311.4	59216.8	15958.6	5371.3	2348.8	7450.5	12782.0	4051.5	94248.3	27952.6	122200.9
2018	3761.5	15311.4	60171.9	15003.6	5371.3	1966.2	7450.5	12615.2	4600.9	94248.4	27403.2	121651.6
2019	3761.5	15311.4	61985.4	13190.0	5371.3	1806.8	7450.5	12615.2	4760.2	94248.3	27243.8	121492.1
2020	3761.5	15311.4	63172.5	12002.9	5371.3	1806.8	7450.5	12615.2	4760.2	94248.3	27243.8	121492.1
2021	3761.5	15311.4	64211.2	10964.2	5371.3	1754.0	7450.5	12615.2	4813.0	94248.3	27191.0	121439.3
2022	3945.1	15311.4	65009.7	9982.1	5371.3	1529.7	7450.5	12615.2	5037.4	94248.3	26966.7	121215.0
2023	5024.3	15311.4	65009.7	8902.9	5371.3	1529.7	6501.3	12615.2	5986.6	94248.3	26017.5	120265.8
2024	5940.1	15311.4	65009.7	7987.1	5371.3	1529.7	6501.3	10052.9	8548.9	94248.3	23455.2	117703.5
2025	7194.4	15311.4	65009.7	6732.8	5371.3	1529.7	6501.3	7337.7	11264.1	94248.3	20734.0	114988.3
2026	8625.0	15311.4	65009.7	5302.2	5371.3	1529.7	6501.3	4081.4	14520.4	94248.3	17483.7	111732.0
2027	10215.0	15311.4	65009.7	3712.2	5371.3	1189.9	6501.3	0	18941.6	94248.3	13062.5	107310.8
2028	11622.9	15311.4	65009.7	2304.3	5371.3	0	5344.2	0	21288.5	94248.3	10715.5	104963.8
2029	12719.0	15311.4	65009.7	1208.3	3863.2	0	0	0	28140.9	94248.3	3863.2	98111.6
2030	13927.2	15311.4	65009.7	0	0	0	0	0	32004.0	94248.3	0	94248.3

表 7.1-6　煤窑沟河流域不同水平年作物种植情况　单位：亩

水平年	责任田种植面积				非责任田种植面积				退地	小计		合计
	大棚	棉花或瓜套棉	葡萄	其他	大棚	棉花或瓜套棉	葡萄	其他		责任田	非责任田	
现状年	3783.1	48170.8	42077.3	37531.1	6412.4	19417.9	3095.4	41466.3	0	131562.3	70392.0	201954.3
2015	3783.1	49979.3	42077.3	35722.5	5557.5	17916.5	2908.7	37140.2	6869.1	131562.2	63522.9	195085.1
2016	3783.1	52484.0	42077.3	33217.8	5557.5	17916.5	2908.7	28333.0	15676.3	131562.2	54715.7	186277.9
2017	3783.1	54405.8	42776.7	30596.7	5557.5	17916.5	2908.7	25266.3	18742.9	131562.3	51649.0	183211.3
2018	3783.1	54405.8	45510.2	27863.2	5557.5	13695.5	2908.7	24937.0	23293.3	131562.3	47098.7	178661.0
2019	3783.1	54405.8	47829.8	25543.7	5557.5	11774.1	2908.7	24937.0	25214.8	131562.4	45177.3	176739.7
2020	3783.1	54405.8	50290.9	23082.5	5557.5	10391.5	2908.7	24937.0	26597.3	131562.3	43794.7	175357.0
2021	3783.1	54405.8	52835.1	20538.3	5557.5	9443.9	2908.7	24937.0	27545.0	131562.3	42847.1	174409.4
2022	4173.6	54405.8	55019.3	17963.6	5557.5	8460.8	2908.7	24937.0	28528.0	131562.3	41864.0	173426.3
2023	6572.4	54405.8	55019.3	15564.9	5370.8	8460.8	2759.8	24937.0	28863.6	131562.4	41528.4	173090.8
2024	9439.8	54405.8	55019.3	12697.4	5125.2	8460.8	2759.8	18494.8	35551.3	131562.3	34840.6	166402.9
2025	11834.1	54405.8	55019.3	10303.1	5125.2	8460.8	2759.8	11083.9	42962.3	131562.3	27429.7	158992.0
2026	14189.5	54405.8	55019.3	7947.8	5125.2	8460.8	2759.8	5108.2	48937.9	131562.4	21454.0	153016.4
2027	16063.4	54405.8	55019.3	6073.8	5125.2	6632.2	2759.8	559.4	55315.4	131562.3	15076.6	146638.9
2028	18290.5	54405.8	55019.3	3846.8	5125.2	1328.5	2488.6	559.4	60890.2	131562.4	9501.7	141064.1
2029	20199.3	54405.8	55019.3	1938.0	1960.1	1328.5	164.1	559.4	66379.9	131562.4	4012.1	135574.5
2030	22137.2	54405.8	55019.3	0	0	0	0	0	70392.0	131562.3	0	131562.3

表 7.1-7　　黑沟河流域不同水平年作物种植情况　　单位：亩

水平年	责任田种植面积				非责任田种植面积				退地	小计		合计
	大棚	棉花或瓜套棉	葡萄	其他	大棚	棉花或瓜套棉	葡萄	其他		责任田	非责任田	
现状年	124.9	16846.2	47431.7	19651.0	20415.7	69851.3	5430.9	26628.6	0	84053.8	122326.5	206380.3
2015	124.9	18538.7	47431.7	17958.5	19993.7	68203.0	5029.6	23942.6	5157.5	84053.8	117168.9	201222.7
2016	124.9	19636.6	47431.7	16860.6	19993.7	68203.0	5029.6	19712.6	9387.5	84053.8	112938.9	196992.7
2017	124.9	20314.3	47660.8	15953.9	19993.7	68203.0	5029.6	8266.6	20833.5	84053.9	101492.9	185546.8
2018	124.9	20314.3	48375.1	15239.6	19993.7	61200.3	5029.6	4930.6	31172.3	84053.9	91154.2	175208.1
2019	124.9	20314.3	49189.1	14425.5	19993.7	47860.6	5029.6	4930.6	44511.9	84053.8	77814.5	161868.3
2020	124.9	20314.3	50060.6	13554.1	19993.7	33612.9	5029.6	4930.6	58759.6	84053.9	63566.8	147620.7
2021	124.9	20314.3	51134.6	12480.1	19993.7	19132.9	5029.6	4930.6	73239.6	84053.9	49086.8	133140.7
2022	322.8	20314.3	51974.6	11442.1	19993.7	5514.9	5029.6	4930.6	86857.7	84053.8	35468.8	119522.6
2023	1508.0	20314.3	51974.6	10256.9	10666.9	4735.8	1726.2	4930.6	100266.9	84053.8	22059.5	106113.3
2024	2722.1	20314.3	51974.6	9042.8	8157.6	4735.8	1726.2	3496.5	104210.2	84053.8	18116.1	102169.9
2025	3879.7	20314.3	51974.6	7885.2	8157.6	4735.8	1726.2	3131.8	104574.9	84053.8	17751.4	101805.2
2026	5056.7	20314.3	51974.6	6708.2	8157.6	4735.8	1726.2	1876.7	105830.1	84053.8	16496.3	100550.1
2027	6526.4	20314.3	51974.6	5238.5	8157.6	4735.8	1726.2	210.1	107496.6	84053.8	14829.7	98883.5
2028	7810.0	20314.3	51974.6	3954.9	8157.6	0	1726.2	210.1	112232.4	84053.8	10093.9	94147.7
2029	9869.8	20314.3	51974.6	1895.1	7178.8	0	0	210.1	114937.6	84053.8	7388.9	91442.7
2030	11764.9	20314.3	51974.6	0	0	0	0	0	122326.5	84053.8	0	84053.8

表 7.1-8 高昌区不同水平年作物种植情况

单位：万亩

水平年	责任田种植面积				非责任田种植面积				退地	小计		合计
	大棚	棉花或瓜套棉	葡萄	其他	大棚	棉花或瓜套棉	葡萄	其他		责任田	非责任田	
现状年	0.86	11.19	15.33	9.02	3.29	9.64	1.73	10.12	0	36.40	24.78	61.18
2015	0.86	11.74	15.33	8.47	3.16	9.20	1.66	9.23	1.53	36.40	23.25	59.65
2016	0.86	12.31	15.33	7.89	3.16	9.20	1.66	7.68	3.08	36.39	21.7	58.09
2017	0.86	12.74	15.46	7.34	3.16	9.20	1.66	6.13	4.63	36.40	20.15	56.55
2018	0.86	12.74	16.03	6.77	3.16	8.03	1.66	5.75	6.18	36.40	18.60	55.00
2019	0.86	12.74	16.60	6.20	3.16	6.49	1.66	5.75	7.73	36.40	17.06	53.46
2020	0.86	12.74	17.16	5.64	3.16	4.92	1.66	5.75	9.29	36.40	15.49	51.89
2021	0.86	12.74	17.73	5.07	3.16	3.37	1.66	5.75	10.84	36.40	13.94	50.34
2022	0.95	12.74	18.20	4.51	3.16	1.86	1.66	5.75	12.36	36.40	12.43	48.83
2023	1.52	12.74	18.20	3.95	2.17	1.78	1.16	5.75	13.93	36.41	10.86	47.27
2024	2.08	12.74	18.20	3.38	1.89	1.78	1.16	4.47	15.49	36.40	9.30	45.70
2025	2.64	12.74	18.20	2.82	1.89	1.78	1.16	2.91	17.04	36.40	7.74	44.14
2026	3.21	12.74	18.20	2.26	1.89	1.78	1.16	1.36	18.59	36.41	6.19	42.60
2027	3.77	12.74	18.20	1.69	1.89	1.52	1.16	0.08	20.13	36.40	4.65	41.05
2028	4.33	12.74	18.20	1.13	1.89	0.13	0.99	0.08	21.69	36.40	3.09	39.49
2029	4.90	12.74	18.20	0.56	1.33	0.13	0.02	0.08	23.23	36.40	1.56	37.96
2030	5.46	12.74	18.20	0	0	0	0	0	24.79	36.40	0	36.40

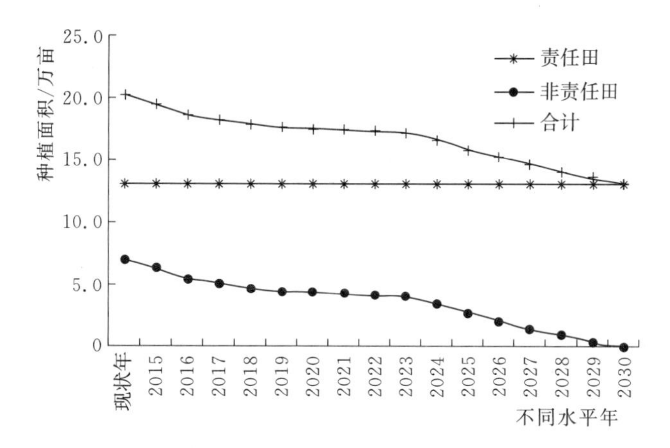

图 7.1-6 煤窑沟河流域不同水平年责任田和非责任田种植面积变化

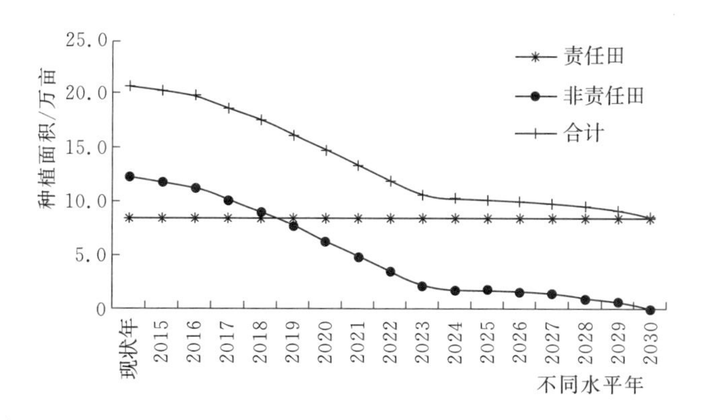

图 7.1-7 黑沟河流域不同水平年责任田和非责任田种植面积变化

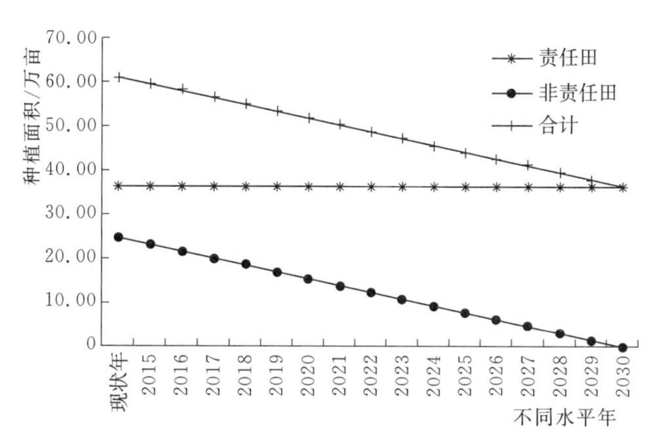

图 7.1-8 高昌区不同水平年作物种植面积变化

7.1.2.3 鄯善县

1. 二塘沟河流域

从图 7.1-9 可以看出，作物种植总面积随水平年逐年减少，但是，责任田面积维持不变，主要是非责任田面积逐年减少，直至 2030 年削减为 0。

总面积种植结构上，棉花种植面积占比较大，其次是葡萄。葡萄种植面积在 2019 年之前基本维持不变，之后才有递减趋势；棉花种植面积在 2017 年后逐年减小。大棚种植面积先增后减，其他作物种植面积逐年减少。

责任田种植结构上，葡萄种植占绝对优势，其次是棉花。葡萄种植面积在 2023 年之前基本维持不变，之后才有递减趋势；棉花种植面积在逐年增加，在 2018—2023 年之间维持不变，然后又逐年增加。大棚种植面积逐年增加，从 2024 年开始维持不变；其他作物种植面积逐年减少。详见表 7.1-9。

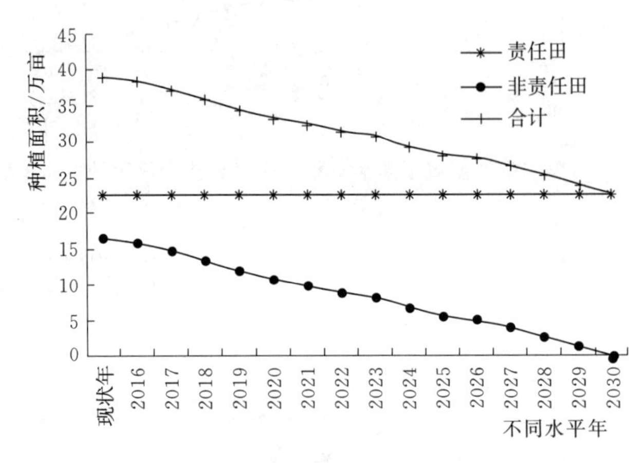

图 7.1-9 二塘沟河流域不同水平年责任田和非责任田种植面积变化

2. 柯柯亚尔河流域

从图 7.1-10 可以看出，作物种植总面积随水平年逐年减少，但是，责任田面积维持不变，即 5.77 万亩。非责任田面积逐年减少，年均减少 0.23 万亩，到 2030 年非责任田种植面积为 0。

责任田种植结构上，葡萄种植面积最大，但 2023 年之前维持在 4.18 万亩，之后逐年减少。大棚面积稳步增长，2023 年之后维持在 0.67 万亩；棉花种植面积稳步增长，从现状年的 0.69 万亩到 2030 年的 1.68 万亩。详见表 7.1-10。

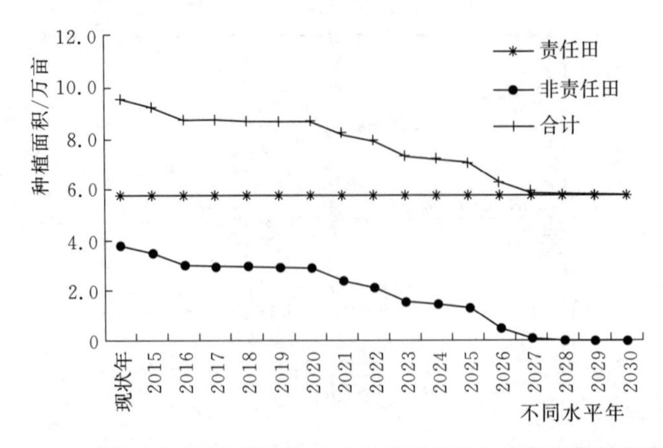

图 7.1-10 柯柯亚尔河流域不同水平年责任田和非责任田种植面积变化

3. 坎尔其河流域

从图 7.1-11 可以看出，作物种植总面积随水平年逐年减少，但是，责任田面积维持不变，即 4.40 万亩。非责任田面积逐年减少，年均减少 0.12 万亩，到 2030 年非责任田种植面积为 0。

责任田种植结构上，葡萄和棉花种植面积基本持平，但棉花种植面积稳定增长，从现状年的 1.52 万亩到 2030 年达 2.77 万亩；葡萄种植面积则在 2023 年之前维持在 2.0 万亩，之后逐年减少，到 2030 年只有 1.16 万亩。另外，大棚种植面积 2023 年之前逐年增加，之后维持在 0.46 万亩。详见表 7.1-11。

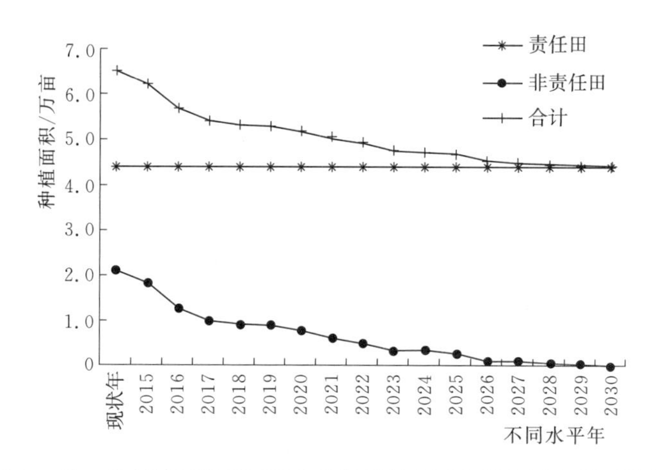

图 7.1-11 坎尔其河流域不同水平年责任田和非责任田种植面积变化

4. 小结

从图 7.1-12 可以看出，鄯善县现状年（2014 年）作物种植面积 55.2 万亩。其中，责任田 32.8 万亩，非责任田 22.4 万亩。随着退地规划的推进，不同水平年种植面积逐渐减少，责任田种植面积基本不变，非责任田面积直线下降，直到 2030 年非责任田全部退完。详见表 7.1-12。

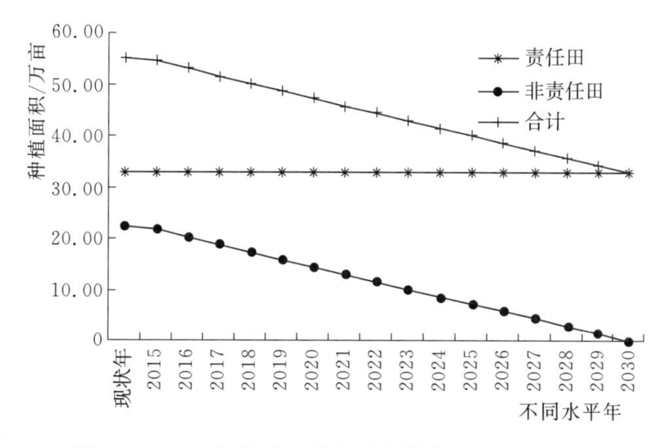

图 7.1-12 鄯善县不同水平年作物种植面积变化

表 7.1-9　二塘沟河流域不同水平年作物种植情况

单位：亩

水平年	责任田种植面积					非责任田种植面积					合计
	大棚	棉花或瓜套棉	葡萄	其他	小计	大棚	棉花或瓜套棉	葡萄	其他	小计	
现状年	8702.6	72786.1	106494.9	38117.6	226101.2	22923.2	93185.5	14048.9	34232.1	164389.7	390490.9
2016	8702.7	76040.7	106494.9	34862.9	226101.2	22923.2	89067.1	13484.0	33641.9	159116.2	385217.4
2017	8702.7	80173.4	106494.9	30730.2	226101.2	22340.5	89067.1	13484.0	22508.3	147399.9	373501.1
2018	12690.0	80596.1	106494.9	26320.2	226101.2	22340.5	76855.5	13484.0	21659.5	134339.5	360440.7
2019	17353.2	80596.1	106494.9	21657.0	226101.2	22340.5	62570.1	13484.0	21659.5	120054.1	346155.3
2020	22286.1	80596.1	106494.9	16724.1	226101.2	22340.5	55357.4	7638.4	21659.5	106995.8	333097
2021	27410.1	80596.1	106494.9	11600.1	226101.2	18138.3	55357.4	7638.4	18118.4	99252.5	325353.7
2022	32693.4	80596.1	106494.9	6316.8	226101.2	18138.3	55357.4	7638.4	7701.6	88835.7	314936.9
2023	37546.4	80596.1	106494.9	1463.8	226101.2	18138.3	52597.0	7638.4	3512.7	81886.4	307987.6
2024	39010.2	82886.1	104204.9	0	226101.2	18138.3	38930.1	7638.4	3512.7	68219.5	294320.7
2025	39010.1	86366.2	100724.9	0	226101.2	18138.3	26457.5	7638.4	3512.7	55746.9	281848.1
2026	39010.2	89813.6	97277.4	0	226101.2	18138.3	25375.2	4132.2	3512.7	51158.4	277259.6
2027	39010.2	92624.3	94466.7	0	226101.2	10604.0	25375.2	1728.6	3512.7	41220.5	267321.7
2028	39010.1	95328.3	91762.8	0	226101.2	7248.3	19158.4	1728.6	0	28135.3	254236.5
2029	39010.2	98173.3	88917.7	0	226101.2	7248.3	5051.9	1728.6	0	14028.8	240130
2030	39010.1	101369.1	85722.0	0	226101.2	0	0	0	0	0	226101.2

表 7.1-10　柯柯亚尔河流域不同水平年作物种植情况　单位：亩

水平年	责任田种植面积/亩				非责任田种植面积/亩				退地	小计		合计
	大棚	棉花或瓜套棉	葡萄	其他	大棚	棉花或瓜套棉	葡萄	其他		责任田	非责任田	
现状年	2039.1	6899.2	41754.1	7037.7	1507.7	10168.5	13773.4	12822.8	0	57730.1	38272.4	96002.5
2015	2039.1	7395.3	41754.1	6541.6	1507.7	10168.5	13773.4	9565.4	3257.4	57730.1	35015.0	92745.1
2016	2039.1	8349.7	41754.1	5587.1	1507.7	8008.7	11142.6	9473.5	8139.8	57730.0	30132.5	87862.5
2017	2039.1	9210.3	41754.1	4726.5	1484.8	8008.7	11142.6	9276.0	8360.3	57730.0	29912.1	87642.1
2018	2721.6	9310.0	41754.1	3944.3	1484.8	7889.9	11142.6	9195.1	8560.1	57730.0	29712.3	87442.4
2019	3528.7	9310.0	41754.1	3137.3	1484.8	7835.9	11142.6	9195.1	8614.1	57730.1	29658.4	87388.5
2020	4317.6	9310.0	41754.1	2348.4	1484.8	7809.0	10925.9	9195.1	8857.6	57730.1	29414.8	87144.9
2021	4923.9	9310.0	41754.1	1742.0	1397.8	7809.0	10925.9	4268.5	13871.2	57730.0	24401.2	82131.2
2022	5499.7	9310.0	41754.1	1166.2	1397.8	7809.0	10925.9	1677.3	16462.4	57730.0	21810.0	79540.0
2023	6248.6	9310.0	41754.1	417.4	1397.8	3039.8	10925.9	311.3	22597.7	57730.1	15674.8	73404.9
2024	6666.0	9917.3	41146.8	0	1397.8	2304.6	10925.9	311.3	23332.8	57730.1	14939.6	72669.7
2025	6666.0	10569.9	40494.2	0	1397.8	826.3	10925.9	311.3	24811.2	57730.1	13461.2	71191.4
2026	6666.0	11390.7	39673.4	0	1397.8	805.0	2753.7	311.3	33004.6	57730.1	5267.8	62997.9
2027	6666.0	12640.8	38423.3	0	67.2	805.0	64.8	311.3	37024.1	57730.1	1248.3	58978.4
2028	6666.0	14014.8	37049.3	0	44.7	255.8	64.8	0	37907.0	57730.1	365.3	58095.4
2029	6666.0	15360.5	35703.6	0	44.7	63.9	64.8	0	38099.0	57730.1	173.4	57903.5
2030	6666.0	16785.7	34278.4	0	0	0	0	0	38272.4	57730.1	0	57730.1

表 7.1-11　坎尔其河流域不同水平年作物种植情况

单位：亩

水平年	责任田种植面积/亩				非责任田种植面积/亩				退地	小计		合计
	大棚	棉花或瓜套棉	葡萄	其他	大棚	棉花或瓜套棉	葡萄	其他		责任田	非责任田	
现状年	1183.2	15159.2	20009.5	7604.5	607.1	6903.5	3285.2	10365.6	0	43956.4	21161.4	65117.8
2015	1183.2	16403.1	20009.5	6360.5	607.1	6903.5	3285.2	7441.5	2924.1	43956.3	18237.3	62193.6
2016	1183.2	17994.4	20009.5	4769.3	577.8	3893.7	3165.5	5100.3	8424.1	43956.4	12737.3	56693.7
2017	1183.2	19222.7	20009.5	3541.0	577.8	3893.7	3165.5	2529.1	10995.3	43956.4	10166.1	54122.5
2018	2025.3	19332.9	20009.5	2588.6	577.8	2819.1	3165.5	2529.1	12070.0	43956.3	9091.5	53047.8
2019	2633.8	19332.9	20009.5	1980.1	577.8	2718.9	3165.5	2529.1	12170.1	43956.3	8991.3	52947.6
2020	3107.6	19332.9	20009.5	1506.4	577.8	2644.1	2143.6	2529.1	13266.9	43956.4	7894.6	51851.0
2021	3473.7	19332.9	20009.5	1140.2	34.1	2644.1	2143.6	1415.9	14923.7	43956.3	6237.7	50194.0
2022	3879.4	19332.9	20009.5	734.5	34.1	2644.1	2143.6	317.1	16022.5	43956.3	5138.9	49095.2
2023	4404.3	19332.9	20009.5	209.6	34.1	1084.9	2143.6	177.8	17721.0	43956.3	3440.4	47396.7
2024	4613.9	20183.0	19159.4	0	34.1	1058.2	2143.6	177.8	17747.7	43956.3	3413.7	47370.0
2025	4613.9	21593.0	17749.4	0	34.1	556.1	2143.6	177.8	18249.9	43956.3	2911.6	46867.9
2026	4613.9	22827.7	16514.7	0	34.1	491.6	555.6	177.8	19902.3	43956.3	1259.1	45215.4
2027	4613.9	24109.7	15232.7	0	21.9	491.6	179.9	177.8	20290.3	43956.3	871.2	44827.5
2028	4613.9	25443.5	13898.9	0	0	217.8	179.9	0	20763.7	43956.3	397.7	44354.0
2029	4613.9	26671.5	12670.9	0	0	115.4	179.9	0	20866.2	43956.3	295.3	44251.6
2030	4613.9	27741.6	11600.8	0	0	0	0	0	21161.5	43956.3	0	43956.3

表 7.1-12　　鄯善县不同水平年作物种植情况　　单位：万亩

水平年	责任田种植面积/亩				非责任田种植面积/亩				退地	小计		合计
	大棚	棉花或瓜套棉	葡萄	其他	大棚	棉花或瓜套棉	葡萄	其他		责任田	非责任田	
现状年	1.19	9.48	16.83	5.28	2.50	11.03	3.11	5.74	0	32.78	22.38	55.16
2015	1.19	9.66	16.83	5.10	2.50	11.03	3.11	5.12	0.62	32.78	21.76	54.54
2016	1.19	10.24	16.83	4.52	2.50	10.10	2.78	4.82	1.66	32.78	20.20	52.98
2017	1.19	10.86	16.83	3.90	2.44	10.10	2.78	3.43	1.94	32.78	18.75	51.53
2018	1.74	10.92	16.83	3.29	2.44	8.76	2.78	3.34	2.06	32.78	17.32	50.10
2019	2.35	10.92	16.83	2.68	2.44	7.31	2.78	3.34	2.08	32.78	15.87	48.65
2020	2.97	10.92	16.83	2.06	2.44	6.58	2.07	3.34	2.21	32.78	14.43	47.21
2021	3.58	10.92	16.83	1.45	1.96	6.58	2.07	2.38	2.88	32.78	12.99	45.77
2022	4.21	10.92	16.83	0.82	1.96	6.58	2.07	0.97	3.25	32.78	11.58	44.36
2023	4.82	10.92	16.83	0.21	1.96	5.67	2.07	0.40	4.03	32.78	10.10	42.88
2024	5.03	11.30	16.45	0	1.96	4.23	2.07	0.40	4.11	32.78	8.66	41.44
2025	5.03	11.85	15.90	0	1.96	2.78	2.07	0.40	4.31	32.78	7.21	39.99
2026	5.03	12.40	15.35	0	1.96	2.67	0.74	0.40	5.29	32.78	5.77	38.55
2027	5.03	12.94	14.81	0	1.07	2.67	0.20	0.40	5.73	32.78	4.34	37.12
2028	5.03	13.48	14.27	0	0.73	1.96	0.20	0	5.87	32.78	2.89	35.67
2029	5.03	14.02	13.73	0	0.73	0.52	0.20	0	5.90	32.78	1.45	34.23
2030	5.03	14.59	13.16	0	0	0	0	0	5.94	32.78	0	32.78

7.1.2.4 吐鲁番市

吐鲁番市下辖托克逊县、高昌区和鄯善县。项目区种植面积中，克逊县包括3个乡镇44个用水者协会，高昌区包括9个乡镇的77个用水者协会，鄯善县包括9个乡镇的71个用水者协会。

全市现状年（2014年）作物种植面积161.96万亩，其中，责任田97.27万亩，非责任田64.69万亩。随着退地规划的推进，不同水平年种植面积逐渐减少，责任田种植面积基本不变，非责任田面积直线下降，直到2030年非责任田全部退完。详见表7.1-13。

表7.1-13 全市不同水平年种植面积情况 单位：万亩

农田分类	现状年	2015年	2016年	2017年	2018年	2019年
责任田	97.27	97.27	97.27	97.27	97.27	97.27
非责任田	64.69	61.46	57.29	53.14	49.06	45.00
合计	161.96	158.73	154.56	150.41	146.33	142.27
农田分类	2020年	2021年	2022年	2023年	2024年	2025年
责任田	97.27	97.27	97.27	97.27	97.27	97.27
非责任田	40.93	36.83	32.77	28.63	24.56	20.44
合计	138.20	134.10	130.04	125.90	121.83	117.71
农田分类	2026年	2027年	2028年	2029年	2030年	
责任田	97.27	97.27	97.27	97.27	97.27	
非责任田	16.35	12.27	8.21	4.10	0	
合计	113.62	109.54	105.48	101.37	97.27	

7.1.3 典型作物灌溉制度

吐鲁番地区典型作物有大棚、棉花或瓜套棉、葡萄，以及果园、人工林等。通过对吐鲁番地区农作物地面常规灌溉调查资料、吐鲁番地区水科所试验站灌溉制度试验等资料进行分析整理，参考《吐鲁番地区节水型社会建设规划》《鄯善县农业节水灌溉规划》等有关资料，确定吐鲁番地区典型作物灌溉制度，具体见表7.1-14～表7.1-17。

表7.1-14 大棚蔬菜灌溉制度

灌水次数	灌水定额/(m³/亩)	灌水时间			灌水延续时间/d
		始	终	中间日	
1	27	2月8日	3月6日	2月21日	27
2	80	3月7日	4月9日	3月23日	34
3	80	4月10日	5月13日	4月26日	34
4	50	5月14日	6月4日	5月24日	22
5	27	7月11日	7月29日	7月20日	19
6	80	7月30日	8月26日	8月12日	28

续表

灌水次数	灌水定额/(m³/亩)	灌水时间			灌水延续时间/d
		始	终	中间日	
7	107	8月27日	10月2日	9月14日	37
8	27	10月3日	10月16日	10月9日	14
小计	478				

表 7.1-15　　棉花或瓜套棉灌溉制度

灌水次数	灌水定额/(m³/亩)	灌水时间			灌水延续时间/d
		始	终	中间日	
1	50	3月10日	3月20日	3月15日	11
2	50	4月1日	4月15日	4月8日	15
3	80	5月20日	6月5日	5月28日	17
4	100	6月11日	6月20日	6月15日	10
5	70	7月1日	7月10日	7月5日	10
6	70	7月14日	7月25日	7月19日	12
7	50	8月1日	8月10日	8月5日	10
8	50	8月15日	8月24日	8月19日	10
9	60	9月1日	9月10日	9月5日	10
小计	580				

表 7.1-16　　葡萄灌溉制度

灌水次数	灌水定额/(m³/亩)	灌水时间			灌水延续时间/d
		始	终	中间日	
1	75	3月26日	4月10日	4月2日	16
2	90	4月26日	5月5日	4月30日	10
3	100	5月16日	5月25日	5月20日	10
4	60	6月1日	6月10日	6月5日	10
5	60	6月21日	6月30日	6月25日	10
6	70	7月5日	7月15日	7月10日	11
7	70	7月21日	7月30日	7月25日	10
8	60	8月10日	8月20日	8月15日	11
9	50	8月26日	9月4日	8月30日	10
10	30	9月21日	9月30日	9月25日	10
11	70	10月10日	10月20日	10月15日	11
小计	735				

表 7.1-17　　其他作物（果园、人工林等）灌溉制度

灌水次数	灌水定额/(m^3/亩)	灌水时间			灌水延续时间/d
		始	终	中间日	
1	80	3月21日	6月30日	5月10日	102
2	80	7月15日	8月1日	7月23日	18
3	50	8月10日	8月20日	8月15日	11
4	50	8月26日	9月4日	8月30日	10
5	100	9月21日	9月30日	9月25日	10
6	60	10月10日	10月20日	10月15日	11
小计	420				

7.1.4 现状年灌溉用水量

7.1.4.1 托克逊县

1. 阿拉沟河流域

现状年灌溉用水总量约9766.8万m^3，责任田5798.9万m^3，非责任田3967.9万m^3。总需水量中，棉花灌溉需水量最大，达6080.0万m^3，占62%。责任田灌溉需水量中，棉花灌溉需水量最大，占85%。不同用水者协会中，伊拉湖乡依提巴克村灌溉需水量最大，其次是博斯坦乡吉格代村。

2. 白杨河流域

现状年灌溉用水总量约14576.0万m^3，责任田9959.8万m^3，非责任田4616.2万m^3。总需水量中，棉花灌溉需水量最大，达11465.7万m^3，占79%。责任田灌溉需水量中，棉花灌溉需水量最大，占85%。不同用水者协会中，夏乡宫尚村、南湖村、铁提尔村灌溉需水量最大，其次是郭勒布依乡开斯克尔村。

7.1.4.2 高昌区

1. 大河沿河流域

现状年灌溉用水总量约4059.8万m^3，责任田2986.2万m^3，非责任田1073.6万m^3。总需水量中，棉花灌溉需水量最大，达2218.7万m^3，占55%。责任田灌溉需水量中，棉花灌溉需水量最大，占67%。不同用水者协会中，艾丁湖乡庄子村灌溉需水量最大，其次是西然木村。

2. 塔尔郎河流域

现状年灌溉用水总量约7703.5万m^3，责任田6034.2万m^3，非责任田1669.3万m^3。总需水量中，葡萄灌溉需水量最大，达4892.6万m^3，占63%。责任田灌溉需水量中，葡萄灌溉需水量最大，占72%。不同用水者协会中，亚尔果勒村需水量最大，其次是戈壁村。

3. 煤窑沟河流域

现状年灌溉用水总量约11044.6万m^3，责任田7643.3万m^3，非责任田3401.2万m^3。总需水量中，棉花灌溉需水量最大，达3920.1万m^3，占36%，其次是葡萄，占30%。

责任田灌溉需水量中，葡萄灌溉需水量最大，占40%，其次是棉花，占37%。不同用水者协会中，恰特卡勒乡喀拉霍加坎儿村需水量最大，其次是其盖布拉克村。

4. 黑沟河流域

现状年灌溉用水总量约11837.4万 m^3，责任田5294.6万 m^3，非责任田6542.8万 m^3。总需水量中，棉花灌溉需水量最大，达5028.5万 m^3，占43%，其次是葡萄，占33%。责任田灌溉需水量中，葡萄灌溉需水量最大，占66%，其次是棉花，占18%。不同用水者协会中，胜金乡胜金村需水量最大，其次是胜金乡木日吐克村。

7.1.4.3 鄯善县

1. 二塘沟河流域

现状年灌溉用水总量约21715.69万 m^3，责任田15433.80万 m^3，非责任田6281.89万 m^3。总用水量中，葡萄灌溉用水量最大，达16813.41万 m^3，占77%；其次是棉花，占15%。责任田灌溉用水量中，葡萄灌溉用水量最大，占91%；其次是棉花，占5%。

比较5个乡镇灌溉用水总量，从大到小依次排序为：吐峪沟乡、鲁克沁镇、达浪坎乡、连木沁镇和迪坎乡。比较39个用水者协会灌溉用水总量，洋海村最大，达2158.84万 m^3，其次为潘碱坎村。

2. 柯柯亚尔河流域

现状年灌溉用水总量约6074.5万 m^3，责任田3861.9万 m^3，非责任田2212.6万 m^3。总需水量中，葡萄灌溉需水量最大，达4081.3万 m^3，占67%，其次是棉花，占16%。责任田灌溉需水量中，葡萄灌溉需水量最大，占79%，其次是棉花，占10%。不同用水者协会中，辟展乡大东湖村需水量最大，其次是辟展乡乔克塘村。

3. 坎尔其河流域

现状年灌溉用水总量约3832.0万 m^3，责任田2725.8万 m^3，非责任田1106.2万 m^3。总需水量中，葡萄灌溉需水量最大，达1712.2万 m^3，占45%，其次是棉花，占33%。责任田灌溉需水量中，葡萄灌溉需水量最大，占54%，其次是棉花，占32%。不同用水者协会中，七克台镇台孜村需水量最大，其次是库木坎村和巴喀村。

7.1.5 不同水平年灌溉需水量

7.1.5.1 托克逊县

1. 阿拉沟河流域

从图7.1-13可以看出，作物灌溉需水量随水平年逐年减少，但是，责任田灌溉需水量随水平年变化不大，基本维持在5800万 m^3 左右；非责任田灌溉需水量逐年减少。总灌溉需水量的作物分配上，棉花需水占绝对优势，且降幅不大；主要是其他作物需水量大幅降低；葡萄需水量缓慢下降，大棚需水不降反升。

责任田灌溉需水量的作物分配上，棉花灌溉需水量占绝对优势，基本维持在4900万 m^3 左右；其他作物灌溉需水量在减少，但大棚需水量在增加，葡萄需水量变化较小。非基本灌溉需水量的作物分配上，其他作物的灌溉需水量占绝对优势，但逐年降幅较大，其次是棉花，葡萄占比较小。详见表7.1-18。

表 7.1-18　阿拉沟河流域不同水平年作物灌溉需水情况　单位：万 m^3

水平年	责任田需水量					非责任田需水量					合计需水量				合计
	大棚	棉花或瓜套棉	葡萄	其他	小计	大棚	棉花或瓜套棉	葡萄	其他	小计	大棚	棉花或瓜套棉	葡萄	其他	
现状年	50.8	4919.9	123.7	704.5	5798.9	286.9	1160.1	28.1	2492.7	3967.9	337.7	6080.0	151.8	3197.3	9766.8
2015	71.5	4933.2	123.7	676.7	5805.0	286.9	1160.1	28.1	2449.1	3924.3	358.4	6093.3	151.8	3125.8	9729.4
2016	111.8	4933.2	123.7	641.2	5809.8	285.3	1128.4	23.0	2394.8	3831.5	397.1	6061.6	146.6	3036.0	9641.3
2017	162.5	4933.2	123.7	596.5	5815.9	285.3	1128.4	23.0	2056.9	3493.6	447.8	6061.6	146.6	2653.4	9309.5
2018	196.8	4933.2	123.7	566.3	5820.0	285.3	1128.4	23.0	1608.5	3045.2	482.1	6061.6	146.6	2174.9	8865.2
2019	244.6	4933.2	123.7	524.3	5825.7	285.3	1128.4	23.0	1246.2	2682.8	529.9	6061.6	146.6	1770.4	8508.6
2020	290.8	4933.2	123.7	483.6	5831.2	285.3	1128.4	23.0	853.7	2290.3	576.1	6061.6	146.6	1337.2	8121.6
2021	345.7	4933.2	123.7	435.2	5837.8	285.3	1128.4	23.0	497.1	1933.8	631.0	6061.6	146.6	932.3	7771.6
2022	397.7	4933.2	123.7	389.4	5844.0	285.3	1013.7	23.0	390.6	1712.7	683.0	5946.9	146.6	780.1	7556.7
2023	438.8	4933.2	123.7	353.3	5848.9	285.3	875.3	23.0	390.6	1574.3	724.1	5808.6	146.6	743.9	7423.2
2024	526.5	4933.2	123.7	276.0	5859.4	285.3	826.0	13.1	334.5	1458.9	811.8	5759.2	136.8	610.5	7318.3
2025	578.2	4933.2	123.7	230.5	5865.6	285.3	826.0	13.1	75.8	1200.2	863.5	5759.2	136.8	306.3	7065.8
2026	637.5	4933.2	123.7	178.3	5872.7	285.3	598.2	13.1	13.0	909.7	922.8	5531.4	136.8	191.3	6782.4
2027	696.3	4933.2	123.7	126.5	5879.7	285.3	313.7	13.1	13.0	625.2	981.6	5246.9	136.8	139.5	6504.9
2028	748.7	4933.2	123.7	80.3	5886.0	215.2	55.9	0	13.0	284.2	964.0	4989.1	123.7	93.4	6170.1
2029	801.5	4933.2	123.7	33.9	5892.3	5.6	53.6	0	0	59.3	807.2	4986.9	123.7	33.9	5951.5
2030	854.7	4933.2	101.0	0	5888.9	0	0	0	0	0	854.7	4933.2	101.0	0	5888.9

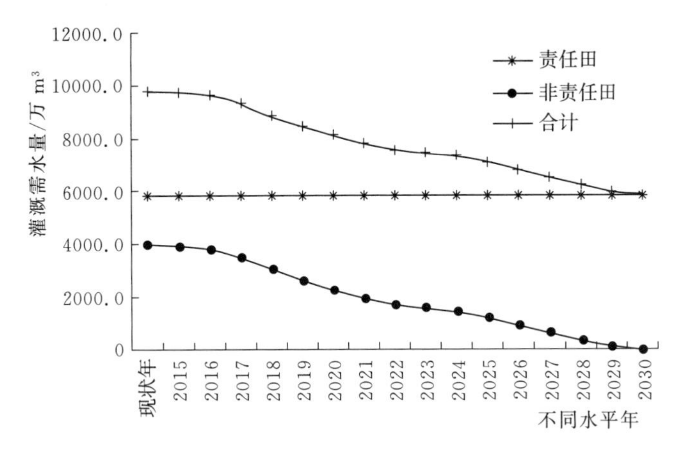

图 7.1-13　阿拉沟河流域不同水平年责任田和非责任田灌溉需水量变化

2. 白杨河流域

从图 7.1-14 可以看出，作物灌溉需水量随水平年逐年减少，但是，责任田灌溉需水量随水平年变化不大，基本维持在 10030 万 m^3 左右；非责任田灌溉需水量逐年减少。总灌溉需水量的作物分配上，棉花需水占绝对优势，2021 年之后开始小幅下降；主要是其他作物需水量大幅降低；葡萄需水量占比最小，且缓慢下降，大棚需水不降反升。

责任田灌溉需水量的作物分配上，棉花灌溉需水量占绝对优势，基本维持在 4933 万 m^3 左右；其他作物灌溉需水量在减少，但大棚需水量在增加，葡萄需水量变化较小。非基本灌溉需水量的作物分配上，其他作物的灌溉需水量占绝对优势，但逐年降幅较大，其次是棉花，葡萄占比较小。详见表 7.1-19。

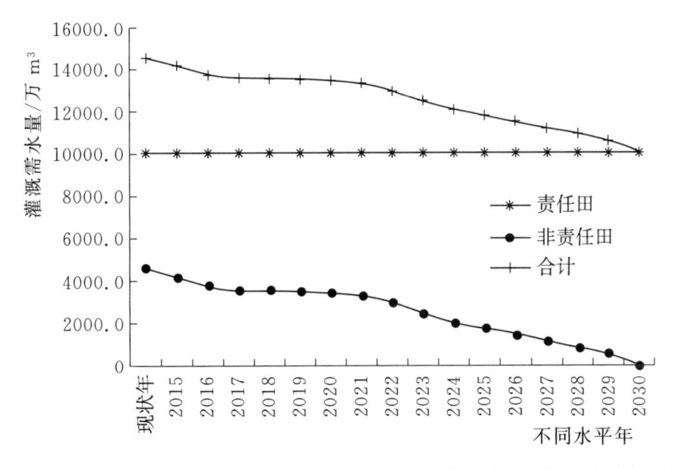

图 7.1-14　白杨河流域不同水平年责任田和非责任田灌溉需水量变化

3. 小结

从图 7.1-15 可以看出，托克逊县现状年灌溉用水总量约 2.4 亿 m^3，其中，责任田 1.6 亿 m^3，非责任田 0.8 亿 m^3。详见表 7.1-20。

表 7.1-19 白杨河流域不同水平年作物灌溉需水情况

单位：万 m^3

水平年	责任田需水量					非责任田需水量					合计需水量				合计
	大棚	棉花或瓜套棉	葡萄	其他	小计	大棚	棉花或瓜套棉	葡萄	其他	小计	大棚	棉花或瓜套棉	葡萄	其他	
现状年	147.6	8485.3	434.6	892.3	9959.8	203.6	2980.4	33.4	1398.9	4616.2	351.1	11465.7	468.1	2291.1	14576.0
2015	201.8	8521.3	434.6	818.4	9976.2	203.6	2980.4	33.4	989.4	4206.8	405.4	11501.7	468.1	1807.9	14183.0
2016	277.6	8521.3	434.6	751.7	9985.3	192.8	2598.0	29.3	916.5	3736.6	470.4	11119.3	464.0	1668.2	13721.9
2017	342.6	8521.3	434.6	694.4	9993.1	192.8	2598.0	29.3	774.4	3594.5	535.5	11119.3	464.0	1468.8	13587.6
2018	423.4	8521.3	434.6	623.3	10002.7	192.8	2598.0	29.3	761.2	3581.3	616.3	11119.3	464.0	1384.5	13584.0
2019	492.0	8521.3	434.6	562.9	10010.9	192.8	2598.0	29.3	675.1	3495.2	684.9	11119.3	464.0	1238.0	13506.1
2020	560.9	8521.3	434.6	502.3	10019.2	192.8	2598.0	29.3	620.1	3440.2	753.7	11119.3	464.0	1122.3	13459.4
2021	622.5	8521.3	434.6	448.0	10026.5	192.8	2598.0	29.3	508.8	3329.0	815.4	11119.3	464.0	956.9	13355.5
2022	686.3	8521.3	434.6	391.8	10034.1	192.8	2283.7	29.3	450.0	2955.9	879.2	10805.1	464.0	841.8	12990.0
2023	759.2	8521.3	434.6	327.7	10042.8	192.8	1789.5	29.3	450.0	2461.7	952.0	10310.9	464.0	777.7	12504.5
2024	782.0	8521.3	434.6	307.6	10045.6	145.7	1461.3	12.4	387.9	2007.3	927.7	9982.6	447.1	695.4	12052.8
2025	852.8	8521.3	434.6	245.3	10054.0	145.7	1461.3	12.4	177.7	1797.1	998.5	9982.6	447.1	422.9	11851.1
2026	908.1	8521.3	434.6	196.5	10060.6	145.7	1175.3	12.4	151.7	1485.2	1053.9	9696.7	447.1	348.2	11545.9
2027	966.7	8521.3	434.6	145.0	10067.6	145.7	819.8	12.4	151.7	1129.7	1112.4	9341.1	447.1	296.7	11197.3
2028	1029.4	8521.3	434.6	89.7	10075.1	99.1	620.3	3.6	151.7	874.9	1128.6	9141.7	438.3	241.5	10950.0
2029	1092.9	8521.3	434.6	33.9	10082.7	3.0	569.3	3.6	0	575.9	1095.8	9090.7	438.3	33.9	10658.6
2030	1155.0	8521.9	397.5	0	10074.4	0	0	0	0	0	1155.0	8521.9	397.5	0	10074.4

表 7.1-20　托克逊县不同水平年作物需水量情况

单位：万 m^3

水平年	责任田需水量					非责任田需水量					合计需水量				合计
	大棚	棉花或瓜套棉	葡萄	其他	小计	大棚	棉花或瓜套棉	葡萄	其他	小计	大棚	棉花或瓜套棉	葡萄	其他	
现状年	198.4	13405.2	558.3	1596.8	15758.7	490.5	4140.5	61.5	3891.6	8584.1	688.8	17545.7	619.9	5488.4	24342.8
2015	273.3	13454.5	558.3	1495.1	15781.2	490.5	4140.5	61.5	3438.5	8131.1	763.8	17595	619.9	4933.7	23912.4
2016	389.4	13454.5	558.3	1392.9	15795.1	478.1	3726.4	52.3	3311.3	7568.1	867.5	17180.9	610.6	4704.2	23363.2
2017	505.1	13454.5	558.3	1290.9	15809	478.1	3726.4	52.3	2831.3	7088.1	983.3	17180.9	610.6	4122.2	22897.1
2018	620.2	13454.5	558.3	1189.6	15822.7	478.1	3726.4	52.3	2369.7	6626.5	1098.4	17180.9	610.6	3559.4	22449.2
2019	736.6	13454.5	558.3	1087.2	15836.6	478.1	3726.4	52.3	1921.3	6178	1214.8	17180.9	610.6	3008.4	22014.7
2020	851.7	13454.5	558.3	985.9	15850.4	478.1	3726.4	52.3	1473.8	5730.5	1329.8	17180.9	610.6	2459.5	21581
2021	968.2	13454.5	558.3	883.2	15864.3	478.1	3726.4	52.3	1005.9	5262.8	1446.4	17180.9	610.6	1889.2	21127.1
2022	1084	13454.5	558.3	781.2	15878.1	478.1	3297.4	52.3	840.6	4668.6	1562.2	16752	610.6	1621.9	20546.7
2023	1198	13454.5	558.3	681	15891.7	478.1	2664.8	52.3	840.6	4036	1676.1	16119.5	610.6	1521.6	19927.7
2024	1308.5	13454.5	558.3	583.6	15905	431	2287.3	25.5	722.4	3466.2	1739.5	15741.8	583.9	1305.9	19371.1
2025	1431	13454.5	558.3	475.8	15919.6	431	2287.3	25.5	253.5	2997.3	1862	15741.8	583.9	729.2	18916.9
2026	1545.6	13454.5	558.3	374.8	15933.3	431	1773.5	25.5	164.7	2394.9	1976.7	15228.1	583.9	539.5	18328.3
2027	1663	13454.5	558.3	271.5	15947.3	431	1133.5	25.5	164.7	1754.9	2094	14588	583.9	436.2	17702.2
2028	1778.1	13454.5	558.3	170	15961.1	314.3	676.2	3.6	164.7	1159.1	2092.6	14130.8	562	334.9	17120.1
2029	1894.4	13454.5	558.3	67.8	15975	8.6	622.9	3.6	0	635.2	1903	14077.6	562	67.8	16610.1
2030	2009.7	13455.1	498.5	0	15963.3	0	0	0	0	0	2009.7	13455.1	498.5	0	15963.3

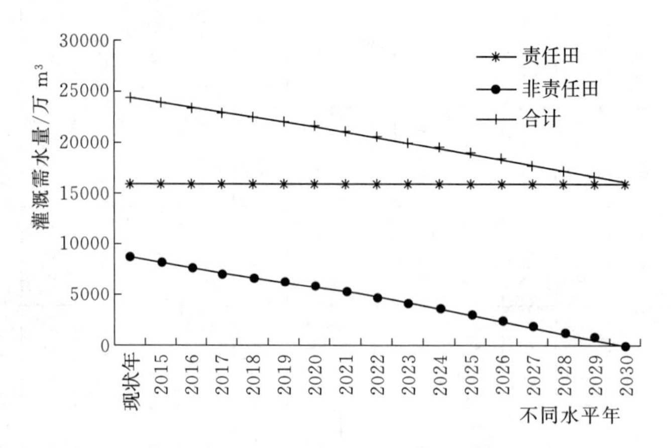

图 7.1-15　托克逊县不同水平年责任田和非责任田灌溉需水量变化

7.1.5.2　高昌区

1. 大河沿河流域

从图 7.1-16 可以看出，作物灌溉需水量随水平年先增后减，但是，责任田灌溉需水量随水平年呈增加趋势，从现状年的 2986.2 万 m^3 到 2030 年的 3226.4 万 m^3；非责任田灌溉需水量逐年减少。总灌溉需水量的作物分配上，棉花需水占绝对优势，先增后减，变幅不大；主要是其他作物需水量大幅降低；但葡萄和大棚需水量均在小幅增加，其中，大棚需水量占比最小。

责任田灌溉需水量的作物分配上，棉花灌溉需水量占绝对优势，基本维持在 2168 万 m^3 左右；其他作物灌溉需水量在减少，但葡萄和大棚需水量均在小幅增加。非基本灌溉需水量的作物分配上，其他作物的灌溉需水量占绝对优势，但 2025 年后才大幅削减，其次是棉花，大棚占比较小。详见表 7.1-21。

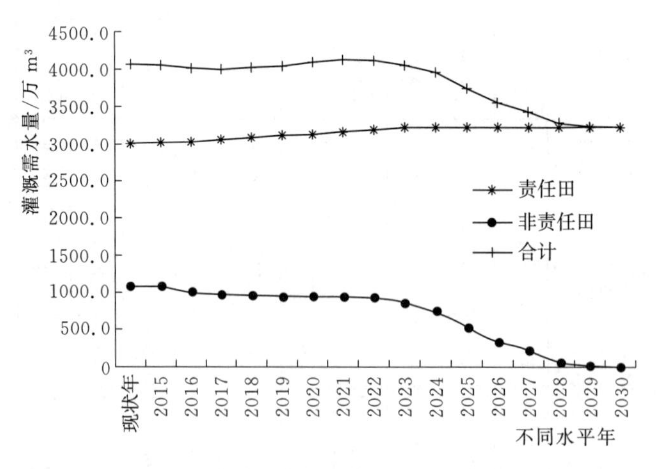

图 7.1-16　大河沿河流域不同水平年责任田和非责任田灌溉需水量变化

2. 塔尔郎河流域

从图 7.1-17 可以看出，作物灌溉需水量随水平年先增后减，但是，责任田灌溉需水

表 7.1-21　大河沿河流域不同水平年作物灌溉需水情况　单位：万 m^3

水平年	责任田需水量					非责任田需水量					合计需水量				合计
	大棚	棉花或瓜套棉	葡萄	其他	小计	大棚	棉花或瓜套棉	葡萄	其他	小计	大棚	棉花或瓜套棉	葡萄	其他	
现状年	44.7	2010.1	353.3	578.1	2986.2	32.8	208.5	92.4	739.9	1073.6	77.5	2218.6	445.7	1318.0	4059.8
2015	44.7	2047.0	353.3	551.4	2996.4	32.8	206.5	92.4	730.5	1062.1	77.5	2253.5	445.7	1281.9	4058.5
2016	44.7	2117.8	353.3	500.1	3015.9	32.8	206.5	92.4	661.2	992.8	77.5	2324.3	445.7	1161.3	4008.7
2017	44.7	2168.3	361.7	458.7	3033.5	32.8	206.5	92.4	628.9	960.5	77.5	2374.8	454.1	1087.6	3994.0
2018	44.7	2168.3	462.0	401.4	3076.4	32.8	201.4	92.4	628.9	955.5	77.5	2369.7	554.4	1030.3	4031.9
2019	44.7	2168.3	513.0	372.2	3098.3	32.8	200.2	92.4	628.9	954.2	77.5	2368.5	605.4	1001.1	4052.5
2020	44.7	2168.3	595.1	325.3	3133.5	32.8	198.8	92.4	628.9	952.9	77.5	2367.1	687.5	954.2	4086.4
2021	44.7	2168.3	667.5	284.0	3164.5	32.8	196.7	92.4	628.9	950.8	77.5	2365.0	759.9	912.9	4115.3
2022	51.0	2168.3	734.1	240.3	3193.8	32.8	180.1	92.4	628.9	934.1	83.8	2348.4	826.5	869.2	4127.9
2023	97.7	2168.3	734.1	199.2	3199.4	14.0	177.3	46.0	628.9	866.1	111.7	2345.6	780.1	828.1	4065.5
2024	128.1	2168.3	734.1	172.5	3203.0	14.0	177.3	46.0	530.5	767.7	142.1	2345.6	780.1	703.0	3970.7
2025	168.0	2168.3	734.1	137.4	3207.8	14.0	177.3	46.0	317.9	555.1	182.0	2345.6	780.1	455.3	3762.9
2026	199.7	2168.3	734.1	109.4	3211.6	14.0	177.3	46.0	107.7	344.9	213.7	2345.6	780.1	217.1	3556.5
2027	233.8	2168.3	734.1	79.4	3215.7	14.0	154.0	46.0	0	214.0	247.8	2322.3	780.1	79.4	3429.7
2028	267.9	2168.3	734.1	49.4	3219.7	14.0	0	28.1	0	42.0	281.9	2168.3	762.2	49.4	3261.7
2029	295.4	2168.3	734.1	25.2	3223.0	14.0	0	0	0	14.0	309.4	2168.3	734.1	25.2	3237.0
2030	324.0	2168.3	734.1	0	3226.4	0	0	0	0	0	324.0	2168.3	734.1	0	3226.4

量随水平年呈增加趋势，从现状年的2986.2万m^3到2030年的3226.4万m^3；非责任田灌溉需水量逐年减少，直至为0。总灌溉需水量的作物分配上，棉花需水占绝对优势，先增后减，变幅不大；主要是其他作物需水量大幅降低；但葡萄和大棚需水量均在小幅增加，其中，大棚需水量占比最小。

责任田灌溉需水量的作物分配上，棉花灌溉需水量占绝对优势，基本维持在2168万m^3左右；其他作物灌溉需水量在减少，但葡萄和大棚需水量均在小幅增加。非基本灌溉需水量的作物分配上，其他作物的灌溉需水量占绝对优势，但2025年后才大幅削减，其次是棉花，大棚占比较小。详见表7.1-22。

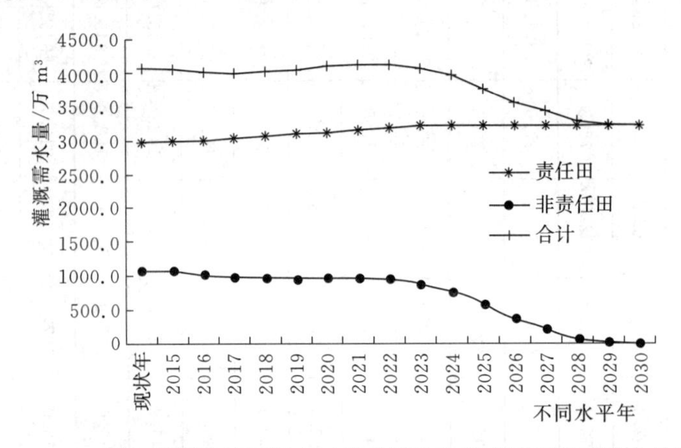

图7.1-17 塔尔郎河流域不同水平年责任田和非责任田灌溉需水量变化

3. 煤窑沟河流域

从图7.1-18可以看出，作物灌溉需水量随水平年逐年减少，但是，责任田灌溉需水量随水平年呈增加趋势，从现状年的7643.3万m^3到2030年的8255.4万m^3；非责任田灌溉需水量逐年减少。总灌溉需水量的作物分配上，棉花和葡萄需水基本持平，但棉花需水随水平年略有减少，葡萄随水平年略有增加；主要是其他作物需水量大幅降低；大棚需水量也是随水平年增加。

责任田灌溉需水量的作物分配上，主要是葡萄和棉花，但葡萄需水显著增加，2022年开始维持在4043.9万m^3；棉花需水变幅较小，2017年开始维持在3155.5万m^3；其他作物灌溉需水量在减少，大棚需水量在小幅增加。非基本灌溉需水量的作物分配上，其他作物的灌溉需水量占绝对优势，但2025年后才大幅削减，其次是棉花，大棚和葡萄占比较小。详见表7.1-23。

4. 黑沟河流域

从图7.1-19可以看出，作物灌溉需水量随水平年逐年减少，但是，责任田灌溉需水量随水平年呈增加趋势，从现状年的5294.6万m^3到2030年的5559.5万m^3；非责任田灌溉需水量逐年减少。总灌溉需水量的作物分配上，棉花需水量逐年大幅减少，在2020年之后葡萄需水占绝对优势，并维持在3900万m^3左右；其他作物需水量逐年降低；大棚需水量小幅波动。

责任田灌溉需水量的作物分配上，葡萄占绝对优势，且有逐年增加趋势，但葡萄需水

表 7.1-22　塔尔郎河流域不同水平年作物灌溉需水情况

单位：万 m^3

水平年	责任田需水量					非责任田需水量					合计需水量				合计
	大棚	棉花或瓜套棉	葡萄	其他	小计	大棚	棉花或瓜套棉	葡萄	其他	小计	大棚	棉花或瓜套棉	葡萄	其他	
现状年	179.4	707.7	4337.9	809.2	6034.2	257.9	205.3	554.6	651.5	1669.3	437.3	913.0	4892.5	1460.7	7703.5
2015	179.4	786.0	4337.9	752.5	6055.8	256.2	136.2	547.6	580.5	1520.5	435.6	922.2	4885.5	1333.0	7576.3
2016	179.4	841.7	4337.9	712.1	6071.1	256.2	136.2	547.6	545.8	1485.8	435.6	977.9	4885.5	1257.9	7556.9
2017	179.4	888.1	4352.4	670.3	6090.2	256.2	136.2	547.6	536.8	1476.8	435.6	1024.3	4900.0	1207.1	7567.0
2018	179.4	888.1	4422.6	630.1	6120.2	256.2	114.0	547.6	529.8	1447.6	435.6	1002.1	4970.2	1159.9	7567.8
2019	179.4	888.1	4555.9	554	6177.4	256.2	104.8	547.6	529.8	1438.4	435.6	992.9	5103.5	1083.8	7615.8
2020	179.4	888.1	4643.2	504.1	6214.8	256.2	104.8	547.6	529.8	1438.4	435.6	992.9	5190.8	1033.9	7653.2
2021	179.4	888.1	4719.5	460.5	6247.5	256.2	101.7	547.6	529.8	1435.3	435.6	989.8	5267.1	990.3	7682.8
2022	188.2	888.1	4778.2	419.2	6273.7	256.2	88.7	547.6	529.8	1422.3	444.4	976.8	5325.8	949.0	7696.0
2023	239.7	888.1	4778.2	373.9	6279.9	256.2	88.7	477.8	529.8	1352.5	495.9	976.8	5256.0	903.7	7632.4
2024	283.3	888.1	4778.2	335.5	6285.1	256.2	88.7	477.8	422.2	1244.9	539.5	976.8	5256.0	757.7	7530.0
2025	343.2	888.1	4778.2	282.8	6292.3	256.2	88.7	477.8	308.2	1130.9	599.4	976.8	5256.0	591.0	7423.2
2026	411.4	888.1	4778.2	222.7	6300.4	256.2	88.7	477.8	171.4	994.1	667.6	976.8	5256.0	394.1	7294.5
2027	487.3	888.1	4778.2	155.9	6309.5	256.2	69	477.8	0	803.0	743.5	957.1	5256.0	155.9	7112.5
2028	554.4	888.1	4778.2	96.8	6317.5	256.2	0	392.8	0	649.0	810.6	888.1	5171.0	96.8	6966.5
2029	606.7	888.1	4778.2	50.7	6323.7	184.3	0	0	0	184.3	791.0	888.1	4778.2	50.7	6508.0
2030	664.3	888.1	4778.2	0	6330.6	0	0	0	0	0.0	664.3	888.1	4778.2	0	6330.6

表 7.1-23　煤窑沟河流域不同水平年作物灌溉需水情况　单位：万 m^3

水平年	责任田需水量					非责任田需水量					合计需水量				合计
	大棚	棉花或瓜套棉	葡萄	其他	小计	大棚	棉花或瓜套棉	葡萄	其他	小计	大棚	棉花或瓜套棉	葡萄	其他	
现状年	180.5	2793.9	3092.7	1576.3	7643.4	305.9	1126.2	227.5	1741.6	3401.2	486.4	3920.1	3320.2	3317.9	11044.6
2015	180.5	2898.8	3092.7	1500.3	7672.3	265.1	1039.2	213.8	1559.9	3078.0	445.6	3938.0	3306.5	3060.2	10750.3
2016	180.5	3044.1	3092.7	1395.1	7712.4	265.1	1039.2	213.8	1190.0	2708.1	445.6	4083.3	3306.5	2585.1	10420.5
2017	180.5	3155.5	3144.1	1285.1	7765.2	265.1	1039.2	213.8	1061.2	2579.3	445.6	4194.7	3357.9	2346.3	10344.5
2018	180.5	3155.5	3345.0	1170.3	7851.3	265.1	794.3	213.8	1047.4	2320.6	445.6	3949.8	3558.8	2217.7	10171.9
2019	180.5	3155.5	3515.5	1072.8	7924.3	265.1	682.9	213.8	1047.4	2209.2	445.6	3838.4	3729.3	2120.2	10133.5
2020	180.5	3155.5	3696.4	969.5	8001.9	265.1	602.7	213.8	1047.4	2129.0	445.6	3758.2	3910.2	2016.9	10130.9
2021	180.5	3155.5	3883.4	862.6	8082.0	265.1	547.7	213.8	1047.4	2074.0	445.6	3703.2	4097.2	1910.0	10156.0
2022	199.1	3155.5	4043.9	754.5	8153.0	265.1	490.7	213.8	1047.4	2017.0	464.2	3646.2	4257.7	1801.9	10170.0
2023	313.5	3155.5	4043.9	653.7	8166.6	256.2	490.7	202.8	1047.4	1997.1	569.7	3646.2	4246.7	1701.1	10163.7
2024	450.3	3155.5	4043.9	533.3	8183.0	244.5	490.7	202.8	776.8	1714.8	694.8	3646.2	4246.7	1310.1	9897.8
2025	564.5	3155.5	4043.9	432.7	8196.6	244.5	490.7	202.8	465.5	1403.5	809.0	3646.2	4246.7	898.2	9600.1
2026	676.8	3155.5	4043.9	333.8	8210.0	244.5	490.7	202.8	214.5	1152.5	921.3	3646.2	4246.7	548.3	9362.5
2027	766.2	3155.5	4043.9	255.1	8220.7	244.5	384.7	202.8	23.5	855.5	1010.7	3540.2	4246.7	278.6	9076.2
2028	872.5	3155.5	4043.9	161.6	8233.5	244.5	77.1	182.9	23.5	528.0	1117.0	3232.6	4226.8	185.1	8761.5
2029	963.5	3155.5	4043.9	81.4	8244.3	93.5	77.1	12.1	23.5	206.2	1057.0	3232.6	4056.0	104.9	8450.5
2030	1055.9	3155.5	4043.9	0	8255.3	0	0	0	0	0	1055.9	3155.5	4043.9	0	8255.3

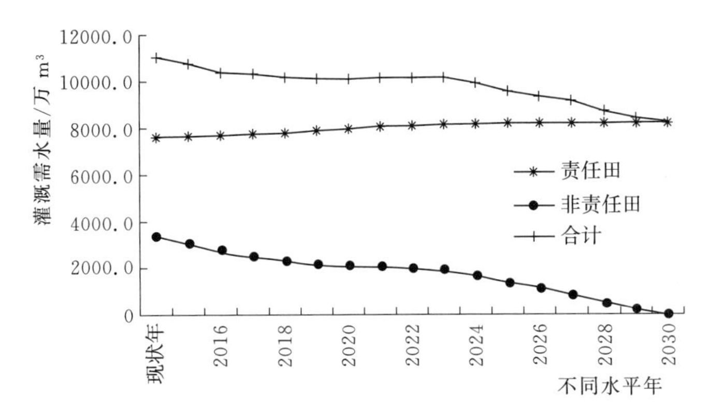

图 7.1-18　煤窑沟河流域不同水平年责任田和非责任田灌溉需水量

显著增加，从现状年的 3496.2 万 m^3 到 2030 年的 3820.1 万 m^3；棉花需水变幅较小，2017 年开始维持在 1178.2 万 m^3；其他作物灌溉需水量在减少，大棚需水量在 2021 年开始在逐年增加，2030 年时达 561.2 万 m^3。非基本灌溉需水量的作物分配上，棉花的灌溉需水量占绝对优势，但 2017 年后才大幅削减，其次是大棚，2022 年开始大幅削减，葡萄和其他占比较小。详见表 7.1-24。

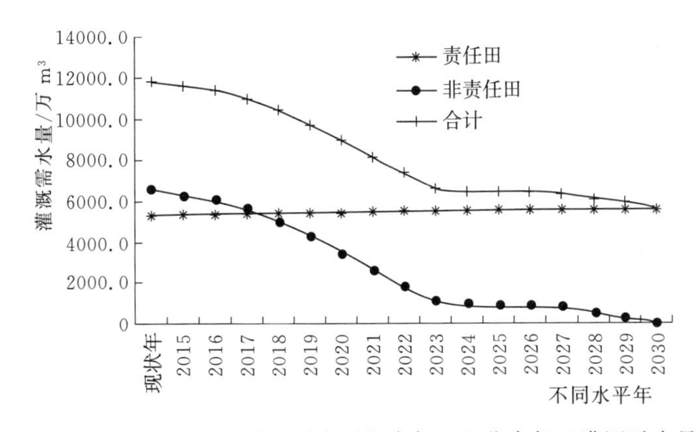

图 7.1-19　黑沟河流域不同水平年责任田和非责任田灌溉需水量

5. 小结

从图 7.1-20 可以看出，高昌区现状年灌溉用水总量约 35000 万 m^3，其中，责任田 22000 万 m^3，非责任田 13000 万 m^3。不同水平年灌溉需水量详见表 7.1-24。

7.1.5.3　鄯善县

1. 二塘沟河流域

从图 7.1-21 可以看出，作物灌溉需水量随水平年逐年减少，但是，责任田灌溉需水量随水平年变化不大；非责任田灌溉需水量逐年减少。

总灌溉需水量的作物分配上，棉花和葡萄灌溉需水量占比较大。棉花和葡萄灌溉需水量均随水平年逐年减少，但棉花降幅较大，2018 年之前，棉花灌溉需水量超过葡萄。2019 年开始，葡萄灌溉需水量超过棉花。大棚作物灌溉需水量随水平年先是逐年增加，从 2026 年开始随水平年逐渐减少。其他作物灌溉需水量逐年减少。

表 7.1-24 黑沟河流域不同水平年作物灌溉需水情况

单位：万 m^3

水平年	责任田需水量					非责任田需水量					合计需水量				合计
	大棚	棉花或瓜套棉	葡萄	其他	小计	大棚	棉花或瓜套棉	葡萄	其他	小计	大棚	棉花或瓜套棉	葡萄	其他	
现状年	6.0	977.1	3486.2	825.3	5294.6	973.8	4051.4	399.2	1118.4	6542.8	979.8	5028.5	3885.4	1943.7	11837.4
2015	6.0	1075.2	3486.2	754.3	5321.7	953.7	3955.8	369.7	1005.6	6284.8	959.7	5031.0	3855.9	1759.9	11606.5
2016	6.0	1138.9	3486.2	708.1	5339.2	953.7	3955.8	369.7	827.9	6107.1	959.7	5094.7	3855.9	1536.0	11446.3
2017	6.0	1178.2	3503.1	670.1	5357.4	953.7	3955.8	369.7	347.2	5626.4	959.7	5134.0	3872.8	1017.3	10983.8
2018	6.0	1178.2	3555.6	640.1	5379.9	953.7	3549.6	369.7	207.1	5080.1	959.7	4727.8	3925.3	847.2	10460.0
2019	6.0	1178.2	3615.4	605.9	5405.5	953.7	2775.9	369.7	207.1	4306.4	959.7	3954.1	3985.1	813.0	9711.9
2020	6.0	1178.2	3679.5	569.3	5433.0	953.7	1949.6	369.7	207.1	3480.1	959.7	3127.8	4049.2	776.4	8913.1
2021	6.0	1178.2	3758.4	524.2	5466.8	953.7	1109.7	369.7	207.1	2640.2	959.7	2287.9	4128.1	731.3	8107.0
2022	15.4	1178.2	3820.1	480.6	5494.3	953.7	319.9	369.7	207.1	1850.4	969.1	1498.1	4189.8	687.7	7344.7
2023	71.9	1178.2	3820.1	430.8	5501.0	508.8	274.7	126.9	207.1	1117.5	580.7	1452.9	3947.0	637.9	6618.5
2024	129.8	1178.2	3820.1	379.8	5507.9	389.1	274.7	126.9	146.9	937.6	518.9	1452.9	3947.0	526.7	6445.5
2025	185.1	1178.2	3820.1	331.2	5514.6	389.1	274.7	126.9	131.5	922.2	574.2	1452.9	3947.0	462.7	6436.8
2026	241.2	1178.2	3820.1	281.7	5521.2	389.1	274.7	126.9	78.8	869.5	630.3	1452.9	3947.0	360.5	6390.7
2027	311.3	1178.2	3820.1	220.0	5529.6	389.1	274.7	126.9	8.8	799.5	700.4	1452.9	3947.0	228.8	6329.1
2028	372.5	1178.2	3820.1	166.1	5536.9	389.1	0	126.9	8.8	524.8	761.6	1178.2	3947.0	174.9	6061.7
2029	470.8	1178.2	3820.1	79.6	5548.7	342.4	0	0	8.8	351.2	813.2	1178.2	3820.1	88.4	5899.9
2030	561.2	1178.2	3820.1	0	5559.5	0	0	0	0	0	561.2	1178.2	3820.1	0	5559.5

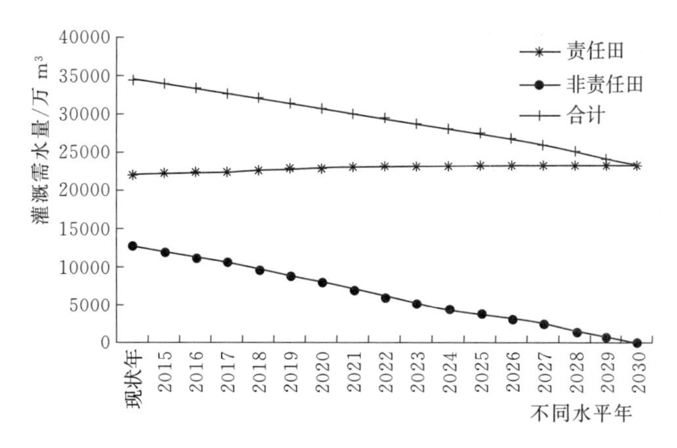

图 7.1-20　高昌区不同水平年责任田和非责任田灌溉需水量变化

责任田灌溉需水量的作物分配上，葡萄灌溉需水量占绝对优势，其次是棉花。葡萄灌溉需水量 2013 年之前维持不变，之后随水平年逐年减少，但降幅较小；棉花灌溉需水量随水平年呈缓幅增加趋势。大棚灌溉需水量逐年增加，2024 年开始维持现状不变；其他作物灌溉需水量逐年减少。

非责任田灌溉需水量的作物分配上，棉花灌溉需水量占绝对优势，其次是大棚，葡萄占比较小。大棚、棉花、葡萄以及其他作物的灌溉需水量均随水平年逐年减少。详见表 7.1-26。

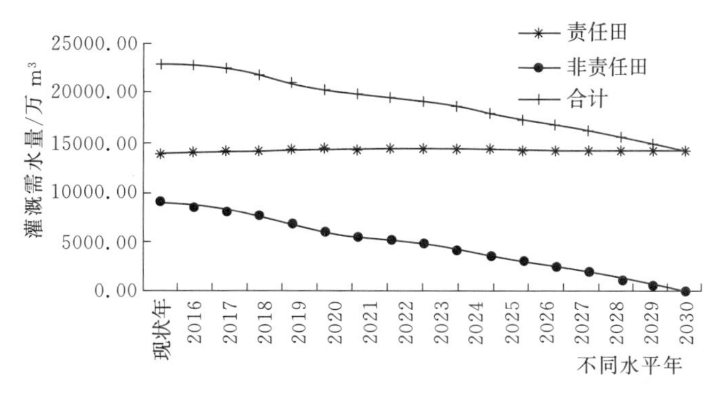

图 7.1-21　二塘沟河流域不同水平年责任田和非责任田灌溉需水量变化

2. 柯柯亚尔河流域

从图 7.1-22 可以看出，作物灌溉需水量随水平年逐年减少，但是，责任田灌溉需水量随水平年小幅波动，平均为 3888.1 万 m^3；非责任田灌溉需水量逐年减少。总灌溉需水量的作物分配上，葡萄需水占绝对优势，2025 年开始大幅减少；其次是棉花，随水平年小幅波动。大棚和其他的占比较小。

责任田灌溉需水量的作物分配上，葡萄需水占绝对优势，2024 年之前维持在 3068.9 万 m^3，之后逐年减少，到 2030 年为 2519.5 万 m^3；但棉花需水显著增加，现状年为 400.2 万 m^3，2030 年为 973.6 万 m^3；大棚和其他的需水占比较小，但大棚需水随水平年有增加趋势。

表 7.1-25　高昌区不同水平年作物需水量情况　单位：万 m^3

水平年	责任田需水量					非责任田需水量					合计需水量				合计
	大棚	棉花或瓜套棉	葡萄	其他	小计	大棚	棉花或瓜套棉	葡萄	其他	小计	大棚	棉花或瓜套棉	葡萄	其他	
现状年	410.6	6488.8	11270.1	3788.9	21958.4	1570.4	5591.4	1273.7	4251.4	12686.9	1981.0	12080.2	12543.8	8040.3	34645.3
2015	410.6	6807.0	11270.1	3558.5	22046.2	1507.8	5337.7	1223.5	3876.5	11945.5	1918.4	12144.7	12493.6	7435.0	33991.7
2016	410.6	7142.5	11270.1	3315.4	22138.6	1507.8	5337.7	1223.5	3224.9	11293.9	1918.4	12480.2	12493.6	6540.3	33432.5
2017	410.6	7390.1	11361.3	3084.2	22246.2	1507.8	5337.7	1223.5	2574.1	10643.1	1918.4	12727.8	12584.8	5658.3	32889.3
2018	410.6	7390.1	11785.2	2841.9	22427.8	1507.8	4659.3	1223.5	2413.2	9803.8	1918.4	12049.4	13008.7	5255.1	32231.6
2019	410.6	7390.1	12199.8	2604.9	22605.4	1507.8	3763.8	1223.5	2413.2	8908.3	1918.4	11153.9	13423.3	5018.1	31513.7
2020	410.6	7390.1	12614.2	2368.2	22783.1	1507.8	2855.9	1223.5	2413.2	8000.4	1918.4	10246.0	13837.7	4781.4	30783.5
2021	410.6	7390.1	13028.8	2131.3	22960.8	1507.8	1955.8	1223.5	2413.2	7100.3	1918.4	9345.9	14252.3	4544.5	30061.1
2022	453.7	7390.1	13376.3	1894.6	23114.7	1507.8	1079.4	1223.5	2413.2	6223.9	1961.5	8469.5	14599.8	4307.8	29338.6
2023	722.8	7390.1	13376.3	1657.6	23146.8	1035.2	1031.4	853.5	2413.2	5333.3	1758.0	8421.5	14229.8	4070.8	28480.1
2024	991.5	7390.1	13376.3	1421.1	23179.0	903.8	1031.4	853.5	1876.4	4665.1	1895.3	8421.5	14229.8	3297.5	27844.1
2025	1260.8	7390.1	13376.3	1184.1	23211.3	903.8	1031.4	853.5	1223.1	4011.8	2164.6	8421.5	14229.8	2407.2	27223.1
2026	1529.1	7390.1	13376.3	947.6	23243.1	903.8	1031.4	853.5	572.4	3361.1	2432.9	8421.5	14229.8	1520.0	26604.2
2027	1798.6	7390.1	13376.3	710.4	23275.4	903.8	882.4	853.5	32.3	2672.0	2702.4	8272.5	14229.8	742.7	25947.4
2028	2067.3	7390.1	13376.3	473.9	23307.6	903.8	77.1	730.7	32.3	1743.9	2971.1	7467.2	14107	506.2	25051.5
2029	2336.4	7390.1	13376.3	236.9	23339.7	634.2	77.1	12.1	32.3	755.7	2970.6	7467.2	13388.4	269.2	24095.4
2030	2605.4	7390.1	13376.3	0	23371.8	0	0	0	0	0	2605.4	7390.1	13376.3	0	23371.8

表 7.1-26　二塘沟河流域不同水平年作物灌溉需水情况　单位：万 m^3

水平年	责任田需水量					非责任田需水量					合计
	大棚	棉花或瓜套棉	葡萄	其他	小计	大棚	棉花或瓜套棉	葡萄	其他	小计	
现状年	415.11	4221.59	7827.38	1600.94	14065.02	1093.44	5404.76	1032.60	1437.75	8968.54	23033.56
2016年	415.11	4410.36	7827.38	1464.24	14117.10	1093.44	5165.89	991.07	1412.96	8663.36	22780.46
2017年	415.11	4650.06	7827.38	1290.67	14183.22	1065.64	5165.89	991.07	945.35	8167.95	22351.17
2018年	605.31	4674.57	7827.38	1105.45	14212.71	1065.64	4457.62	991.07	909.70	7424.03	21636.74
2019年	827.74	4674.57	7827.38	909.59	14239.29	1065.64	3629.07	991.07	909.70	6595.48	20834.77
2020年	1063.04	4674.57	7827.38	702.41	14267.41	1065.64	3210.73	561.42	909.70	5747.49	20014.90
2021年	1307.46	4674.57	7827.38	487.20	14296.62	865.20	3210.73	561.42	760.97	5398.32	19694.93
2022年	1559.47	4674.57	7827.38	265.31	14326.73	865.20	3210.73	561.42	323.47	4960.81	19287.54
2023年	1790.96	4674.57	7827.38	61.48	14354.39	865.20	3050.63	561.42	147.54	4624.78	18979.17
2024年	1860.78	4807.40	7659.06	0	14327.24	865.20	2257.95	561.42	147.54	3832.10	18159.34
2025年	1860.78	5009.24	7403.28	0	14273.30	865.20	1534.53	561.42	147.54	3108.68	17381.98
2026年	1860.78	5209.19	7149.89	0	14219.86	865.20	1471.76	303.71	147.54	2788.21	17008.07
2027年	1860.78	5372.21	6943.30	0	14176.30	505.81	1471.76	127.05	147.54	2252.16	16428.46
2028年	1860.78	5529.04	6744.57	0	14134.39	345.75	1111.19	127.05	0	1583.98	15718.37
2029年	1860.78	5694.05	6535.45	0	14090.29	345.75	293.01	127.05	0	765.81	14856.10
2030年	1860.78	5879.41	6300.56	0	14040.75	0	0	0	0	0.00	14040.75

非责任田灌溉需水量的作物分配上，葡萄的灌溉需水量占绝对优势，但2025年后才大幅削减，其次是棉花和其他，大棚占比较小。详见表7.1-27。

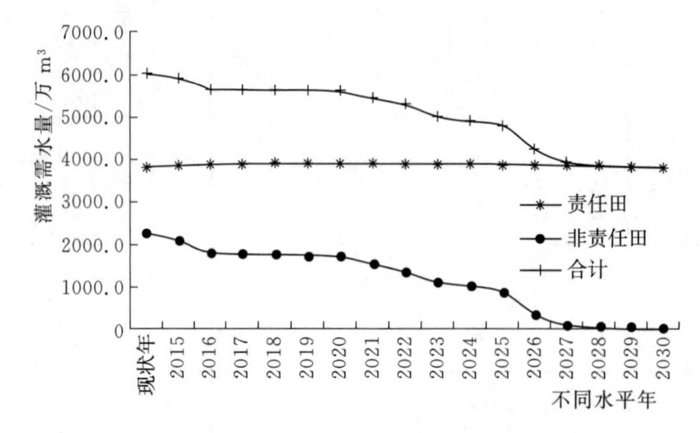

图7.1-22 柯柯亚尔河流域不同水平年责任田和非责任田灌溉需水量变化

3. 坎尔其河流域

从图7.1-23可以看出，作物灌溉需水量随水平年逐年减少，责任田灌溉需水量随水平年先增后减，略有波动，平均维持在2766.4万 m^3；非责任田灌溉需水量逐年减少。总灌溉需水量的作物分配上，主要是棉花和葡萄需水，但棉花需水有增加趋势，葡萄需水则有减少趋势。大棚和其他的需水占比较小。

责任田灌溉需水量的作物分配上，也主要是棉花和葡萄，但是棉花需水在2024年开始有增加趋势，而葡萄需水在2024年开始有减少趋势。大棚和其他的需水占比较小，但其他作物需水在减少，大棚需水有增加趋势。

非责任田灌溉需水量的作物分配上，2016年之前其他作物需水较大，之后大幅削减，之后主要是葡萄和棉花需水，大棚需水占比较小。详见表7.1-28。

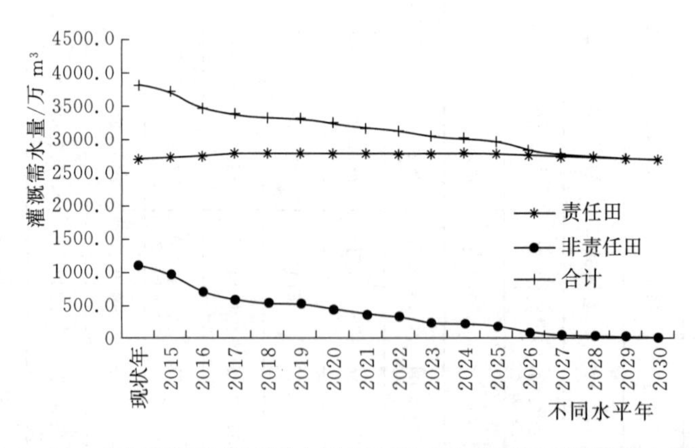

图7.1-23 坎尔其河流域不同水平年责任田和非责任田灌溉需水量变化

4. 小结

从图7.1-24可以看出，鄯善县现状年灌溉用水总量约33000万 m^3，其中，责任田21000万 m^3，非责任田12000万 m^3。不同水平年灌溉需水量详见表7.1-28。

表 7.1-27　柯柯亚尔河流域不同水平年作物灌溉需水情况　单位：万 m^3

水平年	责任田需水量					非责任田需水量					合计需水量				合计
	大棚	棉花或瓜套棉	葡萄	其他	小计	大棚	棉花或瓜套棉	葡萄	其他	小计	大棚	棉花或瓜套棉	葡萄	其他	
现状年	97.3	400.2	3068.9	295.6	3861.9	71.9	589.8	1012.3	538.6	2212.6	169.2	989.9	4081.3	834.1	6074.5
2015	97.3	428.9	3068.9	274.7	3869.9	71.9	589.8	1012.3	401.7	2075.8	169.2	1018.7	4081.3	676.5	5945.6
2016	97.3	484.3	3068.9	234.7	3885.1	71.9	464.5	819.0	397.9	1753.3	169.2	948.8	3887.9	632.5	5638.4
2017	97.3	534.2	3068.9	198.5	3898.9	70.8	464.5	819.0	389.6	1743.9	168.1	998.7	3887.9	588.1	5642.8
2018	129.8	540.0	3068.9	165.7	3904.4	70.8	457.6	819.0	386.2	1733.6	200.6	997.6	3887.9	551.9	5638.0
2019	168.3	540.0	3068.9	131.8	3909.0	70.8	454.5	819.0	386.2	1730.5	239.1	994.5	3887.9	518.0	5639.5
2020	205.9	540.0	3068.9	98.6	3913.5	70.8	452.9	803.1	386.2	1713.0	276.8	992.9	3872.0	484.8	5626.5
2021	234.9	540.0	3068.9	73.2	3916.9	66.7	452.9	803.1	179.3	1501.9	301.5	992.9	3872.0	252.4	5418.9
2022	262.3	540.0	3068.9	49.0	3920.2	66.7	452.9	803.1	70.4	1393.1	329.0	992.9	3872.0	119.4	5313.3
2023	298.1	540.0	3068.9	17.5	3924.5	66.7	176.3	803.1	13.1	1059.1	364.7	716.3	3872.0	30.6	4983.6
2024	318.0	575.2	3024.3	0	3917.5	66.7	133.7	803.1	13.1	1016.5	384.6	708.9	3827.3	13.1	4933.9
2025	318.0	613.1	2976.3	0	3907.3	66.7	47.9	803.1	13.1	930.7	384.6	661.0	3779.4	13.1	4838.1
2026	318.0	660.7	2916.0	0	3894.6	66.7	46.7	202.4	13.1	328.8	384.6	707.4	3118.4	13.1	4223.5
2027	318.0	733.2	2824.1	0	3875.2	3.2	46.7	4.8	13.1	67.7	321.2	779.9	2828.9	13.1	3943.0
2028	318.0	812.9	2723.1	0	3853.9	2.1	14.8	4.8	0	21.7	320.1	827.7	2727.9	0	3875.7
2029	318.0	890.9	2624.2	0	3833.1	2.1	3.7	4.8	0	10.6	320.1	894.6	2629.0	0	3843.7
2030	318.0	973.6	2519.5	0	3811.0	0	0	0	0	0	318.0	973.6	2519.5	0	3811.0

表 7.1-28　坎尔其河流域不同水平年作物灌溉需水情况　单位：万 m^3

水平年	责任田需水量					非责任田需水量					合计需水量				合计
	大棚	棉花或瓜套棉	葡萄	其他	小计	大棚	棉花或瓜套棉	葡萄	其他	小计	大棚	棉花或瓜套棉	葡萄	其他	
现状年	56.4	879.2	1470.7	319.4	2725.8	29.0	400.4	241.5	435.4	1106.2	85.4	1279.6	1712.2	754.7	3831.9
2015	56.4	951.4	1470.7	267.1	2745.7	29.0	400.4	241.5	312.5	983.4	85.4	1351.8	1712.2	579.7	3729.0
2016	56.4	1043.7	1470.7	200.3	2771.1	27.6	225.8	232.7	214.2	700.3	84.0	1269.5	1703.4	414.5	3471.4
2017	56.4	1114.9	1470.7	148.7	2790.8	27.6	225.8	232.7	106.2	592.3	84.0	1340.8	1703.4	254.9	3383.1
2018	96.6	1121.3	1470.7	108.7	2797.3	27.6	163.5	232.7	106.2	530.0	124.2	1284.8	1703.4	214.9	3327.3
2019	125.6	1121.3	1470.7	83.2	2800.8	27.6	157.7	232.7	106.2	524.1	153.2	1279.0	1703.4	189.4	3325.0
2020	148.2	1121.3	1470.7	63.3	2803.5	27.6	153.4	157.6	106.2	444.7	175.8	1274.7	1628.3	169.5	3248.2
2021	165.7	1121.3	1470.7	47.9	2805.6	1.6	153.4	157.6	59.5	372.0	167.3	1274.7	1628.3	107.4	3177.6
2022	185.0	1121.3	1470.7	30.9	2807.9	1.6	153.4	157.6	13.3	325.9	186.7	1274.7	1628.3	44.2	3133.8
2023	210.1	1121.3	1470.7	8.8	2810.9	1.6	62.9	157.6	7.5	229.6	211.7	1184.2	1628.3	16.3	3040.5
2024	220.1	1170.6	1408.2	0	2798.9	1.6	61.4	157.6	7.5	228.0	221.7	1232.0	1565.8	7.5	3026.9
2025	220.1	1252.4	1304.6	0	2777.1	1.6	32.3	157.6	7.5	198.9	221.7	1284.6	1462.1	7.5	2976.0
2026	220.1	1324.0	1213.8	0	2757.9	1.6	28.5	40.8	7.5	78.4	221.7	1352.5	1254.7	7.5	2836.4
2027	220.1	1398.4	1119.6	0	2738.1	1.0	28.5	13.2	7.5	50.2	221.1	1426.9	1132.8	7.5	2788.3
2028	220.1	1475.7	1021.6	0	2717.4	0	12.6	13.2	0	25.9	220.1	1488.4	1034.8	0	2743.2
2029	220.1	1546.9	931.3	0	2698.3	0	6.7	13.2	0	19.9	220.1	1553.6	944.5	0	2718.3
2030	220.1	1609.0	852.7	0	2681.8	0	0	0	0	0	220.1	1609.0	852.7	0	2681.8

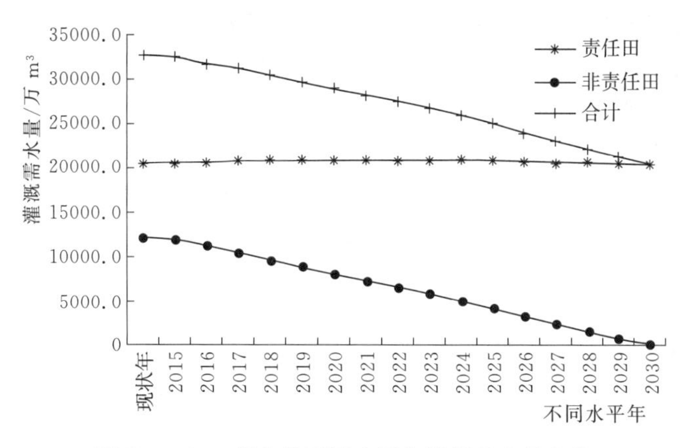

图 7.1-24 鄯善县不同水平年灌溉需水量变化

7.1.5.4 吐鲁番市

全市现状年灌溉用水总量约 5.90 亿 m³，责任田 3.77 亿 m³，非责任田 2.13 亿 m³。不同水平年灌溉需水量详见表 7.1-29。

表 7.1-29 全市不同水平年责任田与非责任田灌溉需水量情况 单位：亿 m³

农田分类	现状年	2015 年	2016 年	2017 年	2018 年	2019 年
合计	5.90	5.79	5.68	5.58	5.47	5.35
责任田	3.77	3.78	3.79	3.81	3.83	3.84
非责任田	2.13	2.01	1.89	1.77	1.64	1.51
农田分类	2020 年	2021 年	2022 年	2023 年	2024 年	2025 年
合计	5.23	5.12	4.99	4.84	4.72	4.61
责任田	3.86	3.88	3.90	3.90	3.91	3.91
非责任田	1.37	1.24	1.09	0.94	0.81	0.70
农田分类	2026 年	2027 年	2028 年	2029 年	2030 年	
合计	4.50	4.36	4.22	4.07	3.93	
责任田	3.92	3.92	3.93	3.93	3.93	
非责任田	0.58	0.44	0.29	0.14	0	

7.2 耗水控制下的农业配水模型与方法

7.2.1 优化配水原则

吐鲁番市降雨量极少，农业与生活的主要水源以地下水与坎儿井为主；长期以来，流域内农业水资源的利用效率较低，如流域内绿洲农业区虽有相应的滴灌措施，但是以葡萄为主的作物，目前的灌溉方式还是以沟渠灌为主，造成水资源量的严重浪费，同时受农业灌溉面积盲目扩大，导致地下水超采严重。为最大限度保护地下水，优先利用地表水，农业用水配置水源仅考虑地表水。根据不同水平年各用水单元的灌溉需水量，以及该区域的地表来水、水库蓄水状况、渠道输水配水能力等资料，以地表水为配水水源，综合确定典型灌区或子流域不同水平年的调配方案。确定的配水原则为：

（1）优先保证责任田用水量。

（2）尊重实际，保证渠系完好且离水库或河流较近者优先配水。

（3）尊重历史，保证责任田最小灌水要求。

（4）优先利用地表水，保护地下水资源。

7.2.2 优化配置模型及求解

7.2.2.1 优化配置模型

根据以上配水原则，以农业灌溉地表水缺水量最小为目标函数，建立基于规则的地表水优化配置模型。目标函数为

$$\min\left\{\sum_{i=1}^{I}\sum_{t=1}^{T}(ET_{i,t}^{1}+ET_{i,t}^{2})-\left[\alpha_1\sum_{i=1}^{I}\sum_{t=1}^{T}\eta_i x_{i,t}^{1}+\alpha_2\sum_{i=1}^{I}\sum_{t=1}^{T}\eta_i x_{i,t}^{2}\right]\right\} \tag{7.2-1}$$

式中：$x_{i,t}^{1}$ 为第 i 用水户第 t 时段责任田地表水供水量，m^3；$x_{i,t}^{2}$ 为第 i 用水户第 t 时段非责任田地表水供水量，m^3；$ET_{i,t}^{1}$ 为第 i 用水户第 t 时段责任田需水量，m^3；$ET_{i,t}^{2}$ 为第 i 用水户第 t 时段非责任田需水量，m^3；α_1、α_2 分别为权重系数，表征供水优先顺序；η_i 为第 i 用水户灌溉水利用系数；I 为用水者协会数量；T 为计算时段数。

7.2.2.2 约束条件

1. 水库或河道水量平衡约束

（1）对于具有控制性水库的流域，需满足水库水量平衡约束，考虑水库渗漏、蒸发、其他行业用水。

$$V_t=V_{t-1}-\left(\sum_{i=1}^{I}x_{i,t}^{1}+\sum_{i=1}^{I}x_{i,t}^{2}\right)+R_t-S_t-E_t-D_t+WI_t-WO_t \tag{7.2-2}$$

式中：V_t、V_{t-1} 分别为第 t、$t-1$ 时段水库库容，m^3；S_t 为第 t 时段水库渗漏水量，m^3；E_t 为第 t 时段水库蒸发水量，m^3；R_t 为第 t 时段水库入库水量，m^3；D_t 为第 t 时段水库其他行业供水量，m^3；WI_t 为第 t 时段外流域调入水量，m^3；WO_t 为第 t 时段流域调出水量，m^3；其他符号同前。

（2）对于无控制性水库的流域，需满足河道水量平衡约束

$$RD_t=\sum_{i=1}^{I}(x_{i,t}^{1}+x_{i,t}^{2})+RXH_t \tag{7.2-3}$$

式中：RD_t 为第 t 时段河道可供农业灌溉水量，m^3；RXH_t 为第 t 时段河道无法利用水量，m^3；其他符号同前。

2. 需水量约束

责任田和非责任田分别满足如下需水量约束：

$$\eta_i x_{i,t}^{1}\leqslant ET_{i,t}^{1}-1000A_{i,t}^{1}P_{i,t}^{1} \tag{7.2-4}$$

$$\eta_i x_{i,t}^{2}\leqslant ET_{i,t}^{2}-1000A_{i,t}^{2}P_{i,t}^{2} \tag{7.2-5}$$

式中：$A_{i,t}^{1}$、$A_{i,t}^{2}$ 分别为第 i 用水户责任田、非责任田面积，km^2；$P_{i,t}^{1}$、$P_{i,t}^{2}$ 分别为第 i 用

水户第 t 时段责任田、非责任田有效降雨量，mm，由于研究区降水稀少，可以忽略不计，降雨设为0；其他符号同前。

3. 水库约束

$$V_{\min_t} \leqslant V_t \leqslant V_{\max_t} \tag{7.2-6}$$

式中：$V_{\max_t}$、$V_{\min_t}$ 分别为水库第 t 时刻最大、最小库容，m^3，由二塘沟水库特征库容确定；其他符号同前。

4. 渠道输水能力约束

$$\sum_{i=1}^{I_j}(x_{i,t}^1 + x_{i,t}^2) \leqslant Q_{\max_{j,t}} \tag{7.2-7}$$

式中：$Q_{\max_{j,t}}$ 为第 j 渠道第 t 时段渠道最大输水能力，m^3；I_j 为第 j 渠道供水的用水户；其他符号同前。

5. 各乡镇最小地表水供水量约束

为尊重各用水户用水历史，以各乡镇责任田最小地表水供水量为约束，反映历史用水情况，约束条件为

$$x_{i,t}^1 \geqslant M_{i,t} \tag{7.2-8}$$

式中：$M_{i,t}$ 为第 i 用水户第 t 时段责任田最小地表水供水量，m^3；其他符号同前。

6. 流域调水用水约束

当流域存在外调水源时，调水点以上的村用水存在如下约束：

$$\sum_{i=1}^{K}(x_{i,t}^1 + x_{i,t}^2) \leqslant R_{Loc_t} \tag{7.2-9}$$

式中：K 为调水点上游村庄（用水者协会）数目；R_{Loc_t} 为第 t 时流域段自产径流量或河道可供农业灌溉水量，m^3；其他符号同前。

7.2.2.3 模型求解

根据模型的目标函数和约束条件，以及配水模型为线性规划模型，采用 Lingo 软件的线性规划模型求解该优化配水模型。

7.2.3 模型参数

7.2.3.1 阿拉沟河流域

1. 河道可供灌溉水量

阿拉沟河流域不同频率年逐月河道可供灌溉水量见表 7.2-1，旬河道可供灌溉水量按月水量的1/3计算。

表 7.2-1 阿拉沟河流域不同频率年逐月河道可供灌溉水量 单位：万 m^3

频率年	可供灌溉水量											
	1月	2月	3月	4月	5月	6月	7月	8月	9月	10月	11月	12月
50%	0.00	0.00	0.00	259.84	533.64	1152.78	1714.92	872.83	577.79	0.00	339.18	0.00
75%	0.00	0.00	0.00	148.36	168.38	353.19	776.72	1695.12	433.79	0.00	295.18	0.00
95%	0.00	0.00	0.00	136.17	129.86	183.07	407.16	1124.54	317.88	0.00	257.01	0.00

2. 渠道输水能力约束及灌溉水利用系数

阿拉沟河流域不同乡镇渠道输水能力及灌溉水利用系数见表 7.2-2。

表 7.2-2　　阿拉沟河流域不同乡镇渠道输水能力及灌溉水利用系数

乡镇名称	用水者协会名称	渠道输水能力/(万 m^3/旬)	灌溉水利用系数
博斯坦乡	博日布拉克村、博斯坦村、博孜尤勒贡村、海提甫坎儿孜村、吉格代村、李门坎尔村、良种场、琼排孜村、上湖村、硝坎儿村	864	0.55
库米什镇	英博斯坦村		0.53
伊拉湖乡	阿克塔克村、安西村、布尔碱村		0.53
	古丽巴克村、郭若村、康克村、伊拉湖村、依提巴克村		0.55

3. 最小灌水量约束

根据流域近年地表水灌溉量，不同用水者协会最小灌溉水量见表 7.2-3。

表 7.2-3　　阿拉沟河流域不同用水者协会最小灌溉水量　　单位：万 m^3

用水者协会名称	最小灌溉水量											
	1月	2月	3月	4月	5月	6月	7月	8月	9月	10月	11月	12月
博日布拉克村	0	0	0	10.90	4.11	27.50	63.33	73.50	25.28	0	2.88	0
博斯坦村	0	0	0	13.94	5.26	35.18	81.02	94.03	32.33	0	3.68	0
博孜尤勒贡村	0	0	0	9.22	3.48	23.28	53.60	62.21	21.39	0	2.44	0
海提甫坎儿孜村	0	0	0	7.99	3.02	20.16	46.43	53.89	18.53	0	2.11	0
吉格代村	0	0	0	16.67	6.29	42.06	96.85	112.41	38.65	0	4.40	0
李门坎尔村	0	0	0	9.51	3.59	24.00	55.26	64.13	22.05	0	2.51	0
良种场	0	0	0	1.22	0.46	3.08	7.10	8.24	2.83	0	0.32	0
琼排孜村	0	0	0	4.95	1.87	12.48	28.74	33.36	11.47	0	1.31	0
上湖村	0	0	0	4.56	1.72	11.51	26.49	30.75	10.57	0	1.20	0
硝坎儿村	0	0	0	7.63	2.88	19.26	44.35	51.48	17.70	0	2.02	0
英博斯坦村	0	0	0	6.97	2.63	17.60	40.53	47.04	16.17	0	1.84	0
阿克塔克村	0	0	0	4.30	1.62	10.85	24.98	28.99	9.97	0	1.13	0
安西村	0	0	0	4.42	1.67	11.16	25.69	29.82	10.25	0	1.17	0
布尔碱村	0	0	0	5.50	2.07	13.87	31.94	37.07	12.75	0	1.45	0
古丽巴克村	0	0	0	9.04	3.41	22.83	52.56	61.01	20.98	0	2.39	0
郭若村	0	0	0	8.56	3.23	21.61	49.75	57.75	19.86	0	2.26	0
康克村	0	0	0	5.08	1.92	12.83	29.55	34.29	11.79	0	1.34	0
伊拉湖村	0	0	0	9.80	3.70	24.73	56.95	66.10	22.73	0	2.59	0
依提巴克村	0	0	0	17.48	6.60	44.11	101.57	117.89	40.54	0	4.62	0

7.2.3.2 白杨河流域

1. 河道可供灌溉水量

白杨河流域不同频率年逐月河道可供灌溉水量见表7.2-4，旬河道可供灌溉水量按月水量的1/3计算。

表7.2-4 白杨河流域不同频率年逐月河道可供灌溉水量 单位：万 m^3

频率年	可供灌溉水量											
	1月	2月	3月	4月	5月	6月	7月	8月	9月	10月	11月	12月
50%	0	0	0	1148.31	1089.08	914.18	1423.24	1464.03	1214.81	0	672.22	0
75%	0	0	0	1098.59	1023.64	810.08	815.73	929.18	951.77	0	632.46	0
95%	0	0	0	784.12	771.94	703.40	820.19	1004.61	826.95	0	398.60	0

2. 渠道输水能力约束及灌溉水利用系数

白杨河流域不同乡镇渠道输水能力及灌溉水利用系数见表7.2-5。

表7.2-5 白杨河流域不同乡镇渠道输水能力及灌溉水利用系数

乡镇名称	用水者协会名称	渠道输水能力/(万 m^3/旬)	灌溉水利用系数
郭勒布依乡	奥依曼布拉克村、贡坝孜村、郭勒布依村、河东村、喀拉布拉克村、开斯克尔村、流水泉村、切克曼村、萨依吐格曼村、西马力卡拉西村、硝尔村	345.6	0.57
克尔碱镇	克尔碱村、英阿瓦提村	172.8	0.55
夏乡	奥依曼村、巴扎村、布拉克佰什村、大地村、宫尚村、卡克恰村、卡拉苏村、南湖村、赛尔墩村、色日吉勒尕村、铁提尔村、托台村	259.2	0.53

3. 最小灌水量约束

根据流域近年地表水灌溉量，不同用水者协会最小灌溉水量见表7.2-6。

表7.2-6 白杨河流域不同用水者协会最小灌溉水量 单位：万 m^3

用水者协会名称	最小灌溉水量											
	1月	2月	3月	4月	5月	6月	7月	8月	9月	10月	11月	12月
奥依曼布拉克村	0	0	0	34.77	7.54	34.88	16.55	23.40	22.74	0	1.03	0
贡坝孜村	0	0	0	15.33	3.32	15.38	7.30	10.32	10.03	0	0.45	0
郭勒布依村	0	0	0	38.24	8.29	38.36	18.21	25.74	25.01	0	1.13	0
河东村	0	0	0	28.86	6.26	28.96	13.74	19.43	18.87	0	0.85	0
喀拉布拉克村	0	0	0	51.02	11.06	51.19	24.29	34.34	33.36	0	1.50	0
开斯克尔村	0	0	0	56.29	12.21	56.47	26.80	37.89	36.81	0	1.66	0

续表

用水者协会名称	最小灌溉水量											
	1月	2月	3月	4月	5月	6月	7月	8月	9月	10月	11月	12月
流水泉村	0	0	0	27.49	5.96	27.58	13.09	18.51	17.98	0	0.81	0
切克曼村	0	0	0	30.36	6.58	30.46	14.46	20.44	19.85	0	0.90	0
萨依吐格曼村	0	0	0	43.07	9.34	43.21	20.51	28.99	28.17	0	1.27	0
西马力卡拉西村	0	0	0	36.22	7.85	36.33	17.24	24.38	23.68	0	1.07	0
硝尔村	0	0	0	18.83	4.08	18.89	8.97	12.67	12.31	0	0.56	0
克尔碱村	0	0	0	13.20	2.86	13.25	6.29	8.89	8.64	0	0.39	0
英阿瓦提村	0	0	0	10.61	2.30	10.65	5.05	7.14	6.94	0	0.31	0
奥依曼村	0	0	0	47.87	10.38	48.03	22.79	32.23	31.31	0	1.41	0
巴扎村	0	0	0	43.76	9.49	43.90	20.83	29.45	28.62	0	1.29	0
布拉克佰什村	0	0	0	22.63	4.91	22.70	10.77	15.23	14.80	0	0.67	0
大地村	0	0	0	12.84	2.79	12.89	6.12	8.65	8.40	0	0.38	0
宫尚村	0	0	0	63.98	13.87	64.19	30.46	43.07	41.84	0	1.89	0
卡克恰村	0	0	0	49.71	10.78	49.87	23.67	33.46	32.51	0	1.47	0
卡拉苏村	0	0	0	26.63	5.78	26.72	12.68	17.93	17.42	0	0.79	0
南湖村	0	0	0	63.20	13.70	63.40	30.09	42.54	41.33	0	1.86	0
赛尔墩村	0	0	0	21.89	4.75	21.97	10.42	14.74	14.32	0	0.65	0
色日吉勒尕村	0	0	0	51.91	11.26	52.08	24.71	34.94	33.94	0	1.53	0
铁提尔村	0	0	0	64.48	13.98	64.69	30.70	43.40	42.17	0	1.90	0
托台村	0	0	0	53.40	11.58	53.58	25.43	35.95	34.92	0	1.57	0

7.2.3.3 大河沿河流域

1. 河道可供灌溉水量

大河沿河流域不同频率年逐月河道可供灌溉水量见表7.2-7，旬河道可供灌溉水量按月水量的1/3计算。

表7.2-7 大河沿河流域不同频率年逐月河道可供灌溉水量 单位：万m^3

频率年	可供灌溉水量											
	1月	2月	3月	4月	5月	6月	7月	8月	9月	10月	11月	12月
50%	0	0	731.57	543.00	454.00	357.00	1175.30	866.60	519.24	636.35	306.44	0
75%	0	0	731.57	543.00	563.00	331.10	930.30	535.50	519.24	636.35	306.44	0
95%	0	0	693.00	514.00	508.00	310.10	325.50	305.20	430.00	484.00	306.44	0

2. 渠道输水能力约束及灌溉水利用系数

大河沿河流域不同乡镇渠道输水能力及灌溉水利用系数见表7.2-8。

表7.2-8 大河沿河流域不同乡镇渠道输水能力及灌溉水利用系数

乡镇名称	用水者协会名称	渠道输水能力/(万 m^3/旬)	灌溉水利用系数
艾丁湖乡	干店村	345.6	0.53
	花园村	38.88	0.53
	琼库勒村、西然木村、也木什村、庄子村、开发区		0.53

3. 最小灌水量约束

根据流域近年地表水灌溉量，不同用水者协会最小灌溉水量见表7.2-9。

表7.2-9 大河沿河流域不同用水者协会最小灌溉水量 单位：万 m^3

用水者协会名称	最小灌溉水量											
	1月	2月	3月	4月	5月	6月	7月	8月	9月	10月	11月	12月
干店村	0	0	2.31	15.66	25.20	25.48	29.12	28.46	18.79	16.75	0	0
花园村	0	0	0	40.71	39.01	85.38	94.71	88.87	48.54	30.44	0	0
琼库勒村	0	0	0.33	19.96	18.25	53.08	56.00	52.14	36.38	11.48	0	0
西然木村	0	0	0.81	26.70	13.74	54.78	60.12	55.23	45.37	12.68	0	0
也木什村	0	0	4.63	29.44	19.75	29.03	37.40	35.36	27.53	5.05	0	0
庄子村	0	0	0	0	0	0	0	0	0	0	0	0
开发区	0	0	0	0	0	0	0	0	0	0	0	0

7.2.3.4 塔尔郎河流域

1. 河道可供灌溉水量

塔尔郎河流域不同频率年逐月河道可供灌溉水量见表7.2-10，旬河道可供灌溉水量按月水量的1/3计算。由于已建好的塔尔郎河向黑沟河流域调水工程暂时没有调水，此次优化配水方案暂不考虑流域调出水量。

表7.2-10 塔尔郎河流域不同频率年逐月河道可供灌溉水量 单位：万 m^3

频率年	可供灌溉水量											
	1月	2月	3月	4月	5月	6月	7月	8月	9月	10月	11月	12月
50%	0	0	139.00	293.00	445.00	450.10	1610.00	806.40	767.00	493.00	124.40	0
75%	0	0	119.00	251.00	381.00	385.00	1378.30	690.20	657.00	422.00	124.40	0
95%	0	0	46.00	325.00	546.00	552.30	666.40	602.70	656.00	258.00	91.00	0

2. 渠道输水能力约束及灌溉水利用系数

塔尔郎河流域不同乡镇渠道输水能力及灌溉水利用系数见表7.2-11。

表7.2-11　　塔尔郎河流域不同乡镇渠道输水能力及灌溉水利用系数

乡镇名称	用水者协会名称	渠道输水能力/(万 m^3/旬)	灌溉水利用系数
亚尔乡	东方红村	259.2	0.55
	东风村	388.8	0.55
	高潮村、戈壁村、红光杏园子、红旗二村、红旗一村、红星村、火箭村、克孜勒吐尔村、吕宗村、民主村、南门村、前进村、色依迪汗村、上湖村、团结村、卫星村、夏力克村、新光村、亚尔贝希村、亚尔村、亚尔果勒村、英买里村、老城东门村、五道林		0.55
园艺场	园艺场	1.28	0.6

3. 最小灌水量约束

根据流域近年地表水灌溉量，不同用水者协会最小灌溉水量见表7.2-12。

表7.2-12　　塔尔郎河流域不同用水者协会最小灌溉水量　　单位：万 m^3

不同用水者协会名称	最小灌溉水量											
	1月	2月	3月	4月	5月	6月	7月	8月	9月	10月	11月	12月
东方红村	0	0	0	0	0	0	0	0	0	0	0	0
东风村	0	0	0	0	0	0	0	0	0	0	0	0
高潮村	0	0	0	0	0	0	0	0	0	0	0	0
戈壁村	0	0	0	13.34	20.58	189.49	212.44	103.47	43.21	7.83	3.94	0
红光杏园子	0	0	0	0	0	0	0	0	0	0	0	0
红旗二村	0	0	0	0	0	0	0	0	0	0	0	0
红旗一村	0	0	0	0	0	0	0	0	0	0	0	0
红星村	0	0	0	0	0	0	0	0	0	0	0	0
火箭村	0	0	0	0	0	0.86	0.19	0	0	0	0	0
克孜勒吐尔村	0	0	0	0	0	0	0	0	0	0	0	0
吕宗村	0	0	0	0	0	0	0	0	0	0	0	0
民主村	0	0	0	0	0	0	0	0	0	0	0	0
南门村	0	0	0	0.57	12.85	58.70	58.74	32.26	0.65	10.02	4.97	0
前进村	0	0	0	0	0	0	0	0	0	0	0	0
色依迪汗村	0	0	0	0	0	0	0	0	0	0	0	0
上湖村	0	0	0	0.42	17.42	13.96	2.38	1.31	0.21	0	0	0
团结村	0	0	0	0	0	0	0	0	0	0	0	0
卫星村	0	0	0	0	0	0	0	0	0	0	0	0
夏力克村	0	0	0	0	0	0	0	0	0	0	0	0
新光村	0	0	0	0	0	0	0	0	0	0	0	0

续表

不同用水者协会名称	最小灌溉水量											
	1月	2月	3月	4月	5月	6月	7月	8月	9月	10月	11月	12月
亚尔贝希村	0	0	0	2.71	7.29	53.80	55.08	1.71	8.34	18.54	0	0
亚尔村	0	0	0	4.51	14.87	42.45	35.93	22.81	10.19	4.53	0	0
亚尔果勒村	0	0	0	0	0	11.01	8.80	1.13	1.14	0	0	0
英买里村	0	0	0	0	0	0	0	0	0	0	0	0
老城东门村	0	0	0	5.19	9.10	51.95	51.95	32.53	30.94	9.84	0	0
五道林	0	0	0	0	0	0	0	0	0	0	0	0
园艺场	0	0	38.97	159.89	234.53	377.32	351.33	220.32	165.26	53.31	0	0

7.2.3.5 煤窑沟河流域

1. 河道可供灌溉水量

由于煤窑沟河流域向黑沟河流域调水，因此，煤窑沟实际可供灌溉水量为可供灌溉水量的85%，不同频率年逐月河道可供灌溉水量见表7.2-13，旬河道可供灌溉水量按月水量的1/3计算。由于已建好的塔尔郎河向黑沟河流域调水工程暂时没有调水，此次优化配水方案暂不考虑塔尔郎河流域调入水量。

表7.2-13　　煤窑沟河流域不同频率逐月河道可供灌溉水量　　单位：万 m^3

频率年	可供灌溉水量											
	1月	2月	3月	4月	5月	6月	7月	8月	9月	10月	11月	12月
50%	0	0	45.90	47.60	482.80	826.20	1395.28	850.85	845.75	407.15	122.99	0
75%	0	0	41.65	56.95	738.65	779.45	1275.68	671.76	407.15	243.10	122.99	0
95%	0	0	44.20	45.90	304.30	612.26	988.30	652.12	432.65	215.05	122.99	0

2. 渠道输水能力约束及灌溉水利用系数

煤窑沟河流域不同乡镇渠道输水能力及灌溉水利用系数见表7.2-14。

表7.2-14　　煤窑沟河流域不同乡镇渠道输水能力及灌溉水利用系数

乡镇名称	用水者协会名称	渠道输水能力/(万 m^3/旬)	灌溉水利用系数
葡萄沟管委会	葡萄沟管委会		0.57
葡萄乡	巴格日村、贝勒克其村、布拉克村、木纳尔村、铁提尔村、吾依拉村、英萨尔村	432	0.57
七泉湖镇	煤窑沟村、新域社区三屯房		0.6
恰特卡勒乡	奥依曼村、拜什巴拉村、公相村、喀拉霍加坎儿村、其盖布拉克村、恰特卡勒村、吐鲁番克村、开发区	43.2	0.53
原种场	原种场	51.84	0.55

3. 最小灌水量约束

根据流域近年地表水灌溉量，不同用水者协会最小灌溉水量见表7.2-15。

表 7.2-15　　煤窑沟河流域不同用水者协会最小灌溉水量　　单位：万 m^3

用水者协会名称	最小灌溉水量											
	1月	2月	3月	4月	5月	6月	7月	8月	9月	10月	11月	12月
葡萄沟管委会	0	0	0	0	0	0	0	0	0	0	0	0
巴格日村	0	0	0.17	2.90	35.55	80.40	106.25	59.68	34.22	34.33	0	0
贝勒克其村	0	0	0.08	1.37	16.74	37.86	50.04	28.10	16.11	16.17	0	0
布拉克村	0	0	0.18	3.12	38.15	86.28	114.03	64.05	36.72	36.84	0	0
木纳尔村	0	0	0.18	3.08	37.75	85.39	112.84	63.38	36.34	36.46	0	0
铁提尔村	0	0	0.08	1.36	16.60	37.55	49.62	27.87	15.98	16.03	0	0
吾依拉村	0	0	0.12	2.16	26.46	59.86	79.11	44.43	25.48	25.56	0	0
英萨尔村	0	0	0.10	1.75	21.42	48.44	64.02	35.96	20.62	20.68	0	0
煤窑沟村	0	0	0	5.88	9.05	9.96	12.50	8.16	6.59	8.33	0	0
新域社区三屯房	0	0	0	0	0	0	0	0	0	0	0	0
奥依曼村	0	0	0	0	0.77	11.48	18.71	13.93	6.57	2.16	0	0
拜什巴拉村	0	0	0	0	1.58	23.49	38.30	28.51	13.45	4.43	0	0
公相村	0	0	0	0	1.62	23.99	39.12	29.12	13.74	4.52	0	0
喀拉霍加坎儿村	0	0	0	0	3.74	55.50	90.48	67.35	31.79	10.46	0	0
其盖布拉克村	0	0	0	0	2.78	41.23	67.22	50.04	23.61	7.77	0	0
恰特卡勒村	0	0	0	0	1.18	17.59	28.67	21.34	10.07	3.31	0	0
吐鲁番克村	0	0	0	0	1.43	21.22	34.59	25.75	12.15	4.00	0	0
开发区	0	0	0	0	0	0	0	0	0	0	0	0
原种场	0	0	0	0	0	0.55	20.15	4.75	0	0	0	0

7.2.3.6 黑沟河流域

1. 河道可供灌溉水量

由于煤窑沟河流域向黑沟河流域调水，因此，黑沟河流域可灌溉水量包含煤窑沟可供灌溉水量的15%，黑沟河流域不同频率年逐月河道可供灌溉水量见表7.2-16，旬河道可供灌溉水量按月水量的1/3计算。

表 7.2-16　　黑沟河流域不同频率年逐月河道可供灌溉水量　　单位：万 m^3

频率年	可供灌溉水量											
	1月	2月	3月	4月	5月	6月	7月	8月	9月	10月	11月	12月
50%	0	0	20.00	20.00	208.00	355.60	599.90	365.40	364.00	175.00	97.33	0
75%	0	0	18.00	24.00	317.00	334.60	547.40	288.40	175.00	104.00	59.00	0
95%	0	0	19.00	20.00	131.00	264.60	427.00	281.40	187.00	93.00	58.00	0

2. 渠道输水能力约束及灌溉水利用系数

黑沟河流域不同乡镇渠道输水能力及灌溉水利用系数见表7.2-17。

表 7.2-17 黑沟河流域不同乡镇渠道输水能力及灌溉水利用系数

乡镇名称	用水者协会名称	渠道输水能力/(万 m^3/旬)	灌溉水利用系数
二堡乡	巴达木村、布隆村、海纳协海尔、卡尔桑村、二堡乡大户	172.8	0.53
七泉湖	七泉湖村、七泉湖牧场		0.6
三堡乡	三堡乡大户、阿瓦提村、霍加木阿力、曼古布拉克村、台藏村、卫星村、五闸上游、英吐尔村、园艺村	190.08	0.53
胜金乡	阿克塔木村、艾西夏村、加依霍加木村、开斯吐尔村、木日吐克村、排孜阿瓦提村、色格孜库勒村、胜金村	151.2	0.57

3. 最小灌水量约束

根据流域近年地表水灌溉量，不同用水者协会最小灌溉水量见表 7.2-18。

表 7.2-18 黑沟河流域不同用水者协会最小灌溉水量 单位：万 m^3

用水者协会名称	最小灌溉水量											
	1月	2月	3月	4月	5月	6月	7月	8月	9月	10月	11月	12月
巴达木村	0	0	0	37.08	39.03	42.57	62.58	39.44	34.06	20.89	0	0
布隆村	0	0	0	20.59	21.67	23.64	34.75	21.90	18.92	11.60	0	0
海纳协海尔	0	0	0	13.19	13.89	15.15	22.27	14.04	12.12	7.43	0	0
卡尔桑村	0	0	0	9.88	10.40	11.34	16.67	10.51	9.08	5.57	0	0
二堡乡大户	0	0	0	0	0	0	0	0	0	0	0	0
七泉湖村	0	0	0	0	0	0	0	0	0	0	0	0
七泉湖牧场	0	0	0	0	0	0	0	0	0	0	0	0
三堡乡大户	0	0	0	0	0	0	0	0	0	0	0	0
阿瓦提村	0	0	0	7.77	7.38	8.16	14.57	5.17	6.41	3.53	0	0
霍加木阿力	0	0	0	8.25	7.83	8.67	15.47	5.49	6.80	3.74	0	0
曼古布拉克村	0	0	0	21.62	20.51	22.71	40.53	14.39	17.82	9.80	0	0
台藏村	0	0	0	8.97	8.51	9.42	16.82	5.97	7.39	4.07	0	0
卫星村	0	0	0	15.76	14.96	16.56	29.55	10.49	12.99	7.15	0	0
五闸上游	0	0	0	11.65	11.05	12.24	21.84	7.75	9.60	5.28	0	0
英吐尔村	0	0	0	11.52	10.93	12.10	21.59	7.66	9.49	5.22	0	0
园艺村	0	0	0	4.17	3.96	4.38	7.82	2.77	3.44	1.89	0	0
阿克塔木村	0	0	0	0	0	0.31	0.66	0	0	0	0	0
艾西夏村	0	0	0	0	0	0.46	0.97	0	0	0	0	0
加依霍加木村	0	0	0	0	0	0.44	0.92	0	0	0	0	0
开斯吐尔村	0	0	0	0	0	0.38	0.80	0	0	0	0	0
木日吐克村	0	0	0	0	0	0.62	1.30	0	0	0	0	0

续表

用水者协会名称	最小灌溉水量											
	1月	2月	3月	4月	5月	6月	7月	8月	9月	10月	11月	12月
排孜阿瓦提村	0	0	0	0	0	0.37	0.78	0	0	0	0	0
色格孜库勒村	0	0	0	0	0	0.39	0.81	0	0	0	0	0
胜金村	0	0	0	0	0	0.52	1.10	0	0	0	0	0

7.2.3.7 二塘沟河流域

1. 水库参数

二塘沟水库参数包括水库蒸发量、渗漏量、水库工业生态用水量以及库容约束等。水库工业用水159.31万m^3/月；根据统计资料，逐月蒸发量见表7.2-19；逐旬工业生态用水和水库蒸发、渗漏水量按月水量的1/3计算。二塘沟水库基础采用糙孔混凝土防渗墙及帷幕灌浆防渗处理，渗漏损失较小，水库渗漏损失按月平均库容的1%计。水库最小库容和最大库容分别采用死水位和正常蓄水位库容，分别为209万m^3和2096万m^3。

表7.2-19 水库逐月蒸发量 单位：万m^3

月份	1	2	3	4	5	6	7	8	9	10	11	12
蒸发量	2.01	2.42	3.95	12.1	15.89	16.99	14.14	13.37	10.91	6.99	2.93	2.56

不同频率年水库逐月径流量见表7.2-20，旬径流量按月径流量1/3计算。

表7.2-20 不同频率年水库逐月径流量 单位：万m^3

保证率	1	2	3	4	5	6	7	8	9	10	11	12
20%	59	32	30	51	886	2252	3591	1486	502	239	165	97
50%	23	12	9	36	1085	3466	1689	695	372	224	110	78
75%	76	55	38	255	435	1055	1619	2114	512	263	149	113
95%	58	45	38	305	1164	1160	1558	535	238	128	63	41
多年平均	58	42	32	151	813	1773	2584	1496	587	215	122	85

2. 渠道输水能力约束及灌溉水利用系数

二塘沟河流域不同乡镇渠道输水能力及灌溉水利用系数见表7.2-21。

表7.2-21 二塘沟河流域不同乡镇渠道输水能力及灌溉水利用系数

乡镇名称	用水者协会名称	渠道输水能力/(万m^3/旬)	灌溉水利用系数
连木沁镇	汉敦坎村、连木沁坎村、巴扎村、库木买里村、阿斯塔那村、胡加木阿里迪村、曲旺坎村、尤库日买里村、艾斯里汉墩村、汉墩夏村	1296	0.6
吐峪沟乡	苏巴什村、洋海村、火焰山村、吐家坎村、潘碱坎村、同干坎村、麻增坎村、泽日甫村	432	0.57

续表

乡镇名称	用水者协会名称	渠道输水能力/(万 m^3/旬)	灌溉水利用系数
鲁克沁镇	斯尔克甫村、推曼布依村、迪汗苏村、阿玛夏村、英夏村、库尼夏村、沙坎村、三个桥村、木卡姆村、英坎村	216	0.53
达浪坎乡	玉旺坎村、洋布拉克村、乔亚村、阿扎提村、百什塔木村、开发区	259.2	0.5
迪坎乡	卡孜库里村、叶孜坎村、玉尔门村、塔什塔盘村、迪坎村	129.6	0.5

3. 最小灌水量约束

根据流域近年地表水灌溉量，不同用水者协会最小灌溉水量见表 7.2-22。

表 7.2-22　二塘沟河流域不同用水者协会最小灌溉水量　单位：万 m^3

用水者协会名称	最小灌溉水量											
	1月	2月	3月	4月	5月	6月	7月	8月	9月	10月	11月	12月
汉敦坎村	0	0	0	1.38	7.21	10.75	9.05	6.62	3.80	1.18	0	0
连木沁坎村	0	0	0	3.79	19.83	29.57	24.88	18.21	10.46	3.25	0	0
巴扎村	0	0	0	2.82	14.76	22.01	18.52	13.55	7.78	2.42	0	0
库木买里村	0	0	0	2.26	11.82	17.62	14.82	10.85	6.23	1.93	0	0
阿斯塔那村	0	0	0	1.79	9.36	13.96	11.75	8.60	4.94	1.53	0	0
胡加木阿里迪村	0	0	0	2.96	15.50	23.10	19.44	14.23	8.17	2.54	0	0
曲旺坎村	0	0	0	2.72	14.27	21.28	17.91	13.11	7.53	2.34	0	0
尤库日买里村	0	0	0	2.89	15.13	22.56	18.99	13.90	7.98	2.48	0	0
艾斯里汉墩村	0	0	0	0.30	1.58	2.36	1.98	1.45	0.83	0.26	0	0
汉墩夏村	0	0	0	0.10	0.53	0.79	0.67	0.49	0.28	0.09	0	0
苏巴什村	0	0	0	0	0	15.03	9.10	2.57	0.40	0	0	0
洋海村	0	0	0	0	0	14.73	8.92	2.52	0.39	0	0	0
火焰山村	0	0	0	0	0	6.67	4.04	1.14	0.18	0	0	0
吐家坎村	0	0	0	0	0	1.55	0.94	0.27	0.04	0	0	0
潘碱坎村	0	0	0	0	0	17.04	10.31	2.91	0.45	0	0	0
同干坎村	0	0	0	0	0	4.04	2.44	0.69	0.11	0	0	0
麻增坎村	0	0	0	0	0	7.20	4.36	1.23	0.19	0	0	0
泽日甫村	0	0	0	0	0	9.74	5.89	1.67	0.26	0	0	0
斯尔克甫村	0	0	0	2.63	8.00	13.77	15.60	6.08	5.57	2.23	0	0
推曼布依村	0	0	0	2.07	6.28	10.81	12.24	4.77	4.37	1.75	0	0
迪汗苏村	0	0	0	2.71	8.24	14.19	16.06	6.26	5.74	2.29	0	0
阿玛夏村	0	0	0	2.60	7.89	13.58	15.38	5.99	5.49	2.20	0	0

续表

用水者协会名称	最小灌溉水量											
	1月	2月	3月	4月	5月	6月	7月	8月	9月	10月	11月	12月
英夏村	0	0	0	2.95	8.97	15.44	17.49	6.81	6.25	2.50	0	0
库尼夏村	0	0	0	2.17	6.60	11.36	12.86	5.01	4.59	1.84	0	0
沙坎村	0	0	0	0.71	2.16	3.71	4.20	1.64	1.50	0.60	0	0
三个桥村	0	0	0	3.38	10.28	17.69	20.03	7.80	7.15	2.86	0	0
木卡姆村	0	0	0	3.51	10.68	18.38	20.82	8.11	7.43	2.97	0	0
英坎村	0	0	0	3.26	9.91	17.07	19.33	7.53	6.90	2.76	0	0
玉旺坎村	0	0	0	0	3.09	26.25	19.30	3.60	5.15	0	0	0
洋布拉克村	0	0	0	0	2.69	22.87	16.82	3.14	4.48	0	0	0
乔亚村	0	0	0	0	1.80	15.32	11.26	2.10	3.00	0	0	0
阿扎提村	0	0	0	0	1.70	14.44	10.61	1.98	2.83	0	0	0
百什塔木村	0	0	0	0	2.72	23.12	17.00	3.17	4.53	0	0	0
开发区	0	0	0	0	0	0	0	0	0	0	0	0
卡孜库里村	0	0	0	0	0	0	0	0	0	0	0	0
叶孜坎村	0	0	0	0	0	0	0	0	0	0	0	0
玉尔门村	0	0	0	0	0	0	0	0	0	0	0	0
塔什塔盘村	0	0	0	0	0	0	0	0	0	0	0	0
迪坎村	0	0	0	0	0	0	0	0	0	0	0	0

7.2.3.8 柯柯亚尔河流域

1. 水库参数

水库参数包括水库蒸发量、渗漏量、水库工业生态用水量以及库容约束等。水库工业用水主要为城镇和工业供水，用水量为 81.216 万 m^3/月；根据统计资料，逐月蒸发量见表 7.2-23，考虑到柯柯亚二库库盘为土工膜防渗，渗漏损失较小，水库渗漏损失按月平均库容的 0.5%计；逐旬工业用水和水库蒸发、渗漏量按月水量的 1/3 统计。由于柯柯亚尔河流域修建有柯柯亚尔水库和柯柯亚二库两座水库，且两座水库紧邻，位于流域上游，除城镇和工业供水外，农业供水均在水库下游，因此，调度计算过程中，将两座水库进行聚合处理，聚合后的水库最小库容和最大库容分别采用死水位和正常蓄水位库容，分别为 260 万 m^3 和 1915.3 万 m^3。

表 7.2-23　　水库逐月蒸发量　　单位：万 m^3

月份	1	2	3	4	5	6	7	8	9	10	11	12
蒸发量	1.12	2.28	7.10	8.48	13.14	14.67	14.81	13.84	8.98	7.34	2.75	0.97

不同频率年水库逐月径流量见表 7.2-24，旬径流量按月径流量 1/3 统计。

表 7.2-24　不同频率年水库逐月径流量　单位：万 m³

保证率	1月	2月	3月	4月	5月	6月	7月	8月	9月	10月	11月	12月
20%	14	10	8	22	1693	2134	4490	3116	728	409	207	108
50%	72	47	35	75	1306	3064	3086	1317	1303	330	165	90
75%	81	68	41	211	1765	1265	2862	1447	983	293	147	116
95%	83	72	62	519	1775	1700	2032	676	389	199	72	41
多年平均	58	31	21	174	1953	3006	3189	1541	865	287	145	90

2. 渠道输水能力约束及灌溉水利用系数

柯柯亚尔河流域不同乡镇渠道输水能力及灌溉水利用系数见表 7.2-25。

表 7.2-25　柯柯亚尔河流域不同乡镇渠道输水能力及灌溉水利用系数

乡镇名称	用水者协会名称	渠道输水能力/(万 m³/旬)	灌溉水利用系数
东巴扎乡	东巴扎村、黑孜拉村、后梁村、前街村、塔吾村	103.68	0.53
辟展乡	大东湖村、卡格托尔村、柯克亚村、克其克村、库尔干村、栏杆村、马场村、乔克塘村、树柏沟村、小东湖村、英牙尔村	129.6	0.53
鄯善镇	巴扎村、台台村		0.53
园艺场	园艺场	259.2	0.53

3. 最小灌水量约束

根据流域近年地表水灌溉量，不同用水者协会最小灌溉水量见表 7.2-26。

表 7.2-26　柯柯亚尔河流域不同用水者协会最小灌溉水量　单位：万 m³

用水者协会名称	最小灌溉水量											
	1月	2月	3月	4月	5月	6月	7月	8月	9月	10月	11月	12月
东巴扎村	0	0	0	0	0	0	0	0	0	0	0	0
黑孜拉村	0	0	0	0	0	0	0	0	0	0	0	0
后梁村	0	0	0	0	0	0	0	0	0	0	0	0
前街村	0	0	0	0	0	0	0	0	0	0	0	0
塔吾村	0	0	0	0	0	0	0	0	0	0	0	0
大东湖村	0	0	0	5.03	8.75	17.29	14.05	12.28	6.77	2.32	0	0
卡格托尔村	0	0	0	0.84	1.47	2.90	2.35	2.06	1.13	0.39	0	0
柯克亚村	0	0	0	0.36	0.63	1.25	1.02	0.89	0.49	0.17	0	0
克其克村	0	0	0	2.46	4.28	8.45	6.87	6.00	3.31	1.13	0	0
库尔干村	0	0	0	2.48	4.30	8.50	6.91	6.04	3.33	1.14	0	0
栏杆村	0	0	0	2.32	4.03	7.96	6.47	5.65	3.12	1.07	0	0
马场村	0	0	0	2.25	3.92	7.74	6.29	5.50	3.03	1.04	0	0

续表

用水者协会名称	最小灌溉水量											
	1月	2月	3月	4月	5月	6月	7月	8月	9月	10月	11月	12月
乔克塘村	0	0	0	3.66	6.37	12.58	10.22	8.94	4.93	1.69	0	0
树柏沟村	0	0	0	2.27	3.94	7.79	6.33	5.53	3.05	1.05	0	0
小东湖村	0	0	0	2.51	4.36	8.62	7.00	6.12	3.37	1.16	0	0
英牙尔村	0	0	0	2.48	4.30	8.50	6.91	6.04	3.33	1.14	0	0
巴扎村	0	0	0	0	0	0	0	0	0	0	0	0
台台村	0	0	0	0	0	0	0	0	0	0	0	0
园艺场	0	0	0	0	0	0	0	0	0	0	0	0

7.2.3.9 坎尔其河流域

1. 水库参数

坎尔其水库参数包括水库蒸发量、渗漏量、水库工业生态用水量以及库容约束等。水库工业用水主要为铁路供水，用水量为22.64万m^3/月；由于没有水库蒸发渗漏实测数据，参考吐鲁番市其他水库的渗漏蒸发量数据，坎尔其水库蒸发渗漏综合水量损失按月平均库容的1.5%计；逐旬工业用水和水库蒸发渗漏水量按月水量的1/3统计。水库最小库容和最大库容分别采用死水位和正常蓄水位库容，分别为80万m^3和1000万m^3。不同频率年水库逐月径流量见表7.2-27，旬径流量按月径流量1/3统计。

表7.2-27　不同频率年水库逐月径流量　单位：万m^3

保证率	1月	2月	3月	4月	5月	6月	7月	8月	9月	10月	11月	12月
20%	63	14	17	162	658	313	656	643	442	225	121	68
50%	32	20	16	302	239	276	622	481	328	167	96	56
75%	107	176	282	310	523	185	120	148	79	85	69	58
95%	27	3	84	173	146	131	601	213	165	71	40	29
多年平均	45	31	24	200	380	312	523	512	304	173	102	131

2. 渠道输水能力约束及灌溉水利用系数

坎尔其河流域不同乡镇渠道输水能力及灌溉水利用系数见表7.2-28。

表7.2-28　坎尔其河流域不同乡镇渠道输水能力及灌溉水利用系数

乡镇名称	用水者协会名称	渠道输水能力/(万m^3/旬)	灌溉水利用系数
七克台镇	巴喀村、黄家坎村、库木坎村、南湖村、七克台村、热阿运村、台孜村、亚坎村	259.2	0.53

3. 最小灌水量约束

根据流域近年地表水灌溉量，不同用水者协会最小灌溉水量见表7.2-29。

表 7.2-29　坎尔其河流域不同用水者协会最小灌溉水量　单位：万 m³

用水者协会名称	最小灌溉水量											
	1月	2月	3月	4月	5月	6月	7月	8月	9月	10月	11月	12月
巴喀村	0	0	0	1.10	0.38	4.60	0.09	0.67	0.79	4.23	2.92	0
黄家坎村	0	0	0	0.37	0.13	1.53	0.03	0.22	0.26	1.40	0.97	0
库木坎村	0	0	0	1.07	0.37	4.47	0.09	0.65	0.77	4.11	2.84	0
南湖村	0	0	0	0.53	0.18	2.22	0.05	0.32	0.38	2.04	1.41	0
七克台村	0	0	0	0.76	0.26	3.17	0.06	0.46	0.55	2.91	2.01	0
热阿运村	0	0	0	0.35	0.12	1.45	0.03	0.21	0.25	1.33	0.92	0
台孜村	0	0	0	1.09	0.38	4.58	0.09	0.67	0.79	4.21	2.91	0
亚坎村	0	0	0	0.75	0.26	3.13	0.06	0.46	0.54	2.88	1.99	0

7.2.4 农业用水时空优化配置方案

7.2.4.1 流域配水方案

为降低农业灌溉面积盲目扩大导致的水资源供需失衡，2015—2030 年流域农业种植面积将逐步进行退耕。因此，本次优化配水方案年份包括现状年和 2015—2030 规划年，按配水方案组合种植面积和流域地表水来水进行设定。吐鲁番市 9 个流域的配水量见表 7.2-30～表 7.2-38。

表 7.2-30　阿拉沟河流域配水量　单位：万 m³

农田类型	项目		水平年								
			现状年	2015 年	2016 年	2017 年	2018 年	2019 年	2020 年	2021 年	2022 年
责任田	需水量		10543.30	10554.50	10563.20	10574.20	10581.60	10591.90	10601.90	10613.70	10625.00
	地表水供水量	50%	4343.44	4347.74	4358.35	4371.80	4380.81	4393.45	4405.58	4420.13	4433.72
		75%	3194.37	3197.27	3205.75	3216.50	3221.76	3228.92	3234.77	3239.63	3244.17
		95%	2176.97	2179.77	2184.76	2188.94	2191.75	2195.68	2199.45	2203.97	2208.20
	地下水供水量	50%	6199.90	6206.77	6204.85	6202.36	6200.75	6198.43	6196.28	6193.61	6191.24
		75%	7348.97	7357.23	7357.45	7357.66	7359.80	7362.96	7367.09	7374.10	7380.79
		95%	8366.37	8374.73	8378.44	8385.22	8389.82	8396.21	8402.42	8409.76	8416.76
非责任田	需水量		7214.01	7134.78	6965.93	6351.56	5536.35	4877.53	4163.89	3515.69	3113.58
	地表水供水量	50%	344.57	339.50	329.15	299.28	263.58	232.31	199.12	167.38	153.69
		75%	273.95	273.38	269.25	261.04	242.78	226.81	210.90	198.02	193.96
		95%	53.11	52.65	52.01	53.57	54.62	56.09	57.50	52.15	48.41
	地下水供水量	50%	6869.44	6795.28	6636.78	6052.28	5272.78	4645.23	3964.77	3348.31	2959.89
		75%	6940.06	6861.40	6696.68	6090.52	5293.57	4650.73	3952.99	3317.68	2919.62
		95%	7160.90	7082.13	6913.92	6297.99	5481.73	4821.44	4106.39	3463.54	3065.17

续表

农田类型	项目		水平年							
			2023年	2024年	2025年	2026年	2027年	2028年	2029年	2030年
责任田	需水量		10633.80	10652.80	10664.00	10676.80	10689.50	10700.80	10712.20	10706.00
	地表水供水量	50%	4444.49	4463.25	4456.38	4448.54	4440.72	4433.79	4425.20	4410.43
		75%	3247.77	3255.57	3260.09	3265.25	3268.34	3258.50	3248.67	3239.80
		95%	2211.55	2218.80	2223.01	2227.82	2232.62	2236.86	2241.11	2239.70
	地下水供水量	50%	6189.34	6189.54	6207.57	6228.22	6248.75	6267.00	6286.99	6295.56
		75%	7386.06	7397.22	7403.86	7411.51	7421.13	7442.29	7463.52	7466.19
		95%	8422.28	8433.98	8440.94	8448.94	8456.85	8463.93	8471.08	8466.29
非责任田	需水量		2862.00	2652.26	2181.83	1653.66	1136.31	516.37	107.74	0
	地表水供水量	50%	148.77	136.31	132.67	144.65	149.16	118.22	8.42	0
		75%	191.11	176.59	133.51	108.88	93.06	22.37	5.34	0
		95%	48.41	45.03	36.11	33.98	30.15	53.11	0.63	0
	地下水供水量	50%	2713.23	2515.94	2049.16	1509.00	987.15	398.14	99.32	0
		75%	2670.89	2475.67	2048.32	1544.77	1043.25	494.00	102.40	0
		95%	2813.59	2607.22	2145.72	1619.68	1106.16	463.25	107.11	0

表7.2-31　　白杨河流域配水量　　单位：万m^3

农田类型	项目		水平年								
			现状年	2015年	2016年	2017年	2018年	2019年	2020年	2021年	2022年
责任田	需水量		18233.80	18233.80	18279.90	18293.90	18311.60	18326.60	18275.90	18355.20	18369.20
	地表水供水量	50%	5959.77	5959.77	5977.95	5977.04	5975.88	5974.91	5973.93	5973.05	5972.14
		75%	4517.71	4517.71	4547.91	4564.55	4585.68	4603.55	4619.54	4618.67	4617.76
		95%	4149.70	4149.70	4179.90	4196.54	4217.67	4235.54	4253.53	4269.57	4286.21
	地下水供水量	50%	12274.00	12274.00	12302.00	12316.80	12335.70	12351.70	12302.00	12382.20	12397.00
		75%	13716.00	13716.00	13732.00	13729.30	13726.00	13723.10	13656.40	13736.50	13751.40
		95%	14084.00	14084.00	14100.00	14097.30	14094.00	14091.10	14022.40	14085.60	14083.00
非责任田	需水量		8392.47	7651.07	6795.65	6539.07	6514.80	6358.81	6260.31	6057.21	5371.67
	地表水供水量	50%	325.68	270.30	260.65	259.03	279.51	286.70	298.32	300.06	305.16
		75%	325.68	270.30	248.63	229.47	227.65	216.00	210.64	212.38	217.48
		95%	245.30	201.00	184.58	166.48	160.38	147.64	138.09	123.11	113.58
	地下水供水量	50%	8066.79	7380.77	6535.00	6280.04	6235.29	6072.11	5961.99	5757.14	5066.51
		75%	8066.79	7380.77	6547.02	6309.61	6287.15	6142.81	6049.67	5844.82	5154.19
		95%	8147.17	7450.07	6611.07	6372.60	6354.42	6211.17	6122.22	5934.09	5258.09

续表

农田类型	项目		水平年							
			2023年	2024年	2025年	2026年	2027年	2028年	2029年	2030年
责任田	需水量		18385.00	18390.00	18405.50	18417.50	18430.30	18378.20	18458.00	18442.90
	地表水供水量	50%	5971.11	5970.79	5969.78	5968.99	5968.16	5967.27	5966.36	5956.16
		75%	4616.73	4616.40	4615.39	4614.61	4613.78	4612.88	4611.97	4601.78
		95%	4287.91	4286.27	4281.12	4277.13	4272.88	4268.31	4263.68	4253.74
	地下水供水量	50%	12413.90	12419.20	12435.70	12448.50	12462.20	12411.00	12491.70	12486.70
		75%	13768.30	13773.60	13790.10	13802.90	13816.50	13765.30	13846.00	13841.10
		95%	14097.10	14103.70	14124.40	14140.40	14157.40	14109.90	14194.30	14189.20
非责任田	需水量		4481.16	3659.41	3279.45	2717.99	2073.30	1608.40	1059.99	0
	地表水供水量	50%	317.83	285.50	202.66	183.48	178.25	147.34	12.13	0
		75%	230.15	197.82	188.91	183.48	178.25	147.34	12.13	0
		95%	126.51	107.16	105.34	117.78	133.85	123.83	2.90	0
	地下水供水量	50%	4163.34	3373.91	3076.79	2534.51	1895.05	1461.06	1047.86	0
		75%	4251.02	3461.58	3090.54	2534.51	1895.05	1461.06	1047.86	0
		95%	4354.65	3552.25	3174.11	2600.21	1939.44	1484.57	1057.09	0

表 7.2-32　大河沿河流域配水量　单位：万 m^3

农田类型	项目		水平年								
			现状年	2015年	2016年	2017年	2018年	2019年	2020年	2021年	2022年
责任田	需水量		5634.30	5653.50	5690.40	5723.50	5804.60	5845.90	5912.20	5970.70	6026.00
	地表水供水量	50%	3817.50	3810.88	3789.34	3779.27	3834.38	3861.89	3906.77	3946.32	3978.48
		75%	3395.77	3389.89	3371.14	3361.75	3410.75	3435.69	3475.77	3508.67	3531.94
		95%	2410.33	2407.05	2400.74	2400.13	2446.78	2470.54	2508.70	2532.92	2558.46
	地下水供水量	50%	1816.84	1842.65	1901.05	1944.19	1970.18	1983.97	2005.44	2024.40	2047.55
		75%	2238.57	2263.64	2319.25	2361.71	2393.82	2410.17	2436.44	2462.05	2494.09
		95%	3224.00	3246.47	3289.65	3323.33	3357.78	3375.32	3403.51	3437.80	3467.57
非责任田	需水量		2025.63	2004.01	1873.25	1812.29	1802.80	1800.37	1797.90	1793.86	1762.48
	地表水供水量	50%	424.40	425.30	424.00	425.70	414.10	398.50	371.80	348.20	332.90
		75%	284.40	285.80	285.10	286.20	272.10	263.90	250.90	241.80	242.70
		95%	260	258.20	246.30	239.70	228.10	221.90	210.80	206.70	198.00
	地下水供水量	50%	1601.23	1578.69	1449.30	1386.61	1388.69	1401.92	1426.11	1445.63	1429.61
		75%	1741.25	1718.18	1588.12	1526.13	1530.72	1536.43	1546.97	1552.04	1519.79
		95%	1765.66	1745.80	1626.98	1572.59	1574.66	1578.51	1587.13	1587.13	1564.49

续表

农田类型	项目		2023年	2024年	2025年	2026年	2027年	2028年	2029年	2030年
责任田	需水量		6036.50	6043.30	6052.20	6059.40	6067.00	6074.60	6080.80	6087.20
	地表水供水量	50%	3977.53	3976.41	3973.81	3971.64	3968.96	3964.11	3960.47	3956.32
		75%	3536.53	3539.52	3543.45	3546.57	3549.92	3553.27	3555.98	3558.79
		95%	2584.16	2600.88	2616.74	2619.86	2623.22	2626.57	2629.28	2632.09
	地下水供水量	50%	2058.96	2066.89	2078.43	2087.42	2098.05	2110.52	2120.34	2130.90
		75%	2499.96	2503.78	2508.80	2512.79	2517.08	2521.36	2524.83	2528.42
		95%	3452.34	3442.43	3435.50	3439.49	3443.79	3448.07	3451.53	3455.13
非责任田	需水量		1634.08	1448.49	1047.35	650.65	403.67	79.31	26.36	0
	地表水供水量	50%	329.60	329.10	311.60	242.10	111.80	43.60	14.70	0
		75%	229.00	222.70	197.30	146.80	57.00	31.80	12.40	0
		95%	168.10	149.70	116.70	88.20	57.00	31.80	12.40	0
	地下水供水量	50%	1304.43	1119.44	735.72	408.53	291.91	35.68	11.66	0
		75%	1405.07	1225.84	850.08	503.80	346.62	47.56	13.92	0
		95%	1465.95	1298.80	930.61	562.50	346.62	47.56	13.92	0

表7.2-33 塔尔郎河流域配水量 单位：万 m^3

农田类型	项目		现状年	2015年	2016年	2017年	2018年	2019年	2020年	2021年	2022年
责任田	需水量		10891.20	10976.00	11003.70	11038.10	11092.80	11196.70	11264.70	11324.10	11371.70
	地表水供水量	50%	4416.20	4431.70	4442.04	4450.13	4449.21	4447.45	4446.31	4445.30	4447.27
		75%	3870.89	3882.36	3884.46	3884.36	3884.36	3882.07	3880.57	3879.26	3880.78
		95%	3339.41	3341.48	3342.99	3343.98	3342.62	3340.03	3338.34	3336.86	3337.21
	地下水供水量	50%	6475.00	6544.30	6561.70	6588.00	6643.60	6749.20	6818.40	6878.80	6924.40
		75%	7020.30	7093.60	7119.20	7153.80	7208.50	7314.60	7384.10	7444.90	7490.90
		95%	7551.80	7634.50	7660.70	7694.10	7750.20	7856.60	7926.30	7987.30	8034.50
非责任田	需水量		3020.30	2758.30	2695.10	2678.80	2625.70	2608.90	2608.90	2603.40	2579.70
	地表水供水量	50%	188.89	169.98	158.66	150.26	150.86	152.78	154.13	155.26	155.23
		75%	99.88	88.20	86.89	86.40	86.38	88.83	90.53	91.96	91.89
		95%	56.38	54.12	52.61	51.62	52.98	55.57	57.26	58.74	59.35
	地下水供水量	50%	2831.40	2588.30	2536.50	2528.60	2474.90	2456.20	2454.80	2448.10	2424.50
		75%	2920.40	2670.10	2608.30	2592.40	2539.36	2520.10	2518.41	2511.40	2487.82
		95%	2963.90	2704.20	2642.50	2627.20	2572.76	2553.37	2551.68	2544.62	2520.35

续表

农田类型	项目		水平年							
			2023年	2024年	2025年	2026年	2027年	2028年	2029年	2030年
责任田	需水量		11382.80	11392.30	11405.20	11419.90	11436.30	11450.80	11462.10	11474.50
	地表水供水量	50%	4463.43	4477.14	4495.92	4517.27	4541.05	4560.78	4571.76	4578.84
		75%	3895.57	3908.13	3922.59	3938.09	3953.98	3965.34	3974.18	3983.89
		95%	3345.95	3353.36	3363.51	3375.07	3387.93	3399.33	3408.19	3417.93
	地下水供水量	50%	6919.40	6915.10	6909.30	6902.60	6895.20	6890.00	6890.30	6895.70
		75%	7487.20	7484.10	7482.60	7481.80	7482.30	7485.40	7487.90	7490.60
		95%	8036.90	8038.90	8041.70	8044.80	8048.30	8051.50	8053.90	8056.60
非责任田	需水量		2452.90	2259.50	2054.40	1805.70	1459.40	1179.50	334.80	0
	地表水供水量	50%	149.69	143.45	133.14	120.09	105.11	95.41	44.86	0
		75%	82.75	75.00	67.11	59.09	51.53	47.55	35.00	0
		95%	56.28	53.66	50.09	46.01	41.48	37.47	26.44	0
	地下水供水量	50%	2303.17	2116.00	1921.26	1685.64	1354.30	1084.08	289.95	0
		75%	2370.11	2184.46	1987.29	1746.64	1407.88	1131.94	299.80	0
		95%	2396.59	2205.79	2004.31	1759.72	1417.93	1142.03	308.37	0

表7.2-34　　煤窑沟河流域配水量　　单位：万 m^3

农田类型	项目		水平年								
			现状年	2015年	2016年	2017年	2018年	2019年	2020年	2021年	2022年
责任田	需水量		14089.50	14141.90	14215.70	14313.00	14471.80	14606.70	14749.40	14897.80	15029.20
	地表水供水量	50%	3860.42	3903.17	3936.50	3964.50	3973.21	3980.01	3985.14	3989.27	3995.42
		75%	3619.18	3656.63	3687.23	3713.79	3725.08	3734.01	3744.94	3749.34	3755.28
		95%	2962.22	2985.19	3003.97	3020.13	3026.41	3026.62	3026.87	3027.07	3029.48
	地下水供水量	50%	10229.10	10238.70	10279.20	10348.50	10498.50	10626.70	10764.30	10908.50	11033.70
		75%	10470.40	10485.30	10528.50	10599.20	10746.70	10872.70	11004.50	11148.40	11273.90
		95%	11127.30	11156.70	11211.80	11292.90	11445.30	11580.10	11722.50	11870.70	11999.70
非责任田	需水量		6307.10	5710.80	5017.90	4776.40	4293.30	4084.00	3935.50	3831.80	3724.70
	地表水供水量	50%	358.81	325.39	303.17	288.65	271.00	266.07	256.24	256.59	253.90
		75%	292.25	261.57	239.01	222.94	211.04	206.16	193.84	193.80	190.91
		95%	166.06	142.48	123.71	107.54	101.26	101.06	100.80	100.60	98.80
	地下水供水量	50%	5948.30	5385.40	4714.70	4487.70	4022.30	3818.00	3679.30	3575.20	3470.80
		75%	6014.90	5449.30	4778.90	4553.40	4082.25	3877.88	3741.69	3638.02	3533.81
		95%	6141.10	5568.30	4894.20	4668.80	4192.03	3982.98	3834.73	3731.23	3625.92

续表

农田类型	项目		水平年							
			2023 年	2024 年	2025 年	2026 年	2027 年	2028 年	2029 年	2030 年
责任田	需水量		15054.30	15084.40	15109.50	15134.00	15153.50	15176.60	15196.20	15216.00
	地表水供水量	50%	4011.24	4029.21	4025.19	4018.28	4011.40	4003.89	3993.94	3982.08
		75%	3769.52	3784.70	3790.14	3794.17	3798.19	3802.41	3807.31	3813.16
		95%	3043.11	3059.45	3065.87	3071.04	3076.18	3081.58	3087.87	3095.35
	地下水供水量	50%	11043.10	11055.20	11084.30	11115.70	11142.10	11172.70	11202.30	11233.90
		75%	11284.80	11299.70	11319.30	11339.90	11355.30	11374.20	11388.90	11402.80
		95%	12011.20	12025.00	12043.60	12063.00	12077.30	12095.00	12108.40	12120.60
非责任田	需水量		3687.50	3163.20	2592.80	2126.10	1577.20	967.80	377.40	0
	地表水供水量	50%	243.98	224.64	213.13	216.61	196.95	152.98	97.67	0
		75%	180.71	163.25	143.25	134.98	114.95	87.22	61.90	0
		95%	88.65	75.93	73.10	72.10	62.58	45.06	27.80	0
	地下水供水量	50%	3443.50	2938.56	2379.72	1909.53	1380.23	814.79	279.74	0
		75%	3506.77	2999.95	2449.60	1991.17	1462.24	880.55	315.52	0
		95%	3598.84	3087.27	2519.75	2054.04	1514.61	922.71	349.62	0

表 7.2-35　黑沟河流域配水量　单位：万 m^3

农田类型	项目		水平年								
			现状年	2015 年	2016 年	2017 年	2018 年	2019 年	2020 年	2021 年	2022 年
责任田	需水量		9488.30	9534.90	9565.80	9598.20	9639.20	9685.90	9735.90	9796.90	9846.30
	地表水供水量	50%	2711.54	2709.95	2708.90	2708.28	2708.39	2708.53	2708.67	2708.85	2710.55
		75%	2421.54	2421.54	2421.54	2421.54	2421.54	2421.54	2421.54	2421.54	2422.56
		95%	1873.68	1873.68	1873.68	1873.68	1873.68	1873.68	1873.68	1873.68	1874.69
	地下水供水量	50%	6776.71	6824.97	6856.89	6889.92	6930.78	6977.32	7027.18	7088.01	7135.73
		75%	7066.71	7113.37	7144.25	7176.65	7217.63	7264.31	7314.31	7375.31	7423.72
		95%	7614.58	7661.24	7692.12	7724.52	7765.50	7812.18	7862.18	7923.18	7971.59
非责任田	需水量		12265.30	11783.00	11452.20	10562.50	9542.20	8084.40	6531.10	4948.80	3459.20
	地表水供水量	50%	119.70	118.99	120.04	120.67	120.55	120.41	120.27	120.09	119.41
		75%	81.60	81.60	81.60	81.60	81.60	81.60	81.60	81.60	80.59
		95%	87.10	87.10	87.10	81.60	87.10	87.10	87.10	87.10	86.09
	地下水供水量	50%	12145.60	11664.10	11332.20	10441.90	9421.60	7964.00	6410.80	4828.70	3339.80
		75%	12183.70	11701.40	11370.60	10480.90	9460.56	8002.76	6449.46	4867.18	3378.58
		95%	12178.20	11695.90	11365.10	10475.40	9455.06	7997.26	6443.96	4861.68	3373.08

续表

农田类型	项目		水平年							
			2023年	2024年	2025年	2026年	2027年	2028年	2029年	2030年
责任田	需水量		9858.30	9870.80	9882.60	9894.60	9909.50	9922.70	9943.70	9962.90
	地表水供水量	50%	2719.97	2729.76	2738.98	2745.78	2753.39	2760.08	2770.76	2780.53
		75%	2428.68	2435.04	2441.03	2447.13	2454.75	2461.43	2472.11	2481.89
		95%	1880.81	1887.17	1893.16	1899.26	1906.88	1913.56	1924.25	1934.02
	地下水供水量	50%	7138.33	7141.05	7143.60	7148.80	7156.15	7162.61	7172.92	7182.36
		75%	7429.62	7435.77	7441.55	7447.44	7454.79	7461.25	7471.57	7481.00
		95%	7977.49	7983.64	7989.42	7995.31	8002.66	8009.12	8019.43	8028.87
非责任田	需水量		2083.90	1757.90	1732.40	1635.50	1504.30	986.60	661.10	0
	地表水供水量	50%	65.38	48.29	45.06	44.37	44.37	44.37	39.05	0
		75%	58.02	44.37	44.37	44.37	44.37	41.72	31.03	0
		95%	58.02	44.37	44.37	44.37	44.37	44.37	36.53	0
	地下水供水量	50%	2018.56	1709.59	1687.29	1591.12	1459.95	942.20	622.07	0
		75%	2025.92	1713.51	1687.98	1591.12	1459.95	944.85	630.09	0
		95%	2025.92	1713.51	1687.98	1591.12	1459.95	942.20	624.59	0

表 7.2-36　二塘沟河流域配水量　单位：万 m^3

农田类型	项目		水平年							
			现状年	2016年	2017年	2018年	2019年	2020年	2021年	2022年
责任田	需水量		26128.90	26223.25	26348.41	26403.93	26453.96	26507.19	26562.61	26619.21
	地表水供水量	多年平均	7540.47	7542.84	7544.24	7544.60	7544.84	7545.07	7545.30	7546.08
		20%	8944.23	8947.61	8949.43	8950.37	8951.23	8952.06	8953.87	8956.07
		50%	7345.25	7349.64	7349.93	7350.91	7352.02	7353.08	7353.64	7352.95
		75%	6272.88	6275.21	6276.51	6278.11	6279.78	6281.36	6282.93	6283.55
		95%	4932.34	4932.74	4933.04	4934.20	4935.58	4937.25	4937.77	4938.94
	地下水供水量	多年平均	18588.43	18680.41	18804.17	18859.33	18909.12	18962.12	19017.31	19073.12
		20%	17184.67	17275.64	17398.98	17453.56	17502.73	17555.13	17608.74	17663.14
		50%	18783.65	18873.61	18998.47	19053.02	19101.94	19154.11	19208.97	19266.25
		75%	19856.02	19948.04	20071.89	20125.82	20174.18	20225.83	20279.68	20335.65
		95%	21196.56	21290.51	21415.37	21469.73	21518.38	21569.94	21624.84	21680.27
非责任田	需水量		16503.97	15923.81	15011.67	13623.72	12103.94	10585.37	9931.24	9113.02
	地表水供水量	多年平均	0	0	0	0	0	0	0	0
		20%	0	0	0	0	0	0	0	0
		50%	0	0	0	0	0	0	0	0
		75%	0	0	0	0	0	0	0	0
		95%	0	0	0	0	0	0	0	0

续表

农田类型	项目		水平年							
			现状年	2016年	2017年	2018年	2019年	2020年	2021年	2022年
非责任田	地下水供水量	多年平均	16503.97	15923.81	15011.67	13623.72	12103.94	10585.37	9931.24	9113.02
		20%	16503.97	15923.81	15011.67	13623.72	12103.94	10585.37	9931.24	9113.02
		50%	16503.97	15923.81	15011.67	13623.72	12103.94	10585.37	9931.24	9113.02
		75%	16503.97	15923.81	15011.67	13623.72	12103.94	10585.37	9931.24	9113.02
		95%	16503.97	15923.81	15011.67	13623.72	12103.94	10585.37	9931.24	9113.02

农田类型	项目		水平年							
			2023年	2024年	2025年	2026年	2027年	2028年	2029年	2030年
责任田	需水量		26670.96	26622.48	26528.82	26437.61	26362.68	26289.97	26212.36	26124.07
	地表水供水量	多年平均	7547.74	7540.78	7551.13	7555.15	7558.04	7560.55	7562.62	7564.47
		20%	8958.45	8943.58	8960.11	8961.94	8963.55	8963.30	8963.03	8964.81
		50%	7352.22	7322.66	7354.56	7356.91	7358.77	7360.46	7362.00	7363.28
		75%	6283.97	6282.17	6289.48	6291.23	6292.51	6293.66	6294.72	6295.76
		95%	4940.18	4940.46	4941.05	4941.15	4941.13	4941.15	4941.17	4941.17
	地下水供水量	多年平均	19123.22	19081.70	18977.69	18882.46	18804.63	18729.42	18649.74	18559.59
		20%	17712.51	17678.90	17568.71	17475.67	17399.13	17326.68	17249.33	17159.26
		50%	19318.74	19299.82	19174.26	19080.70	19003.91	18929.51	18850.36	18760.79
		75%	20386.98	20340.32	20239.34	20146.38	20070.17	19996.31	19917.64	19828.31
		95%	21730.77	21682.03	21587.77	21496.46	21421.55	21348.82	21271.19	21182.90
非责任田	需水量		8485.94	7036.84	5711.59	5125.58	4136.41	2892.40	1388.13	0
	地表水供水量	多年平均	0	0	0	0	0	0	0	0
		20%	0	0	0	0	0	0	0	0
		50%	0	0	0	0	0	0	0	0
		75%	0	0	0	0	0	0	0	0
		95%	0	0	0	0	0	0	0	0
	地下水供水量	多年平均	8485.94	7036.84	5711.59	5125.58	4136.41	2892.40	1388.13	0
		20%	8485.94	7036.84	5711.59	5125.58	4136.41	2892.40	1388.13	0
		50%	8485.94	7036.84	5711.59	5125.58	4136.41	2892.40	1388.13	0
		75%	8485.94	7036.84	5711.59	5125.58	4136.41	2892.40	1388.13	0
		95%	8485.94	7036.84	5711.59	5125.58	4136.41	2892.40	1388.13	0

表 7.2-37　　柯柯亚尔河流域配水量　　单位：万 m³

农田类型	项目		水平年								
			现状年	2015 年	2016 年	2017 年	2018 年	2019 年	2020 年	2021 年	2022 年
责任田	需水量		7286.53	7301.50	7330.32	7356.30	7366.60	7375.23	7383.67	7390.15	7396.31
	地表水供水量	多年平均	3901.36	3913.16	3935.11	3954.66	3961.02	3965.88	3968.64	3970.20	3971.60
		20%	3673.48	3685.23	3707.08	3726.54	3732.83	3737.64	3740.35	3741.86	3743.23
		50%	3845.21	3856.99	3878.88	3898.35	3904.64	3909.45	3912.16	3913.67	3915.04
		75%	4015.38	4027.18	4049.14	4068.69	4075.08	4080.01	4082.83	4084.43	4085.88
		95%	4075.89	4093.16	4125.82	4155.10	4173.40	4191.06	4207.12	4219.11	4230.45
	地下水供水量	多年平均	3385.17	3388.35	3395.21	3401.64	3405.58	3409.35	3415.02	3419.95	3424.71
		20%	3613.05	3616.27	3623.24	3629.76	3633.78	3637.59	3643.32	3648.29	3653.08
		50%	3441.31	3444.52	3451.43	3457.95	3461.97	3465.78	3471.51	3476.47	3481.27
		75%	3271.14	3274.32	3281.18	3287.61	3291.52	3295.23	3300.84	3305.72	3310.42
		95%	3210.64	3208.35	3204.49	3201.20	3193.20	3184.17	3176.55	3171.04	3165.85
非责任田	需水量		4111.83	3854.48	3250.61	3233.10	3213.68	3207.77	3174.78	2785.31	2582.69
	地表水供水量	多年平均	2234.50	1988.84	1786.87	1754.93	1736.67	1730.37	1710.87	1482.37	1391.20
		20%	2234.50	1988.84	1786.87	1754.93	1736.67	1730.37	1710.87	1482.37	1265.30
		50%	2234.50	1988.84	1786.87	1754.93	1736.67	1730.37	1710.87	1482.37	1391.20
		75%	2234.50	1988.84	1786.87	1754.93	1736.67	1730.37	1710.87	1482.37	1391.20
		95%	1686.79	1668.03	1631.78	1602.74	1584.45	1566.79	1550.83	1465.65	1425.21
	地下水供水量	多年平均	1877.32	1865.64	1463.74	1478.17	1477.01	1477.41	1463.91	1302.95	1191.48
		20%	1877.32	1865.64	1463.74	1478.17	1477.01	1477.41	1463.91	1302.95	1317.38
		50%	1877.32	1865.64	1463.74	1478.17	1477.01	1477.41	1463.91	1302.95	1191.48
		75%	1877.32	1865.64	1463.74	1478.17	1477.01	1477.41	1463.91	1302.95	1191.48
		95%	2425.04	2186.44	1618.83	1630.36	1629.23	1640.98	1623.95	1319.66	1157.47

农田类型	项目		水平年							
			2023 年	2024 年	2025 年	2026 年	2027 年	2028 年	2029 年	2030 年
责任田	需水量		7404.31	7391.01	7371.93	7347.92	7311.36	7271.18	7231.83	7190.15
	地表水供水量	多年平均	3976.00	3995.00	4008.04	4007.46	3999.30	3984.24	3972.23	3958.97
		20%	3747.61	3766.56	3779.57	3778.96	3770.76	3755.65	3743.59	3730.27
		50%	3919.42	3938.42	3951.46	3950.88	3942.72	3927.66	3915.65	3902.39
		75%	4090.37	4109.48	4122.59	4122.07	4114.02	4099.05	4087.08	4073.87
		95%	4246.79	4279.77	4299.68	4303.34	4303.21	4296.20	4293.90	4290.57
	地下水供水量	多年平均	3428.31	3396.02	3363.89	3340.47	3312.06	3286.94	3259.60	3231.18
		20%	3656.70	3624.45	3592.36	3568.96	3540.60	3515.53	3488.24	3459.87
		50%	3484.89	3452.60	3420.47	3397.05	3368.64	3343.52	3316.18	3287.76
		75%	3313.94	3281.53	3249.34	3225.85	3197.35	3172.13	3144.74	3116.28
		95%	3157.52	3111.24	3072.25	3044.58	3008.15	2974.98	2937.92	2899.57

续表

农田类型	项目		水平年							
			2023 年	2024 年	2025 年	2026 年	2027 年	2028 年	2029 年	2030 年
非责任田	需水量		1956.89	1876.43	1714.65	611.88	127.80	41.01	20.00	0
	地表水供水量	多年平均	1231.57	1182.67	1094.52	339.87	100.63	31.07	13.68	0
		20%	1231.57	1182.67	1094.52	339.87	100.63	31.07	13.68	0
		50%	1231.57	1182.67	1094.52	339.87	100.63	31.07	13.68	0
		75%	1231.57	1182.67	1094.52	339.87	100.63	31.07	13.68	0
		95%	1311.07	1257.59	1187.61	424.86	120.19	38.22	17.21	0
	地下水供水量	多年平均	725.32	693.76	620.14	272.01	27.17	9.94	6.32	0
		20%	725.32	693.76	620.14	272.01	27.17	9.94	6.32	0
		50%	725.32	693.76	620.14	272.01	27.17	9.94	6.32	0
		75%	725.32	693.76	620.14	272.01	27.17	9.94	6.32	0
		95%	645.81	618.84	527.04	187.02	7.61	2.79	2.79	0

表 7.2-38　　坎尔其河流域配水量　　单位：万 m^3

农田类型	项目		水平年								
			现状年	2015 年	2016 年	2017 年	2018 年	2019 年	2020 年	2021 年	2022 年
责任田	需水量		5142.86	5180.42	5228.45	5265.54	5277.87	5284.37	5289.44	5293.35	5297.69
	地表水供水量	多年平均	2947.48	2947.48	2947.48	2947.48	2947.48	2947.48	2947.48	2947.48	2947.48
		20%	3619.15	3619.15	3619.15	3619.15	3619.15	3619.15	3619.15	3619.15	3619.15
		50%	2928.48	2928.48	2928.48	2928.48	2928.48	2928.48	2928.48	2928.48	2928.48
		75%	2384.70	2385.76	2387.13	2388.18	2394.01	2398.15	2401.37	2403.87	2406.63
		95%	2091.48	2091.48	2091.48	2091.48	2091.48	2091.48	2091.48	2091.48	2091.48
	地下水供水量	多年平均	2195.38	2232.94	2280.97	2318.06	2330.39	2336.89	2341.96	2345.87	2350.21
		20%	1523.72	1561.27	1609.31	1646.39	1658.72	1665.23	1670.29	1674.21	1678.54
		50%	2214.38	2251.94	2299.97	2337.06	2349.39	2355.89	2360.96	2364.87	2369.21
		75%	2758.17	2794.65	2841.33	2877.35	2883.86	2886.22	2888.06	2889.49	2891.06
		95%	3051.38	3088.94	3136.97	3174.06	3186.39	3192.89	3197.96	3201.87	3206.21
非责任田	需水量		2087.10	1855.38	1321.24	1117.48	999.88	988.92	839.01	701.90	614.82
	地表水供水量	多年平均	0	0	0	0	0	0	0	0	0
		20%	0	0	0	0	0	0	0	0	0
		50%	0	0	0	0	0	0	0	0	0
		75%	10.05	10.05	7.27	7.27	6.35	6.27	6.20	2.50	2.50
		95%	0	0	0	0	0	0	0	0	0
	地下水供水量	多年平均	2087.10	1855.38	1321.24	1117.48	999.88	988.92	839.01	701.90	614.82
		20%	2087.10	1855.38	1321.24	1117.48	999.88	988.92	839.01	701.90	614.82
		50%	2087.10	1855.38	1321.24	1117.48	999.88	988.92	839.01	701.90	614.82
		75%	2077.05	1845.33	1313.97	1110.21	993.53	982.65	832.81	699.40	612.32
		95%	2087.10	1855.38	1321.24	1117.48	999.88	988.92	839.01	701.90	614.82

续表

农田类型	项目		水平年							
			2023年	2024年	2025年	2026年	2027年	2028年	2029年	2030年
责任田	需水量		5303.30	5280.68	5239.45	5203.34	5165.85	5126.84	5090.92	5059.63
	地表水供水量	多年平均	2947.48	2947.48	2947.48	2947.48	2947.48	2947.48	2947.48	2947.48
		20%	3619.15	3619.15	3617.99	3594.69	3570.50	3545.34	3522.17	3501.98
		50%	2928.48	2928.48	2928.48	2928.48	2928.48	2928.48	2928.48	2925.98
		75%	2410.20	2412.36	2413.57	2414.63	2415.73	2416.87	2417.92	2418.84
		95%	2091.48	2091.48	2091.48	2091.48	2091.48	2091.48	2091.48	2091.48
	地下水供水量	多年平均	2355.82	2333.20	2291.97	2255.86	2218.37	2179.36	2143.44	2112.15
		20%	1684.16	1661.54	1621.46	1608.64	1595.34	1581.50	1568.76	1557.65
		50%	2374.82	2352.20	2310.97	2274.86	2237.37	2198.36	2162.44	2133.65
		75%	2893.10	2868.33	2825.88	2788.71	2750.12	2709.97	2673.00	2640.79
		95%	3211.82	3189.20	3147.97	3111.86	3074.37	3035.36	2999.44	2968.15
非责任田	需水量		433.16	430.23	375.28	148.01	94.80	48.78	37.57	0
	地表水供水量	多年平均	0	0	0	0	0	0	0	0
		20%	0	0	0	1.16	16.43	3.39	3.39	0
		50%	0	0	0	0	0	0	0	0
		75%	1.16	1.14	0.71	0.65	0.57	0.19	0.10	0
		95%	0	0	0	0	0	0	0	0
	地下水供水量	多年平均	433.16	430.23	375.28	148.01	94.80	48.78	37.57	0
		20%	433.16	430.23	375.28	146.85	78.37	45.39	34.18	0
		50%	433.16	430.23	375.28	148.01	94.80	48.78	37.57	0
		75%	432.00	429.09	374.57	147.36	94.23	48.59	37.47	0
		95%	433.16	430.23	375.28	148.01	94.80	48.78	37.57	0

7.2.4.2 县市配水结果

汇总3个区县共9条流域的配水方案结果，计算得出吐鲁番市现状年（2014年）配水总量16.93亿m^3。其中，责任田10.74亿m^3，非责任田6.19亿m^3。2030年全市配水总量约11.03亿m^3，全部用于责任田灌溉。比现状年减少配水量5.90亿m^3，见表7.2-39。托克逊县、高昌区、鄯善县以及吐鲁番市现状年和不同水平年的配水结果见表7.2-40～7.2-43。

表7.2-39　吐鲁番市规划最终年比现状年减少水量情况　单位：亿m^3

区县名称	配水量	现状年（2014年）	规划年（2030年）	减少水量
托克逊县	总配水量	4.44	2.91	1.53
	责任田	2.88	2.91	−0.03
	非责任田	1.56	0	1.56

续表

区县名称	配水量	现状年（2014年）	规划年（2030年）	减少水量
高昌区	总配水量	6.37	4.27	2.10
	责任田	4.01	4.27	−0.26
	非责任田	2.36	0	2.36
鄯善县	总配水量	6.13	3.84	2.29
	责任田	3.86	3.84	0.02
	非责任田	2.27	0	2.27
吐鲁番市	总配水量	16.93	11.03	5.92
	责任田	10.74	11.03	−0.27
	非责任田	6.19	0	6.19

表7.2-40　托克逊县配水量　单位：亿 m^3

农田类型	项目		水平年								
			现状年	2015年	2016年	2017年	2018年	2019年	2020年	2021年	2022年
责任田	责任田配水量		2.8777	2.8788	2.8843	2.8868	2.8893	2.8919	2.8878	2.8969	2.8994
	地表水配水量	50%	1.0303	1.0308	1.0336	1.0349	1.0357	1.0368	1.0380	1.0393	1.0406
		75%	0.7712	0.7715	0.7754	0.7781	0.7807	0.7832	0.7854	0.7858	0.7862
		95%	0.6327	0.6329	0.6365	0.6385	0.6409	0.6431	0.6453	0.6474	0.6494
	地下水配水量	50%	1.8474	1.8481	1.8507	1.8519	1.8536	1.8550	1.8498	1.8576	1.8588
		75%	2.1065	2.1073	2.1089	2.1087	2.1086	2.1086	2.1023	2.1111	2.1132
		95%	2.2450	2.2459	2.2478	2.2483	2.2484	2.2487	2.2425	2.2495	2.2500
非责任田	非责任田配水量		1.5606	1.4786	1.3762	1.2891	1.2051	1.1236	1.0424	0.9573	0.8485
	地表水配水量	50%	0.0670	0.0610	0.0590	0.0558	0.0543	0.0519	0.0497	0.0467	0.0459
		75%	0.0600	0.0544	0.0518	0.0491	0.0470	0.0443	0.0422	0.0410	0.0411
		95%	0.0298	0.0254	0.0237	0.0220	0.0215	0.0204	0.0196	0.0175	0.0162
	地下水配水量	50%	1.4936	1.4176	1.3172	1.2332	1.1508	1.0717	0.9927	0.9105	0.8026
		75%	1.5007	1.4242	1.3244	1.2400	1.1581	1.0794	1.0003	0.9163	0.8074
		95%	1.5308	1.4532	1.3525	1.2671	1.1836	1.1033	1.0229	0.9398	0.8323
托克逊县	总配水量		4.4384	4.3574	4.2605	4.1759	4.0944	4.0155	3.9302	3.8542	3.7479
	地表水配水量	50%	1.0973	1.0917	1.0926	1.0907	1.0900	1.0887	1.0877	1.0861	1.0865
		75%	0.8312	0.8259	0.8272	0.8272	0.8278	0.8275	0.8276	0.8269	0.8273
		95%	0.6625	0.6583	0.6601	0.6606	0.6624	0.6635	0.6649	0.6649	0.6656
	地下水配水量	50%	3.3410	3.2657	3.1679	3.0851	3.0045	2.9267	2.8425	2.7681	2.6615
		75%	3.6072	3.5315	3.4333	3.3487	3.2667	3.1880	3.1026	3.0273	2.9206
		95%	3.7758	3.6991	3.6003	3.5153	3.4320	3.3520	3.2653	3.1893	3.0823

续表

农田类型	项目		水平年							
			2023年	2024年	2025年	2026年	2027年	2028年	2029年	2030年
责任田	责任田配水量		2.9019	2.9043	2.9070	2.9094	2.9120	2.9079	2.9170	2.9149
	地表水配水量	50%	1.0416	1.0434	1.0426	1.0418	1.0409	1.0401	1.0392	1.0367
		75%	0.7865	0.7872	0.7875	0.7880	0.7882	0.7871	0.7861	0.7842
		95%	0.6499	0.6505	0.6504	0.6505	0.6506	0.6505	0.6505	0.6493
	地下水配水量	50%	1.8603	1.8609	1.8643	1.8677	1.8711	1.8678	1.8779	1.8782
		75%	2.1154	2.1171	2.1194	2.1214	2.1238	2.1208	2.1310	2.1307
		95%	2.2519	2.2538	2.2565	2.2589	2.2614	2.2574	2.2665	2.2655
非责任田	非责任田配水量		0.7343	0.6312	0.5461	0.4372	0.3210	0.2125	0.1168	0
	地表水配水量	50%	0.0467	0.0422	0.0335	0.0328	0.0327	0.0266	0.0021	0
		75%	0.0421	0.0374	0.0322	0.0292	0.0271	0.0170	0.0017	0
		95%	0.0175	0.0152	0.0141	0.0152	0.0164	0.0177	0.0004	0
	地下水配水量	50%	0.6877	0.5890	0.5126	0.4044	0.2882	0.1859	0.1147	0
		75%	0.6922	0.5937	0.5139	0.4079	0.2938	0.1955	0.1150	0
		95%	0.7168	0.6159	0.5320	0.4220	0.3046	0.1948	0.1164	0
托克逊	总配水量		3.6362	3.5354	3.4531	3.3466	3.2329	3.1204	3.0338	2.9149
	地表水配水量	50%	1.0882	1.0856	1.0761	1.0746	1.0736	1.0667	1.0412	1.0367
		75%	0.8286	0.8246	0.8198	0.8172	0.8153	0.8041	0.7878	0.7842
		95%	0.6674	0.6657	0.6646	0.6657	0.6670	0.6682	0.6508	0.6493
	地下水配水量	50%	2.5480	2.4499	2.3769	2.2720	2.1593	2.0537	1.9926	1.8782
		75%	2.8076	2.7108	2.6333	2.5294	2.4176	2.3163	2.2460	2.1307
		95%	2.9688	2.8697	2.7885	2.6809	2.5660	2.4522	2.3830	2.2655

表 7.2-41　　高昌区配水量　　单位：亿 m^3

农田类型	项目		水平年								
			现状年	2015年	2016年	2017年	2018年	2019年	2020年	2021年	2022年
责任田	责任田配水量		4.0103	4.0306	4.0476	4.0673	4.1008	4.1335	4.1662	4.1990	4.2273
	地表水配水量	50%	1.4806	1.4856	1.4877	1.4902	1.4965	1.4998	1.5047	1.5090	1.5132
		75%	1.3307	1.3350	1.3364	1.3381	1.3442	1.3473	1.3523	1.3559	1.3591
		95%	1.0586	1.0607	1.0621	1.0638	1.0689	1.0711	1.0748	1.0771	1.0800
	地下水配水量	50%	2.5298	2.5451	2.5599	2.5771	2.6043	2.6337	2.6615	2.6900	2.7141
		75%	2.6796	2.6956	2.7111	2.7291	2.7567	2.7862	2.8139	2.8431	2.8683
		95%	2.9518	2.9699	2.9854	3.0035	3.0319	3.0624	3.0914	3.1219	3.1473
非责任田	非责任田配水量		2.3618	2.2256	2.1038	1.9830	1.8264	1.6578	1.4873	1.3178	1.1526
	地表水配水量	50%	0.1092	0.1040	0.1006	0.0985	0.0957	0.0938	0.0902	0.0880	0.0861
		75%	0.0758	0.0717	0.0693	0.0677	0.0651	0.0640	0.0617	0.0609	0.0606
		95%	0.0570	0.0542	0.0510	0.0480	0.0469	0.0466	0.0456	0.0453	0.0442

续表

农田类型	项目		水平年								
			现状年	2015年	2016年	2017年	2018年	2019年	2020年	2021年	2022年
非责任田	地下水配水量	50%	2.2527	2.1216	2.0033	1.8845	1.7307	1.5640	1.3971	1.2298	1.0665
		75%	2.2860	2.1539	2.0346	1.9153	1.7613	1.5937	1.4257	1.2569	1.0920
		95%	2.3049	2.1714	2.0529	1.9344	1.7795	1.6112	1.4418	1.2725	1.1084
高昌区	总配水量		6.3722	6.2562	6.1514	6.0503	5.9272	5.7913	5.6536	5.5167	5.3799
	地表水配水量(50%)	50%	1.5897	1.5895	1.5883	1.5887	1.5922	1.5936	1.5949	1.5970	1.5993
		75%	1.4066	1.4068	1.4057	1.4059	1.4093	1.4114	1.4140	1.4168	1.4197
		95%	1.1155	1.1149	1.1131	1.1118	1.1159	1.1177	1.1204	1.1224	1.1242
	地下水配水量(50%)	50%	4.7824	4.6667	4.5632	4.4615	4.3351	4.1977	4.0586	3.9197	3.7806
		75%	4.9656	4.8495	4.7457	4.6444	4.5180	4.3799	4.2396	4.0999	3.9603
		95%	5.2567	5.1413	5.0383	4.9379	4.8113	4.6736	4.5332	4.3944	4.2557

农田类型	项目		水平年							
			2023年	2024年	2025年	2026年	2027年	2028年	2029年	2030年
责任田	责任田配水量		4.2332	4.2391	4.2450	4.2508	4.2566	4.2625	4.2683	4.2741
	地表水配水量	50%	1.5172	1.5213	1.5234	1.5253	1.5275	1.5289	1.5297	1.5298
		75%	1.3630	1.3667	1.3697	1.3726	1.3757	1.3782	1.3810	1.3838
		95%	1.0854	1.0901	1.0939	1.0965	1.0994	1.1021	1.1050	1.1079
	地下水配水量	50%	2.7160	2.7178	2.7216	2.7255	2.7292	2.7336	2.7386	2.7443
		75%	2.8702	2.8723	2.8752	2.8782	2.8809	2.8842	2.8873	2.8903
		95%	3.1478	3.1490	3.1510	3.1543	3.1572	3.1604	3.1633	3.1661
非责任田	非责任田配水量		0.9858	0.8629	0.7427	0.6218	0.4945	0.3213	0.1400	0
	地表水配水量	50%	0.0789	0.0745	0.0703	0.0623	0.0458	0.0336	0.0196	0
		75%	0.0550	0.0505	0.0452	0.0385	0.0268	0.0208	0.0140	0
		95%	0.0371	0.0324	0.0284	0.0251	0.0205	0.0159	0.0103	0
	地下水配水量	50%	0.9070	0.7884	0.6724	0.5595	0.4486	0.2877	0.1203	0
		75%	0.9308	0.8124	0.6975	0.5833	0.4677	0.3005	0.1259	0
		95%	0.9487	0.8305	0.7143	0.5967	0.4739	0.3055	0.1297	0
高昌区	总配水量		5.2190	5.1020	4.9876	4.8726	4.7511	4.5838	4.4082	4.2741
	地表水配水量(50%)	50%	1.5961	1.5958	1.5937	1.5876	1.5733	1.5625	1.5493	1.5298
		75%	1.4181	1.4173	1.4149	1.4111	1.4025	1.3991	1.3950	1.3838
		95%	1.1225	1.1225	1.1224	1.1216	1.1200	1.1180	1.1153	1.1079
	地下水配水量(50%)	50%	3.6229	3.5062	3.3940	3.2849	3.1778	3.0213	2.8589	2.7443
		75%	3.8009	3.6847	3.5727	3.4615	3.3486	3.1847	3.0133	2.8903
		95%	4.0965	3.9795	3.8653	3.7510	3.6311	3.4658	3.2930	3.1661

表 7.2-42　　　　鄯善县配水量　　　　单位：亿 m³

农田类型	项目		水平年								
			现状年	2015年	2016年	2017年	2018年	2019年	2020年	2021年	2022年
责任田	责任田配水量		3.8558	3.8611	3.8782	3.8970	3.9048	3.9114	3.9180	3.9246	3.9313
	地表水配水量	50%	1.4119	1.4131	1.4157	1.4177	1.4184	1.4190	1.4194	1.4196	1.4196
		75%	1.2673	1.2686	1.2711	1.2733	1.2747	1.2758	1.2766	1.2771	1.2776
		95%	1.1100	1.1117	1.1150	1.1180	1.1199	1.1218	1.1236	1.1248	1.1261
	地下水配水量	50%	2.4439	2.4480	2.4625	2.4793	2.4864	2.4924	2.4987	2.5050	2.5117
		75%	2.5885	2.5925	2.6071	2.6237	2.6301	2.6356	2.6415	2.6475	2.6537
		95%	2.7459	2.7494	2.7632	2.7791	2.7849	2.7895	2.7944	2.7998	2.8052
非责任田	非责任田配水量		2.2703	2.2214	2.0496	1.9362	1.7837	1.6301	1.4599	1.3418	1.2311
	地表水配水量	50%	0.2235	0.1989	0.1787	0.1755	0.1737	0.1730	0.1711	0.1482	0.1391
		75%	0.2245	0.1999	0.1794	0.1762	0.1743	0.1737	0.1717	0.1485	0.1394
		95%	0.1687	0.1668	0.1632	0.1603	0.1584	0.1567	0.1551	0.1466	0.1425
	地下水配水量	50%	2.0468	2.0225	1.8709	1.7607	1.6101	1.4570	1.2888	1.1936	1.0919
		75%	2.0458	2.0215	1.8702	1.7600	1.6094	1.4564	1.2882	1.1934	1.0917
		95%	2.1016	2.0546	1.8864	1.7760	1.6253	1.4734	1.3048	1.1953	1.0885
鄯善县	总配水量		6.1261	6.0825	5.9278	5.8333	5.6886	5.5414	5.3779	5.2665	5.1624
	地表水配水量(50%)	50%	1.6353	1.6120	1.5944	1.5932	1.5921	1.5920	1.5905	1.5678	1.5588
		75%	1.4918	1.4685	1.4506	1.4496	1.4490	1.4495	1.4483	1.4256	1.4170
		95%	1.2787	1.2785	1.2782	1.2782	1.2784	1.2785	1.2787	1.2714	1.2686
	地下水配水量(50%)	50%	4.4908	4.4705	4.3334	4.2401	4.0965	3.9494	3.7875	3.6986	3.6036
		75%	4.6344	4.6140	4.4772	4.3837	4.2395	4.0920	3.9297	3.8408	3.7454
		95%	4.8475	4.8040	4.6496	4.5550	4.4102	4.2629	4.0993	3.9951	3.8938

农田类型	项目		水平年							
			2023年	2024年	2025年	2026年	2027年	2028年	2029年	2030年
责任田	责任田配水量		3.9379	3.9294	3.9140	3.8989	3.8840	3.8688	3.8535	3.8374
	地表水配水量	50%	1.4200	1.4190	1.4235	1.4236	1.4230	1.4217	1.4206	1.4192
		75%	1.2785	1.2804	1.2826	1.2828	1.2822	1.2810	1.2800	1.2788
		95%	1.1278	1.1312	1.1332	1.1336	1.1336	1.1329	1.1327	1.1323
	地下水配水量	50%	2.5178	2.5105	2.4906	2.4753	2.4610	2.4471	2.4329	2.4182
		75%	2.6594	2.6490	2.6315	2.6161	2.6018	2.5878	2.5735	2.5585
		95%	2.8100	2.7982	2.7808	2.7653	2.7504	2.7359	2.7209	2.7051
非责任田	非责任田配水量		1.0876	0.9344	0.7802	0.5885	0.4359	0.2982	0.1446	0
	地表水配水量	50%	0.1232	0.1183	0.1095	0.0340	0.0101	0.0031	0.0014	0
		75%	0.1233	0.1184	0.1095	0.0341	0.0101	0.0031	0.0014	0
		95%	0.1311	0.1258	0.1188	0.0425	0.0120	0.0038	0.0017	0

续表

农田类型	项目		2023年	2024年	2025年	2026年	2027年	2028年	2029年	2030年
非责任田	地下水配水量	50%	0.9644	0.8161	0.6707	0.5546	0.4258	0.2951	0.1432	0
		75%	0.9643	0.8160	0.6706	0.5545	0.4258	0.2951	0.1432	0
		95%	0.9565	0.8086	0.6614	0.5461	0.4239	0.2944	0.1428	0
鄯善县	总配水量		5.0255	4.8638	4.6942	4.4874	4.3199	4.1670	3.9981	3.8374
	地表水配水量(50%)	50%	1.5432	1.5372	1.5329	1.4576	1.4331	1.4248	1.4220	1.4192
		75%	1.4017	1.3988	1.3921	1.3168	1.2923	1.2841	1.2814	1.2788
		95%	1.2590	1.2569	1.2520	1.1761	1.1456	1.1367	1.1344	1.1323
	地下水配水量(50%)	50%	3.4823	3.3265	3.1613	3.0298	2.8868	2.7423	2.5761	2.4182
		75%	3.6237	3.4650	3.3021	3.1706	3.0275	2.8829	2.7167	2.5585
		95%	3.7665	3.6068	3.4422	3.3114	3.1743	3.0303	2.8637	2.7051

表7.2-43　　吐鲁番市配水量　　单位：亿 m^3

农田类型	项目		现状年	2015年	2016年	2017年	2018年	2019年	2020年	2021年	2022年
责任田	责任田配水量		10.7439	10.7705	10.8101	10.8511	10.8950	10.9367	10.9720	11.0205	11.0581
	地表水配水量	50%	3.9228	3.9294	3.9370	3.9428	3.9506	3.9556	3.9620	3.9679	3.9734
		75%	3.3692	3.3751	3.3830	3.3896	3.3996	3.4064	3.4143	3.4188	3.4229
		95%	2.8012	2.8054	2.8136	2.8203	2.8298	2.8360	2.8436	2.8492	2.8555
	地下水配水量	50%	6.8211	6.8412	6.8731	6.9083	6.9444	6.9811	7.0100	7.0526	7.0846
		75%	7.3746	7.3954	7.4271	7.4615	7.4954	7.5303	7.5578	7.6016	7.6352
		95%	7.9427	7.9651	7.9965	8.0308	8.0652	8.1007	8.1284	8.1712	8.2025
非责任田	非责任田配水量		6.1928	5.9256	5.5296	5.2083	4.8152	4.4115	3.9897	3.6169	3.2322
	地表水配水量	50%	0.3997	0.3638	0.3383	0.3299	0.3236	0.3187	0.3111	0.2830	0.2711
		75%	0.3602	0.3260	0.3005	0.2930	0.2865	0.2820	0.2755	0.2504	0.2411
		95%	0.2555	0.2464	0.2378	0.2303	0.2269	0.2236	0.2202	0.2094	0.2029
	地下水配水量	50%	5.7931	5.5618	5.1913	4.8784	4.4916	4.0928	3.6786	3.3339	2.9610
		75%	5.8325	5.5996	5.2291	4.9153	4.5288	4.1295	3.7141	3.3665	2.9911
		95%	5.9373	5.6792	5.2918	4.9774	4.5883	4.1879	3.7694	3.4075	3.0292
吐鲁番市	总配水量		16.9366	16.6961	16.3396	16.0594	15.7102	15.3482	14.9617	14.6374	14.2902
	地表水配水量(50%)	50%	4.3224	4.2932	4.2753	4.2726	4.2742	4.2743	4.2731	4.2509	4.2446
		75%	3.7295	3.7011	3.6834	3.6826	3.6861	3.6884	3.6898	3.6693	3.6640
		95%	3.0567	3.0517	3.0514	3.0506	3.0567	3.0596	3.0639	3.0586	3.0585
	地下水配水量(50%)	50%	12.6142	12.4029	12.0644	11.7868	11.4360	11.0739	10.6886	10.3865	10.0457
		75%	13.2072	12.9950	12.6562	12.3768	12.0242	11.6598	11.2719	10.9681	10.6263
		95%	13.8800	13.6444	13.2882	13.0082	12.6535	12.2886	11.8978	11.5787	11.2318

续表

农田类型	项目		水平年							
			2023年	2024年	2025年	2026年	2027年	2028年	2029年	2030年
责任田	责任田配水量		11.0729	11.0728	11.0659	11.0591	11.0526	11.0392	11.0388	11.0263
	地表水配水量	50%	3.9788	3.9836	3.9895	3.9907	3.9914	3.9907	3.9895	3.9856
		75%	3.4279	3.4343	3.4398	3.4434	3.4461	3.4463	3.4470	3.4468
		95%	2.8632	2.8718	2.8776	2.8806	2.8836	2.8855	2.8881	2.8896
	地下水配水量	50%	7.0941	7.0892	7.0765	7.0684	7.0612	7.0485	7.0494	7.0407
		75%	7.6450	7.6384	7.6261	7.6157	7.6065	7.5928	7.5918	7.5795
		95%	8.2097	8.2010	8.1884	8.1785	8.1690	8.1537	8.1507	8.1367
非责任田	非责任田配水量		2.8078	2.4284	2.0690	1.6475	1.2513	0.8320	0.4013	0
	地表水配水量	50%	0.2487	0.2350	0.2133	0.1291	0.0886	0.0633	0.0231	0
		75%	0.2204	0.2064	0.1870	0.1018	0.0640	0.0409	0.0172	0
		95%	0.1857	0.1733	0.1613	0.0827	0.0490	0.0374	0.0124	0
	地下水配水量	50%	2.5591	2.1934	1.8557	1.5184	1.1627	0.7687	0.3783	0
		75%	2.5873	2.2221	1.8820	1.5457	1.1873	0.7911	0.3842	0
		95%	2.6220	2.2551	1.9076	1.5648	1.2024	0.7946	0.3889	0
吐鲁番市	总配水量		13.8807	13.5012	13.1349	12.7066	12.3039	11.8712	11.4401	11.0263
	地表水配水量(50%)	50%	4.2275	4.2186	4.2027	4.1198	4.0800	4.0540	4.0125	3.9856
		75%	3.6484	3.6407	3.6268	3.5452	3.5102	3.4873	3.4642	3.4468
		95%	3.0489	3.0451	3.0389	2.9633	2.9325	2.9229	2.9005	2.8896
	地下水配水量(50%)	50%	9.6532	9.2826	8.9322	8.5868	8.2239	7.8172	7.4276	7.0407
		75%	10.2323	9.8605	9.5081	9.1614	8.7938	8.3839	7.9760	7.5795
		95%	10.8318	10.4561	10.0960	9.7433	9.3714	8.9483	8.5396	8.1367

7.3 小结

(1) 制定了农业配水的原则：优先保证责任田用水量；尊重实际，保证渠系完好且离水库较近者优先配水；尊重历史，保证责任田最小灌水要求；优先利用地表水，保护地下水资源。

(2) 建立了以农业灌溉地表水缺水量最小为目标函数，即以地下水供水量最小为目标，以水库或河道水量平衡、需水量、渠道输水能力、最小灌水量等为约束的地表水优化配置模型，并采用 Lingo 软件的线性规划模型求解。

(3) 利用优化配水模型，对现状年和 2015—2030 规划年进行了地表水优化配置。结果表明，配水优先保证责任田用水量，在保证责任田最小灌溉水量要求的前提下，优先向渠系完好且离水库较近者配水；责任田地表水配水量过程线与需水过程线基本一致，部分时段地表水供水量不足的主要原因为地表水来水量较小；不同水平年仅靠地表水不能满足责任田灌溉需求，需要通过开采地下水才能满足责任田灌溉需求；由于配水模型考虑优先保证责任田灌溉，在地表水不足时，导致非责任田地表水配水量小，需要通过开采地下水才能满足非责任田灌溉需求，且地下水供水量大于地表水供水量，接近灌溉需水量；由于非责任田面积逐年减少，地表水和地下水供水量逐年减少。

第 8 章

政 策 建 议

8.1 制定严格的耗水和取水总量控制制度

在区域尺度上，可通过制定严格的耗水和用水管理制度，确保实现减少耗水和节约用水的目标。制度的核心是基于供耗平衡分析，明确区域内各行业的可耗水量，以及实现耗水控制合理的“取水-耗水转换系数”，以便将耗水水权明确到可允许的取水水权。中国近年来制定的“最严格水资源管理制度”（The Strictest Water Resources Management System，SWRMS）可以提供一些参考和借鉴。SWRMS 的核心是“三条红线”和“四项制度”。

“三条红线”指水资源开发利用控制红线、用水效率控制红线和水功能区纳污红线。明确到 2030 年全国用水总量控制在 7000 亿 m^3 以内；到 2030 年用水效率达到或接近世界先进水平，万元工业增加值用水量降低到 $40m^3$ 以下，农田灌溉水有效利用系数提高到 0.6 以上；确立水功能区限制纳污红线，到 2030 年主要污染物入河湖总量控制在水功能区纳污能力范围之内，水功能区水质达标率提高到 95%以上。

“四项制度”包括用水总量控制制度、用水效率控制制度、水功能区限制纳污制度、水资源管理责任和考核制度。

各级流域和行政区域在全国总体目标的指导下，依据各自的水资源禀赋和未来发展需求，制定本区域的“三条红线”，并作为最严格水资源管理制度考核的基本依据。最严格水资源管理制度以制度性的安排确立了中国未来二十多年水资源开发利用和保护的总体目标，对于解决中国复杂的水资源水环境问题，实现经济社会的可持续发展具有深远意义和重要影响，也为具有同类水资源问题的其他国家和地区提供了类似的参考和借鉴。

8.2 建立基于耗水的水权制度

水权制度通过对占有、使用、转让、处置水资源的权利界定和安排，为处在竞争性开发和脆弱状态下的水资源提供一种利用、节约和保护机制，并降低水资源在不同效率的个人和部门之间流转和交换所产生的交易费用。传统水权分配是建立在可抽取水量的基础上。若一个用水者将原本只有很低 ET 值的一项水权出卖给将会消耗很高 ET 值的某个用水者，将可能导致水资源损耗的加剧和浪费情况的加重，这种情况不能达到控制水的使用目的。因此水资源配置可以考虑从 ET 的分配入手，即考虑人类社会生活和生产对水的需要，同时考虑自然环境生态平衡对水的需要，建立一套真正意义上实现人与自然和谐相处的水权制度体系。

基于 ET 管理的水权体系可由三部分内容组成：取水权，即可以抽取的水量；用水权，即可以消耗的水量；退水权，即必须回归到当地水系统中的水量。核心是用水权的分配。这种制度安排将体现以下几个功能。

（1）产权结构明晰，取、用、排水的界定有助于对行动者的权利和义务的界定，同时有利于规范的确立。

（2）将目标 ET 的分配（总量控制）与 ET 定额管理相结合，实现了“自上而下”和“自下而上”相结合的分配和管理措施，由此也将引导着水管理体制的改变。

（3）确立用 ET 值分配方式建立水权，对每个用水者或用水机构的行为有一定的控制和制约作用，这意味着用水户的广泛参与，从而有利于将河流水资源的受益者或利益相关者有效组织起来，建立基层用水组织，提供资源保护的服务。

（4）将退水权纳入水权体系，能较好地规范和控制公众的排水行为，确保回归河流的水量和水质，从而解决目前日益突出的河流断流和干涸、地下水位急剧下降、河流水质恶化等水资源问题。

（5）以 ET 作为分配核心，可较好地解决水资源分配中的不公正行为，防止由于权力机关的保护，稀缺水资源被分配给无效率或低效率的用水部门。

将流域目标 ET 值向各区域做层级分配，并同时提出一定水质的退水量要求，从而促使各区域积极调整产业结构和布局，引导区域发展低耗水的产业，从全流域的角度控制本区域水景观面积的发展，以确保河道不断流和适宜的入海流量。将 ET 定额转变成用水分配的方法，是一个“自下而上”的规划过程。根据流域尺度水文模型，以 SWAT 模型确定 ET，并用 SEBAL 模型的真实 ET 进行率定，确定流域范围的节水目标。依据当地水资源状况、经济社会可持续发展要求、气候条件、土地利用情况等众多因素计算每一个县的 ET 定额，并将 ET 定额与现状全部 ET 做比较，确定县级范围需要减少的数量。考虑现状不同用水户所需要消耗的 ET，确定工业、农业、城市等各部门可持续的未来 ET 损耗，并将每个具体子部分的全部 ET 损耗转化成最大可允许的地表水和地下水的一个体积量。

用水总量控制指标分解是建立在大量收集整理和核定相关指标信息的基础上，根据流域多年实际供用水情况，优先考虑人类生存和基本用水需求；保障农业生产用水；尊重用水的传统现状；向经济发展重点行业适当倾斜，保障国民经济的可持续发展；留有充分的可调节余地，供必要时进行调节，将流域用水总量控制指标逐步分解到各行业（工业、农业、服务业）、各行政区、各用水户。

农业水价改革是调节农民灌溉行为、解决灌溉设施日程运行维护经费和确保基层管水组织可持续运作的有效措施。农业水价改革的核心是科学测算农业供水成本，明确农业水价构成。但是要想真正发挥农业水价的作用，对灌溉实行计量用水、按水量收费是必要前提。此外，与地块的耗水水权相结合，实行定额内低价、超定额累进加价政策也对控制耗水非常有效。

中国的农业用水收费长期以来实行免费或低价政策，虽然对维护农民的利益起到了一定的作用，但长期以来却导致农民的用水行为忽视了对水资源的节约和保护。即便是开始征收水费后，对农业用水也是实行补偿供水成本的原则，并且由于缺乏计量设施、基层灌水组织缺少以及部分农户对水价重要性认识不足等诸多因素的影响，农业水费征收存在执行水价远低于供水成本、水费实收率不足等问题，严重影响了基层灌溉管理秩序的有效组织，也不利于促进农业节水。从2007年开始，水利部组织推行农业水价综合改革，以建立科学合理的水价定价机制为核心，逐步形成和完善相关配套制度，到目前形成了三个方面的主要举措和任务：夯实农业水价改革基础、建立健全农业水价行程机制、建立精准补贴和节水奖励机制。通过推行农业水价综合改革，在不增加农民负担的前提下，能实现农业用水价格总体达到运行维护成本，用水计量到斗口，农业用水普遍推行总量控制和定额管理制度，同时建立可持续的精准补贴机制和节水奖励机制，推进农业节水技术，促进农业结构优化调整。

在农业水价综合改革政策中，农业用水精准补贴和奖励机制是鼓励农民用水户节水的重要政策措施。推行基于ET的农业用水管理制度后，为了鼓励和促进减少ET的行为，建立奖励机制同样必要。

8.3 建立基于耗水水资源有偿使用政策

水资源与土地资源、矿产资源一样，是有经济价值的，并且水资源价值随着稀缺程度的加剧，价值也更高。但是在许多地区，尤其是经济欠发达地区，农民通常习惯了免费使用水资源，缺乏对水资源价值的认识。实现水资源有偿使用政策，可以增加用水户的节水意识。一个有效的政策工具是“水资源税”，并且征收标准可以根据水资源稀缺程度和用水量的多少进行调整。中国的水资源税征收的基本原则是超定额或超计划从高确定税额，包括：严格控制地下水过量开采，对取用地下水从高确定税额，同一类型取用水，地下水税额要高于地表水，水资源紧缺地区地下水税额要大幅高于地表水；对超计划（定额）取用水，从高确定税额；对规定限额内农业生产取用水，免征水资源税，但是超过规定限额的农业生产用水，从低确定税额。

8.4 坚持和引导基层管水组织在农业耗水管理中的地位和作用

要实现农业耗水管理所提出的耗水红线控制和用水行为的改变，除了在技术上做好区域农业发展时空优化布局规划之外，还需要将优化方案逐层分解落实到县、乡镇、村和农户。在这一过程中，应该引导基层管水组织全程参与，确保耗水控制红线目标的实现，同时也能保证农户利益最大化。农民用水户协会应具有独立法人地位，按渠系水文边界组建，坚持非营利性的互助合作，实行民主自治管理，有稳定可靠管理水源等有关建设标准的要求。

在农业耗水管理活动中，农民用水户协会的建设按照民主自律、自主管理、财务独立原则，为用水户服务，并服从于区域用水管理统一调度、依法取水、计划用水、合理配置水资源，实行“供水到户、计量到户、建账到户、收费到户”，让农民用水户协会参与农业节水灌溉管理的全过程。

根据不同地区的经验教训，农民用水户协会的建设，主要包括工程硬件（基础设施）和项目软件（科学管理）两个方面的内容，其中：

（1）工程硬件建设。为农民用水户协会巩固和发展，奠定较好的农田水利工程基础，主要采取以下几项实施内容：

1）增加对农民用水户协会管理的灌区末级渠系工程的投入，提高节水灌溉能力。

2）对农民用水户协会本身建设进行补助，支持协会的能力建设。

3）健全项目区水量计量设施，为推动农民用水户协会规范化管理提供物质基础。

（2）项目软件建设。主要通过以下方法提高农民用水户协会的管理能力和管理水平：

1）建立健全农民用水户协会运行管理的各项规章制度。

2）编制用水计划，与供水单位和用水户签订合同，公开用水资料。

3）推广先进合理的灌水技术和方法，提高水的利用率。

4）依法进行财务管理，独立会计核算，实行财务公开。

参 考 文 献

[1] 刘钰，彭致功．区域蒸散发监测与估算方法研究综述 [J]. 中国水利水电科学研究院学报，2009，7 (2)：96-104.

[2] 张宝忠，许迪，刘钰，等．多尺度蒸散发估测与时间尺度拓展方法研究进展 [J]. 农业工程学报，2015，31 (6)：8-16.

[3] Chirouze J，Boulet G，Jarlan L，et al. Intercomparison of four remote-sensing-based energy balance methods to retrieve surface evapotranspiration and water stress of irrigated fields in semi-arid climate [J]. Hydrology and Earth System Sciences，2014 (18)：1165-1188.

[4] Brutsaert W. Hydrology：An Introduction，Cambridge [M]. New York：Cambridge University Press，2005.

[5] Bowen I S. The ratio of heat losses by conductions and by evaporation from any water surface [J]. Physical Reviews，1926，27 (6)：779-787.

[6] 彭致功，刘钰，许迪，等．基于遥感 ET 数据的区域水资源状况及典型农作物耗水分析 [J]. 灌溉排水学报，2008，27 (6)：6-9.

[7] 刘朝顺，施润和，高炜，高志强．利用区域遥感 ET 分析山东省地表水分盈亏的研究 [J]. 自然资源学报，2010，25 (11)：1938-1947.

[8] 朱吉生．基于遥感 ET 的房山示范区真实节水研究 [J]. 中国农村水利水电，2013 (11)：68-71，75.

[9] Li H，Li Z，Lei Y，et al. Estimation of water consumption and crop water productivity of winter wheat in North China Plain using remote sensing technology [J]. Agricultural Water Management，2008，95：1271-1278.

[10] 吴炳方，闫娜娜，蒋礼平，等．流域耗水平衡方法与应用 [J]. 遥感学报，2011，15 (2)：289-297.

[11] Jiang L P，Wu B F. 缺水地区的流域综合管理新方法——缺水地区的耗水量管理 [J]. 人民黄河，2012 (10)：6-7.

[12] Yang Y，Shang S，Jiang L. Remote sensing temporal and spatial patterns of evapotranspiration and the responses to water management in a large irrigation district of North China [J]. Agricultural and Forest Meteorology，2012，164：112-122.

[13] Khan S，Hafeez M M，Rana T，et al. Enhancing water productivity at the irrigation system level：A geospatial hydrology application in the Yellow River Basin [J]. Journal of Arid Environments，2008，72：1046-1063.

[14] Teixeira A H C，Bastiaanssen W G M，Ahmad M D，et al. Reviewing SEBAL input parameters for assessing evapotranspiration and water productivity for the Low-Middle Sao Francisco River basin，Brazil. Part B：Application to the regional scale [J]. Agricultural and Forest Meteorology，2009，149：477-490.

[15] Ahmad M D，Turral H，Nazeer A. Diagnosing irrigation performance and water productivity through satellite remote sensing and secondary data in a large irrigation system of Pakistan [J]. Agricultural Water Management，2009，96：551-564.

[16] Karatas B S，Akkuzu E，Unal H B，et al. Using satellite remote sensing to assess irrigation performance in Water User Associations in the Lower Gediz Basin，Turkey [J]. Agricultural Water

Management, 2009, 96: 982-990.

[17] Santos C, Lorite I J, Tasumi M, et al. Integrating satellite-based evapotranspiration with simulation models for irrigation management at the scheme level [J]. Irrigation Science, 2008, 26: 277-288.

[18] Johnson T D, Belitz K. A remote sensing approach for estimating the location and rate of urban irrigation in semi-arid climates [J]. Journal of Hydrology, 2012, 414: 86-98.

[19] Neale C M U, Geli H M E, Kustas W P, et al. Soil water content estimation using a remote sensing based hybrid evapotranspiration modeling approach [J]. Advances in Water Resources, 2012, 50: 152-161.

[20] Immerzeel W W, Droogers P. Clibration of a distributed hydrological model based on satellite evapotranspiration [J]. Journal of Hydrology, 2008, 349: 411-424.

[21] 蔡锡填，徐宗学，苏保林，等．区域蒸散发分布式模拟及其遥感验证 [J]. 农业工程学报，2009, 25 (10): 154-160.

[22] 彭致功，毛德发，王蕾，等．基于遥感 ET 数据的水平衡模型构建及现状分析 [J]. 遥感学报，2011, 15 (2): 122-127.

[23] 姚允龙，吕宪国，王蕾，等．气候变化对挠力河径流量影响的定量分析 [J]. 水科学进展，2010, 21 (6): 765-770.

[24] 王国庆，张建云，刘九夫，等．中国不同气候区河川径流对气候变化的敏感性 [J]. 水科学进展，2011, 22 (3): 307-314.

[25] Xu Changchun, Chen Yaning, Yang Yuhui, et al. Hydrology and water resources variation and its response to regional climate change in Xinjiang [J]. Journal of Geographical Sciences. 2010, 20 (4): 599-612.

[26] 冶永新，彭致功，韦东．新疆吐鲁番地区日光温室番茄需耗水规律试验研究 [J]. 新疆水利，2013, (5): 1-6, 45.

[27] 白云岗．极端干旱区成龄葡萄需水规律及微灌节水技术研究 [D]. 乌鲁木齐：新疆农业大学，2011.

[28] 曾辰．极端干旱区成龄葡萄生长特征与水分高效利用 [D]. 北京：中国科学院研究生院，2010.

[29] 龚元石，李子忠，李春友．应用时域反射仪测定作物需水量和作物系数 [J]. 中国农业大学学报，1998, 3 (5): 61-67.

[30] Jensen M E, Burman R D, Allen R G. Evapotranspiration and irrigation water requirements [R]. ASCE manuals and reports on engineering practice No. 70, 1990: 332.

[31] 孙宁宁，董斌，罗金耀．大棚温室作物需水量计算模型研究进展 [J]. 节水灌溉，2006 (2): 16-23.

[32] 陈新明，蔡焕杰，李红星，等．温室大棚内作物蒸发蒸腾量计算 [J]. 应用生态学报，2007, 18 (2): 317-321.

[33] R G Allen, L S Pereira, D Raes, et al. FAO irrigation and drainage paper NO. 56-Crop Evapotranspiration [M]. Rome, Italy, 1998.

[34] 李邵，耿伟，薛绪掌，等．日光温室负压自动灌溉下番茄蒸腾规律研究 [J]. 节水灌溉，2008, (2): 25-28, 32.